新世纪高级应用型人才培养系列教材

A Practical Textbook Series for the New Century

高 等 数 学 经管类

第 3 版　上册

主　编　孟广武　张晓岚

副主编　曹伟平　王文珍　卜富清

同济大学 出版社
TONGJI UNIVERSITY PRESS
·上海·

内 容 提 要

本书是江苏省新世纪立项建设精品教材.在深化高等教育改革、培养具有创新精神的经济管理类人才的思想指导下,本书力求适应我国一般本科院校经济管理类专业学生的水平,注重专业特色与直观性、实用性,突出平台思想,注意培养经管类学生对数学的兴趣,让他们用较少的时间把高等数学学得容易一些、生动一些、实用一些.为兼顾考研学生的需要,本书主要依据研究生入学数学(三)考试大纲编写,并将其中部分内容列为选学内容,对一般学生可不作要求.

本书分为上、下两册,上册为一元函数微积分学,下册包括多元函数微积分、无穷级数和常微分方程.本书可作为普通本科院校经管类专业高等数学及经济数学课程教材,也可供其他非理工类专业和高职、专科学校相关专业使用.

图书在版编目(CIP)数据

高等数学.经管类.上册/孟广武,张晓岚主编. —3 版.
—上海:同济大学出版社,2014.6(2024.8重印)
ISBN 978 - 7 - 5608 - 5515 - 8

Ⅰ.高… Ⅱ.①孟…②张… Ⅲ.高等数学—高等
学校—教材 Ⅳ.①O13

中国版本图书馆 CIP 数据核字(2014)第 116451 号

高等数学(经管类)第 3 版 上册

主编 孟广武 张晓岚 副主编 曹伟平 王文珍 卜富清
责任编辑 陈佳蔚 责任校对 徐春莲 封面设计 潘向蓁
策划编辑 卞玉清

出版发行	同济大学出版社	www.tongjipress.com.cn

(地址:上海市四平路 1239 号 邮编:200092 电话:021—65985622)

经 销	全国各地新华书店
印 刷	江苏句容排印厂
开 本	787mm×960mm 1/16
印 张	15.5
印 数	53 201—56 300
字 数	310 000
版 次	2014 年 6 月第 3 版
版 次	2024 年 8 月第 14 次印刷
书 号	ISBN 978 - 7 - 5608 - 5515 - 8

定 价 30.00 元

前　言

　　随着人类文明的发展和信息时代的来临,数学已经深入到现代社会生活的各个领域.计算机的广泛应用与经济全球化的迅猛发展,使社会对数学的依赖日益加深.为了顺应这一形势,联合国科教文组织把 2000 年定为世界数学年."数学使人聪明"、"数学令人精确"、"数学让人完美"已经成为教育界人士的共识.自 1969 年诺贝尔经济学奖设立以来,大约三分之二的获奖工作者是因为将数学方法成功地运用于经济领域的研究,这从一个侧面说明了数学原理对于先进的经济理论的奠基性作用.自 20 世纪 80 年代开始,高等数学不再是理工类大学生的专利,我国的高等学校陆续为经济类和管理类专业开设高等数学课.时至今日,各种名为经济数学或经管类高等数学的教材不下十余种.但是,这些教材,很多都是数学教师们根据传统的理工科高等数学的知识框架编写的,只是简单地从理工类高等数学中删去一些较难、较深的内容,并不具备经管类的专业特色,在内容编排和讲述方法上,缺少针对专业需要和学生数学水平的创新.由于经济类学生的数学基础普遍不如理工类学生,这些按照传统的理工类数学的思想方法处理的教材,对于他们来讲,难度过大,教学效果不好.同时,由于教材不具备经管专业特色,缺少把数学思想方法应用于经济学科的训练,也影响学生学习数学的积极性.一些著名大学编写的经济类高等数学教材虽然具有专业特色,但是并不适应一般本科院校经济管理类学生的水平.因此,编写一本面向一般本科院校、具有经济专业特色、易教好学的高等数学教材,让学生在更少的时间内学得更多更好,更加津津有味,已经成为深化高等教育改革、培养具有创新精神的复合型经济管理类人才的迫切课题.同济大学出版社组织同济大学、徐州师范大学、聊城大学等多所大学在深入调查研究的基础上编写了这本经管类高等数学教材,并且列入"新世纪高级应用型人才培养系列教材".本书是在同济大学应用数学系主编并为我国大多数高等学校理工类专业采用的《高等数学》教材之后推出的又一力作,同时本书也是江苏省新世纪立项建设精品教材.

　　本书的编写具有以下一些特点:

　　1. 本书是为我国一般本科院校经济管理专业编写的,充分考虑到使用本书的学生的数学水平和专业特点,注重对数学思想方法和应用能力的培养训练,增加数学作为文化修养的内涵,对于演算技巧与逻辑推理能力的要求则相对低一些.为了兼顾使用本书的学生考研的需要,本教材主要依据研究生入学数学(三)的考试大纲编写,并将其中一部分内容列为选学内容,加"＊"号并用小 5 号字排印,对一般学生可不作要求.各节后面的习题大多分为(A)及(B)两类,其中,(A)类习题为基本题,(B)类习题及各章总练习题则供考研学生选用.各章后面的考研试题选讲,为考研的学生选编了"2009—2013年全国硕士研究生入学统一考试数学(三)试卷"中的相关试题.而对于数学(三)考试大纲之外的内容,如柯西收敛准则、三重积分、曲线积分与曲面积分、一致收敛性、傅立叶级数等,则完全不涉及.

2. 突出平台思想,注重直观性和应用性.对于有些证明较难、较繁的定理,或不加证明直接作为平台应用,或用直观方法归纳得出,或仅指出证明思想.有些内容的讲述适当结合教育数学的理念,使概念讲述平易直观、逻辑推理展开迅速简明、数学方法通用有力,力求让学生学得容易一些、生动一些、实用一些.

3. 增强专业特色与实用性.本书结合各章节的内容,较系统地介绍了常见的经济函数及其边际函数与弹性、极值在优化理论中的应用等内容,并增加了将数学思想方法应用于经济问题的训练.这对于培养高素质的经济管理类人才,是十分有益的.

本书分为上、下两册.上册包括一元函数微积分学,下册包括空间解析几何简介、多元函数微积分学、无穷级数、常微分方程和差分方程.本书适合于普通本科院校经贸、财会、管理、金融、地理、教育等专业作为高等数学课程的教材.本书由聊城大学孟广武教授和徐州师范大学张晓岚教授担任主编,由张晓岚教授统稿并对全书文字负责.

本书第2版问世四年多以来,根据各院校使用情况,第3版对内容作了以下调整:

1. 适当扩充了反常积分的内容,并且与无界区域二重积分的内容分离,与原第五章定积分、第六章定积分的应用合并为第五章定积分.

2. 重写了二阶常系数非齐次微分方程一节,使之更便于教学.

3. 对各章节后的习题作了适当调整、补充,增加了题型,便于教师选用.

4. 将选编的全国研究生入学考试数学(三)试题选讲调整为2009—2013年的试题.

武汉长江学院王文珍和卜富清老师仔细校阅了第3版全书,并且选编补充了部分习题,在此表示衷心感谢.

限于编者水平,书中不妥之处在所难免,敬请读者批评指正.

编　　者

2014 年 6 月

目　录

第一章　函数与极限

高等数学是用极限的思想方法研究各种形式的变量,函数则是变量的主要表现形式,本章介绍函数、数列、极限、连续性等概念.

第一节　函　　数

一、变量与区间

在人们的社会生产实践活动中,常会遇到各种各样的量,如面积、温度、价格、速度等.在某个过程中,数值保持不变的量称为常量,数值变化的量称为变量.例如,我们观察一辆运行中的客运汽车,乘客的人数、全部行李的重量、汽车的长度等均为常量,而汽车离始发站的距离、车速、汽油的储存量等都是变量.在研究过程中变量往往限定在某个范围内取值,这个取值范围常用一个数集来表示.如不特别说明,本书提到的数都是实数,数集均为实数集.我们用 **R** 表示全体实数之集.由于数轴上的点 P 与它的坐标即实数 x 之间是一一对应的,因此我们把"数轴上的点"与"实数"这两种说法等同看待而不加区别,这样,**R** 也表示数轴.

设 $a,b \in \mathbf{R}$ 且 $a < b$. 数集

$$\{x \mid a \leqslant x \leqslant b\}$$

称为闭区间,记作 $[a,b]$. 数集

$$\{x \mid a < x < b\}$$

称为开区间,记作 (a,b). 类似地可定义下面两个半开区间:

$$[a,b) = \{x \mid a \leqslant x < b\},$$

$$(a,b] = \{x \mid a < x \leqslant b\}.$$

以上这些区间都称为有限区间,a 和 b 称为区间的端点,数 $b-a$ 称为区间的长度.

我们用符号 $+\infty$(读作正无穷大)与 $-\infty$(读作负无穷大)分别表示全体实数的上界与下界,则对任意 $x \in \mathbf{R}$,有 $-\infty < x < +\infty$. 于是,实数集 **R** 可以表示成区间的形式 $\mathbf{R} = (-\infty, +\infty)$.

以 $+\infty$ 或 $-\infty$ 为端点的区间:

$$(a,+\infty) = \{x \mid x > a\}, \quad [a,+\infty) = \{x \mid x \geqslant a\},$$
$$(-\infty,b) = \{x \mid x < b\}, \quad (-\infty,b] = \{x \mid x \leqslant b\},$$
$$(-\infty,+\infty) = \mathbf{R}$$

称为无限区间,规定无限区间的长度为 $+\infty$.注意 $+\infty$ 与 $-\infty$ 是两个符号,它们具有实数的某些运算性质,但不是实数.

设 $a,\delta \in \mathbf{R}$ 且 $\delta > 0$,开区间

$$(a-\delta,a+\delta) = \{x \mid |x-a| < \delta\}$$

称为点 a 的 δ 邻域,记作 $U(a,\delta)$.其中,点 a 称为邻域的中心,δ 称为邻域的半径.

在数轴上,$|x-a|$ 表示点 x 与点 a 之间的距离,因此,$U(a,\delta)$ 表示数轴上与点 a 的距离小于 δ 的一切点 x 的集合(图 1-1).

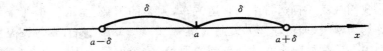

图 1-1

如果把邻域中心去掉,称集合

$$\{x \mid 0 < |x-a| < \delta\}$$

为点 a 的去心 δ 邻域,记作 $\overset{\circ}{U}(a,\delta)$.

当不需要指明邻域半径时,可以简单地用 $U(a)(\overset{\circ}{U}(a))$ 表示 a 的邻域(去心邻域).

二、函数概念

定义 1　设数集 $D \subset \mathbf{R}$,如果对变量 x 在 D 中每一个值,变量 y 按照某个法则总有唯一确定的值与之对应,则称 y 是 x 的函数,记作

$$y = f(x), \quad x \in D,$$

或者用映射符号表示为

$$f: x \mapsto y, \quad x \in D.$$

数集 D 称为函数的定义域,x 称为自变量,y 也称为因变量.

当 x 取定某个值 $x_0 \in D$ 时,与 x_0 对应的 y 的值称为函数 $y = f(x)$ 在 x_0 处的函数值,记作 $f(x_0)$.当 x 取遍 D 中所有值时,对应的函数值的全体组成的数

集

$$W = \{y \mid y = f(x), x \in D\}$$

称为函数的值域.

由函数的定义可知,构成函数的要素有两个,一个是函数的定义域,另一个是对应法则.而函数的值域是由定义域和对应法则所确定的.若两个函数的定义域和对应法则都相同,则这两个函数是相同的,而不管它们的自变量和因变量选用什么字母表示.例如,函数 $f(x) = \dfrac{x^2 - 4}{x - 2}$ 与 $f(x) = x + 2$ 是不同的,因为它们的定义域不同;而函数 $f(x) = x^2 + \sin^2 x + \cos^2 x$ 与 $g(t) = 1 + t^2$ 是相同的,因为它们的定义域和对应法则完全相同.

在函数的定义中,我们用"唯一确定"来表明所讨论的函数都是单值函数.当 D 中的某些点 x 有多于一个 y 值与之对应时,我们称之为多值函数.本书只讨论单值函数.

对于用数学式子表达的函数,其定义域或者是某个指定的数集,否则,凡是使函数表达式有意义的自变量的值都在函数定义域的范围之内.

下面给出几个函数的例子.

例1 绝对值函数

$$y = |x| = \begin{cases} x, & x \geqslant 0, \\ -x, & x < 0. \end{cases}$$

它的定义域 $D = \mathbf{R}$,值域 $W = [0, +\infty)$,其图形如图 1-2 所示.

例2 符号函数

$$y = \operatorname{sgn} x = \begin{cases} 1, & x > 0, \\ 0, & x = 0, \\ -1, & x < 0. \end{cases}$$

它的定义域 $D = \mathbf{R}$,值域 $W = \{-1, 0, 1\}$,其图形如图 1-3 所示.

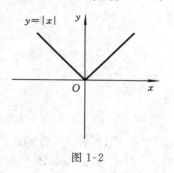

图 1-2

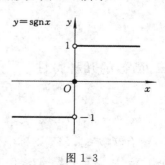

图 1-3

例3 取整函数

$$y = [x].$$

这里的记号 $[x]$ 表示不超过 x 的最大整数. 例如, $[3.1] = 3, [-3.1] = -4$, $[3] = 3$, 等等. 这个函数的定义域 $D = \mathbf{R}$, 值域 $W = \mathbf{Z}$(全体整数之集), 其图形如图 1-4 所示.

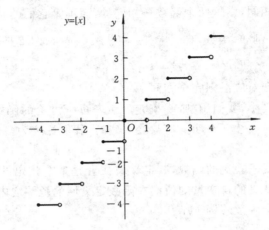

图 1-4

上述三个例子中的函数有一个共同的特点: 在函数定义域的不同范围内, 函数有不同的表达式. 通常称这种函数为**分段函数**. 分段函数在经济问题中有着丰富的背景, 例如所得税的计算方法、出租车价格的计算、商品的批发与零售价格等, 都可用分段函数表示.

例4 某城市的出租车计价方法为: 3公里以内按起步价收5元; 超过3公里后, 超过部分每公里为 1.20 元. 求车费与里程之间的函数关系.

解 车费和里程分别用 F 和 s 表示. 则由题意可列出如下的函数关系式:

$$F(s) = \begin{cases} 5, & 0 < s \leqslant 3, \\ 5 + 1.20(s-3), & s > 3. \end{cases}$$

三、函数的几种特性

1. 有界函数

设函数 $y = f(x)$ 的定义域为 D, 数集 $G \subset D$, 若存在数 M_1, 使对任意的 $x \in G$, 恒有 $f(x) \geqslant M_1$, 则称函数 $f(x)$ 在 G 上有下界, 而称 M_1 为函数在 G 上的一个下界. 如果存在数 M_2, 使对任意的 $x \in G$, 恒有 $f(x) \leqslant M_2$, 则称函数 $f(x)$ 在 G 上有上界, 而称 M_2 为函数在 G 上的一个上界. 如果存在正数 M, 使得

对任意的 $x \in G$，恒有 $|f(x)| \leqslant M$，则称函数 $f(x)$ 在 G 上有界. 如果这样的 M 不存在，则称函数 $f(x)$ 在 G 上无界. 这就是说，如果 $f(x)$ 在 G 上无界，则对任何正数 M（无论怎么大），总存在某个 $x_0 \in G$，使 $|f(x_0)| > M$.

容易证明，函数 $f(x)$ 在 G 上有界的充分必要条件是它在 G 上既有上界又有下界.

例如，$y = \cos x$ 在 $(-\infty, +\infty)$ 内是有界的，因为 $|\cos x| \leqslant 1$ 对任一实数 x 都成立. 函数 $y = x^2$ 在其定义域 $(-\infty, +\infty)$ 内有下界而无上界. 但如果给定数集 $G = [-1, 1]$，则 $y = x^2$ 在 G 上有界. $y = \dfrac{1}{x}$ 在 $(0, 1]$ 上是无界的，但在 $[1, +\infty)$ 上是有界的. 有界函数的界 M 不是唯一的. 对 $y = \cos x$ 而言，不仅 1 是它的界，任何大于 1 的数都可取作定义中的 M.

有界函数的图形位于平行于 x 轴的直线 $y = M$ 与 $y = -M$ 之间.

2. 单调函数

设函数 $f(x)$ 在区间 I 上有定义. 若对 I 中的任意两点 x_1 和 x_2，当 $x_1 < x_2$ 时，恒有

$$f(x_1) \leqslant f(x_2) \quad (f(x_1) \geqslant f(x_2)), \tag{1}$$

则称 $f(x)$ 在区间 I 上是单调增加（单调减少）的. 单调增加与单调减少的函数统称为单调函数，区间 I 称为函数 $f(x)$ 的单调区间. 当式(1)中成立严格不等号时：

$$f(x_1) < f(x_2) \quad (f(x_1) > f(x_2)) \quad 当 x_1 < x_2, \tag{2}$$

就称 $f(x)$ 是区间 I 上的严格单调函数.

例如，函数 $y = x^2$ 在 $(-\infty, 0]$ 上严格单调减少，在 $[0, +\infty)$ 上严格单调增加，但在 $(-\infty, +\infty)$ 内不是单调函数.

3. 奇函数与偶函数

设函数 $y = f(x)$ 的定义域 D 对称于原点，则当 $x \in D$ 时，也有 $-x \in D$. 若对于每个 $x \in D$，都有 $f(-x) = f(x)$，则称 $f(x)$ 是偶函数；若对于每个 $x \in D$，都有 $f(-x) = -f(x)$，则称 $f(x)$ 是奇函数. 偶函数的图像对称于 y 轴，即当点 $P(x, y)$ 在曲线 $y = f(x)$ 上时，点 $P'(-x, y)$ 也在曲线上；而奇函数的图像对称于坐标原点，即当点 $Q(x, y)$ 在曲线 $y = f(x)$ 上时，点 $Q'(-x, -y)$ 也在曲线上.

例如，函数 $f(x) = \dfrac{\sin x}{x}$ 是偶函数，$f(x) = x^3 - \sin x$ 是奇函数，而函数 $f(x) = 2x^3 + 1, f(x) = \sin x + \cos x$ 既不是奇函数，也不是偶函数.

4. 周期函数

设函数 $y = f(x)$ 的定义域为 D. 如果存在一个非零常数 α，使对一切 $x \in D$

都成立 $f(x+\alpha)=f(x)$，则称 $f(x)$ 是周期函数，α 称为 $f(x)$ 的一个周期. 能使 $f(x+\alpha)=f(x)$ 成立的最小正数 α 称为 $f(x)$ 的最小周期或周期.

例如，$y=\cos x$ 是以 2π 为周期的周期函数，$y=|\sin 2x|$ 是以 $\dfrac{\pi}{2}$ 为周期的周期函数.

四、反函数

给定函数 $y=f(x)$，其定义域为 D，值域为 W. 如果对于 W 中任一值 y_0，在 D 中存在唯一的 x_0，使 $f(x_0)=y_0$，这样就在 W 上确定了一个以 y 为自变量的函数 $x=\varphi(y)$，称为原来函数 $y=f(x)$ 的反函数.

例如，函数 $y=3x+6$ 的反函数是 $x=\dfrac{1}{3}y-2$. 函数 $y=10^x$ 的反函数是 $x=\lg y$. 由于习惯上总是以 x 表示自变量，以 y 表示因变量，因此在从表达式 $y=f(x)$ 解出用 y 表示 x 的式子 $x=\varphi(y)$ 以后，交换自变量与因变量的符号，就可以得到 $y=f(x)$ 的反函数 $y=\varphi(x)$.

例 5 求下列函数的反函数.

(1) $y=3x+6$；　　　　　(2) $y=10^x$.

解 (1) 由 $y=3x+6$ 解得 $x=\dfrac{1}{3}y-2$. 交换自变量和因变量的符号，得到反函数为 $y=\dfrac{1}{3}x-2$，其定义域是 $x\in(-\infty,+\infty)$.

(2) 由 $y=10^x$ 解得 $x=\lg y$. 变换自变量与因变量的符号，得到反函数为 $y=\lg x$，其定义域是 $x\in(0,+\infty)$.

为了突出 $y=\varphi(x)$ 是函数 $y=f(x)$ 的反函数，通常把函数 $y=f(x)$，$x\in D,y\in W$ 的反函数记为

$$y=f^{-1}(x),\quad x\in W.$$

由于函数 $y=f(x)$ 的自变量 x 和因变量 y 就是其反函数 $x=f^{-1}(y)$ 的因变量和自变量，所以从图像上看，函数 $y=f(x)$ 与反函数 $x=f^{-1}(y)$ 表示的是同一条曲线. 但是反函数 $y=f^{-1}(x)$ 是从 $x=f^{-1}(y)$ 中互换 x 与 y 而得到的，这一位置互换意味着将曲线 $x=f^{-1}(y)$ 以直线 $y=x$ 为轴翻转了 $180°$. 所以反函数 $y=f^{-1}(x)$ 的图像与原函数 $y=f(x)$ 的图像对称于直线 $y=x$. 图 1-5 中的两个图像反映出例 5 中的两个函数和它们的反函数图像的对称关系.

一个函数不一定存在反函数. 例如

$$y=x^2,\quad x\in(-\infty,+\infty),\quad y\in[0,+\infty)$$

就不存在反函数. 因为对每一个 $y_0\in(0,+\infty)$，总有两个数值 x_0 和 $-x_0$ 与之对

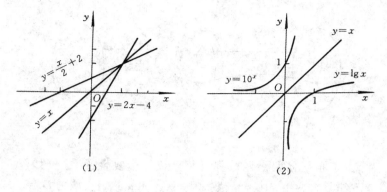

(1)　　　　　　　　(2)

图 1-5

应,均满足 $y_0 = x_0^2 = (-x_0)^2$. 但是,当把 $y = x^2$ 看成分别定义在 $(-\infty, 0]$ 和 $[0, +\infty)$ 上的两个函数时,它们的反函数均存在,分别为 $y = x^{\frac{1}{2}}$ 和 $y = -x^{\frac{1}{2}}$.

可以证明,函数 $y = f(x), x \in D, y \in W$, 存在反函数的充分必要条件是 $f(x)$ 是一一对应的函数.

因为单调函数是一一对应的,所以,单调函数一定存在反函数.例如,正弦函数 $y = \sin x$ 在 $(-\infty, +\infty)$ 上不是一一对应的,所以不存在反函数.但当 $x \in \left[-\dfrac{\pi}{2}, \dfrac{\pi}{2}\right]$ 时, $y = \sin x$ 是单调增加函数,故有反函数,即反正弦函数

$$y = \arcsin x, \quad x \in [-1, 1], \quad y \in \left[-\frac{\pi}{2}, \frac{\pi}{2}\right].$$

五、复合函数

对于函数 $y = \sqrt{1 - x^2}$,我们可以把它看作是将 $u = 1 - x^2$ 代入到 $y = \sqrt{u}$ 之中得到的.像这样在一定条件下将一个函数"代入"到另一个函数中的运算称为函数的复合运算,所得到的函数称为复合函数.

一般地,若函数 $y = f(u)$ 的定义域为 D,值域为 W,而函数 $u = g(x)$ 的定义域为 G,值域为 K,且 $K \subset D$.那么,对任一 $x \in G$,通过函数 $u = g(x)$ 有唯一确定的 $u \in K$ 与之对应,由于 $K \subset D$,因此对这个 u 值,通过函数 $y = f(u)$ 有唯一确定的 $y \in W$ 与之对应(图 1-6).这样,对任一 $x \in G$,通过 u 有确定的 y 值与之对应,从而得到一个以 x 为自变量、以 y 为因变量的函数,称这个函数为由函数 $y = f(u)$ 和 $u = g(x)$ 复合而成的复合函数,记作

$$y = f[g(x)], \quad x \in G.$$

其中, $y = f(u)$ 称为外函数, $u = g(x)$ 称为内函数, u 称为中间变量, x 称为自变量.

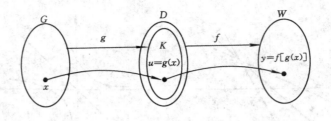

图 1-6

必须注意,不是任何两个函数都可复合成一个复合函数.例如 $y = \lg u$ 和 $u = - x^2$ 就不能复合成一个复合函数.因为 $y = \lg u$ 的定义域为 $D = (0, +\infty)$,而 $u = - x^2$ 的值域为 $K = (-\infty, 0]$,无论 x 取何值,对应的 u 值都不在 D 内.

复合函数的概念可以推广到多个函数复合的情况.例如,函数 $y = 2^{\sqrt{x-1}}$ 可以看作是由

$$y = 2^u, \quad u = \sqrt{v}, \quad v = x - 1 \quad (x \geqslant 1)$$

三个函数复合而成,其中,u, v 都是中间变量,x 为自变量.复合函数 $y = 2^{\sqrt{x-1}}$ 的定义域为 $[1, +\infty)$.

研究复合函数有两方面的效用.一方面,如介绍复合函数概念所说的那样,把几个比较简单的函数通过中间变量复合成一个函数;另一方面,也是今后将会更多遇到的,是将一个比较复杂的函数分解成若干个简单函数的复合,通过对简单函数的研究,了解比较复杂的复合函数的属性.在第二章中,我们将会看到复合函数的分解对于求导数的重要性.

例 6 将函数 $y = 5^{\sin^2 \frac{1}{x}}$ 分解为几个简单函数的复合.

解 函数 $y = 5^{\sin^2 \frac{1}{x}}$ 可以分解为

$$y = 5^u, \quad u = v^2, \quad v = \sin w \quad 及 \quad w = \frac{1}{x}.$$

例 7 已知 $f(a^x + 1) = a^{2x} + a^x + 1$,求 $f(x)$.

解 令 $u = a^x + 1$,将 $a^x = u - 1$ 代入原式,得

$$f(u) = (u-1)^2 + (u-1) + 1 = u^2 - u + 1,$$

即

$$f(x) = x^2 - x + 1.$$

例 8 设

$$f(x) = \begin{cases} 4, & |x| \leqslant 4, \\ 0, & |x| > 4, \end{cases}$$

· 8 ·

求 $f[f(x)]$.

解
$$f[f(x)] = \begin{cases} 4, & |f(x)| \leqslant 4, \\ 0, & |f(x)| > 4, \end{cases}$$

因为 $\quad\quad\quad\quad |f(x)| \leqslant 4, \quad x \in (-\infty, +\infty),$

所以 $\quad\quad\quad\quad f[f(x)] = 4, \quad x \in (-\infty, +\infty).$

六、初等函数

我们讨论的函数大多是由以下六种最简单的函数构成的,这六种函数称为基本初等函数.

(1) 常函数 $y = C$(C 为常数).

(2) 幂函数.

我们已经知道当 $\alpha = \dfrac{m}{n}$(m, n 为互质的正整数)为正有理数时,定义 $x^\alpha = x^{\frac{m}{n}}$ $= \sqrt[n]{x^m}$, $x^{-\frac{m}{n}} = \dfrac{1}{\sqrt[n]{x^m}}$($x > 0$). 对于一般实数 α,称函数

$$y = x^\alpha \quad (x > 0)$$

为幂函数. 当 α 是无理数时,可以用极限的方法或指数函数的形式来研究函数值 x^α,在此不作进一步研究.

(3) 指数函数 $y = a^x \quad (a > 0, a \neq 1, x \in \mathbf{R})$.

在科技应用中,常会用到以常数 e(这是个无理数,e $\approx 2.71828\cdots$,其意义将在本章第六节中说明)为底的指数函数 $y = \text{e}^x$.

(4) 对数函数 $y = \log_a x \quad (a > 0$ 且 $a \neq 1, x > 0)$.

以 e 为底的对数函数 $y = \log_e x$ 称为自然对数函数,简记为 $y = \ln x$.

(5) 三角函数:

$$y = \sin x \quad (x \in \mathbf{R}), \quad y = \cos x \quad (x \in \mathbf{R}), \quad y = \tan x \quad \left(x \neq k\pi + \frac{\pi}{2}, k \in \mathbf{Z}\right),$$

$$y = \cot x \quad (x \neq k\pi, k \in \mathbf{Z}), \quad y = \sec x \quad \left(x \neq k\pi + \frac{\pi}{2}, k \in \mathbf{Z}\right),$$

$$y = \csc x \quad (x \neq k\pi, k \in \mathbf{Z}).$$

(6) 反三角函数:

$$y = \arcsin x, \quad y = \arccos x \quad (x \in [-1, 1]);$$

$$y = \arctan x, \quad y = \text{arccot} x \quad (x \in (-\infty, +\infty)).$$

基本初等函数经过有限次四则运算和有限次复合运算所得到的函数,称为初等函数. 例如

$$y = \frac{a_0 + a_1 x + \cdots + a_n x^n}{b_0 + b_1 x + \cdots + b_m x^m}, \quad y = \sin^2(x-1), \quad y = \lg(x + \sqrt{1+x^2})$$

都是初等函数.

七、一些常见的经济函数

下面介绍经济领域中常见的几个函数.

(1) 成本函数 $C(x)$. 它是产量 x 的函数. 由于生产成本 $C(x)$ 由固定成本 C_0 与可变成本 $C_1(x)$ 组成, 所以

$$C(x) = C_0 + C_1(x).$$

而 $\dfrac{C(x)}{x}$ 则称为平均成本函数, 即生产单位产品的成本.

(2) 收益函数 $R(x)$. 它是销售量 x 的函数. 如果产品销售的单价为 p, 那么, $R(x) = px$, 这里, p 可以是常数. 但单价往往会随市场需求的改变而改变, 因此, 在更多情况下, p 是市场需求量的函数.

(3) 利润函数 $L(x)$. 在产销平衡, 即生产量与销售量相等时, 它是生产量 (或销售量) x 的函数, 并且

$$L(x) = R(x) - C(x).$$

经济问题中的盈亏平衡点, 是指在产销平衡前提下, 收益与成本相等时的生产量 (或销售量), 即当 $L(x) = 0$ 时 x 的值.

(4) 需求函数与供给函数. 某种商品在市场上的需求量与多种因素有关, 比如价格、消费者的购买力、与该种商品相关的其他商品的价格等, 但主要因素是商品自身的价格. 因此, 不妨把需求量看作是商品价格的函数. 设需求量为 Q, 价格为 p, 那么, 需求函数为

$$Q = f(p).$$

一般而言, 这个函数是单调减少函数, 即价格上涨导致需求量下降.

类似地, 商品的生产供应量也可以视为商品价格的函数. 若供应量是 H, 价格为 p, 则供给函数为

$$H = g(p).$$

一般而言, 这个函数是单调增加函数.

经济问题中的均衡价格, 是指需求量与供应量相等时商品的价格, 可由方程 $f(p) = g(p)$ 解出均衡价格 p_0. 当市场上的价格 $p > p_0$ 时, 供大于求, 商品滞销, 将会导致价格下降; 当市场上的价格 $p < p_0$ 时, 供不应求, 商品短缺, 将会导致价格上涨.

例 9　某市旅游公司举办市内一日游活动.举办此活动一周的固定成本是 20 000 元,每接待一位游客增加成本 10 元.根据市场预测,如果票价定为每人 40 元,则一周的游客为 1000 人,而如果票价定为 30 元,则一周的游客为 1400 人.假定游客人数 x 与票价 p 之间是线性函数关系,求该公司一周的成本函数、收益函数和利润函数.

解　由已知条件,得成本函数

$$C(x) = 20\,000 + 10x.$$

为求得收益函数及利润函数,要先算出需求函数,即票价定为每人 p 元时,游客数量 x 随之变化的关系式.由假设,x 与 p 是线性函数关系,故不妨设

$$x = ap + b,$$

这里,a,b 是待定参数.由假设得

$$1000 = 40a + b,$$
$$1400 = 30a + b,$$

所以,$a = -40, b = 2\,600.$ 于是

$$p = -\frac{1}{40}x + 65.$$

因此,收益函数为

$$R(x) = xp = -\frac{1}{40}x^2 + 65x,$$

利润函数为

$$L(x) = R(x) - C(x) = -\frac{1}{40}x^2 + 55x - 20\,000.$$

习　题　1-1

(A)

1. 求下列函数的定义域.

(1) $y = \sin\sqrt{x-1}$;

(2) $y = \sqrt{3-x} + \arctan\dfrac{1}{x}$;

(3) $y = \sqrt{\ln\dfrac{5x-x^2}{4}}$;

(4) $y = \mathrm{e}^{\frac{1}{x}}$.

2. 判断下列各题中两个函数是否相同,为什么?

(1) $y = \ln x^2$ 和 $y = 2\ln x$;

(2) $y = |x|$ 和 $y = \sqrt{x^2}$;

(3) $y = \dfrac{x^2 - 4}{x + 2}$ 和 $y = x - 2$； (4) $y = \sqrt[3]{x^4 - x^3}$ 和 $y = x\sqrt[3]{x - 1}$.

3. 讨论下列函数的奇偶性.

(1) $y = x^2 + \sin x$； (2) $y = a + b\cos x$.

4. 讨论下列函数在指定区间内的单调性.

(1) $y = |x + 1|$，$x \in [-5, -1]$；(2) $y = a^x$，$a > 0, a \neq 1, x \in (-\infty, +\infty)$.

5. 下列函数中,哪些是周期函数?对于周期函数,求其周期.

(1) $y = 1 + \sin \pi x$； (2) $y = \sin^2 x$.

6. 求下列函数的反函数.

(1) $y = \sqrt[3]{x^2 + 1}$ $(x > 0)$； (2) $y = 2\sin 3x$ $\left(-\dfrac{\pi}{6} \leqslant x \leqslant \dfrac{\pi}{6}\right)$.

7. 设 $f(x) = x^2$，$g(x) = 2^x$. 求
$$f[f(x)], \quad f[g(x)], \quad g[f(x)], \quad g[g(x)].$$

8. 将下列函数分解为简单函数的复合.

(1) $y = 2^{(x^2 + 1)^3}$； (2) $y = \sqrt[3]{\ln\cos^2 x}$；

(3) $y = \log_a \sin(e^x + 1)$； (4) $y = \arctan\sqrt[3]{\dfrac{x - 1}{2}}$.

9. 设 $f(x)$ 在 $(-\infty, +\infty)$ 内有定义. 证明: $f(x) + f(-x)$ 是偶函数; $f(x) - f(-x)$ 是奇函数.

10. 收音机每台售价为 90 元,成本为 60 元. 厂方为鼓励销售商大量采购,决定凡是订购量超过 100 台以上的,每多订购一台就降低 0.05 元,但最低售价为 75 元.

(1) 将每台收音机的实际售价 p(元) 表示为订购量 x(台) 的函数;

(2) 将厂方所获取的利润 L(元) 表示为订购量 x(台) 的函数;

(3) 某一商行订购 1000 台,厂方获利润多少?

(B)

1. 讨论下列函数的奇偶性.

(1) $y = |x + 1|$； (2) $y = \ln(\sqrt{1 + x^2} - x)$.

2. 下列函数中,哪些是周期函数?对于周期函数,求其周期.

(1) $y = x\cos x$； (2) $y = x - [x]$.

3. 求下列函数的反函数.

(1) $y = \dfrac{1 - x}{1 + x}$； (2) $y = 1 + \ln(x + 2)$.

4. 设 $f(x)$ 的定义域是 $(0, 4]$,求下列函数的定义域.

(1) $f(x^2)$； (2) $f(\lg x)$； (3) $f(x + a)$ $(a > 0)$.

5. 设 $g(x) = 2^x$，
$$f(x) = \begin{cases} 1, & |x| < 1, \\ 0, & |x| = 1, \\ -1, & |x| > 1. \end{cases}$$

求 $f[g(x)]$，$g[f(x)]$，并画出这两个函数的图形.

6. (1) 设 $f(x+1) = x^2 + 4x - 3$，求 $f(x)$；

(2) 设 $f\left(\dfrac{1}{x}\right) = x + \sqrt{1+x^2}(x > 0)$，求 $f(x)$；

(3) 设 $f\left(x+\dfrac{1}{x}\right) = x^2 + \dfrac{1}{x^2}$，求 $f(x+1)$.

7. 设函数 $f(x)$ 在数集 D 上有定义. 求证：$f(x)$ 在 D 上有界的充分必要条件是它在 D 上既有上界又有下界.

第二节　数列极限

一、数列极限的概念

我们先来看一个实际问题，即我国古代数学家刘徽（公元 3 世纪）利用圆内接正多边形来推算圆面积的方法 —— 割圆术.

设有一圆，先作内接正六边形，把它的面积记为 A_1；再作内接正十二边形，其面积记为 A_2；再作内接正二十四边形，其面积记为 A_3；如此下去，每次边数加倍，一般地把内接正 $6 \times 2^{n-1}$ 边形的面积记为 A_n（$n \in \mathbf{N}^+$，正整数之集）. 这样，就得到一系列圆内接正多边形的面积（图 1-7）：

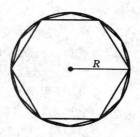

图 1-7

$$A_1, A_2, A_3, \cdots, A_n, \cdots$$

它们构成一列有次序的数. n 越大，圆内接正多边形面积与圆面积的差就越小，从而以 A_n 作为圆面积的近似值也越精确. 若 n 无限增大（记为 $n \to \infty$，由于自然数 n 只能趋于 $+\infty$，故通常都把 $n \to +\infty$ 简记为 $n \to \infty$），即圆内接正多边形的边数无限增加，圆内接正多边形的面积就无限接近于圆的面积，这表明 A_n 无限接近于某一个确定的数，这个数就是圆的面积. 这个确定的数在数学上称为这列有次序的数 $A_1, A_2, A_3, \cdots, A_n, \cdots$ 当 $n \to \infty$ 时的极限. 在这个问题中，正是这列数的极限精确地表达了圆的面积.

在解决实际问题中逐渐形成的这种极限的思想方法，已成为高等数学中的基本思想方法，下面用数学语言给出精确的描述.

按照一定顺序排列的一列数

$$x_1, x_2, \cdots, x_n, \cdots$$

称为**数列**，记作 $\{x_n\}$. 其中 x_n 称为数列的第 n 项或**通项**，n 称为项数. 例如

$$1,2,3,\cdots,n,\cdots \tag{1}$$

$$1,\frac{1}{2},\frac{1}{3},\cdots,\frac{1}{n},\cdots \tag{2}$$

$$\frac{1}{2},\frac{2}{3},\frac{3}{4},\cdots,\frac{n}{n+1},\cdots \tag{3}$$

$$1,-1,1,-1,\cdots,(-1)^{n+1},\cdots \tag{4}$$

都是数列.

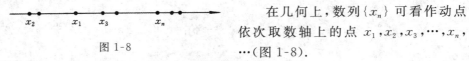

图 1-8

在几何上,数列$\{x_n\}$可看作动点依次取数轴上的点 $x_1,x_2,x_3,\cdots,x_n,$ $\cdots$(图 1-8).

数列$\{x_n\}$可看作自变量为正整数 n 的函数:

$$x_n=f(n),\quad n\in \mathbf{N}^+.$$

我们特别关注的是,当序号 n 无限增大时(即 $n\to\infty$ 时),数列$\{x_n\}$的变化趋势.数列(1)中,$x_n=n$,它的值随 n 的无限增大而无限增大;数列(4)中,$x_n=(-1)^{n+1}$,它的值交替取 1 和 -1,不与任何常数无限接近.数列(2)与(3)的共同特点是:当 n 无限增大时,x_n 与某个常数 a 无限接近,其中数列(2)的项无限接近常数 $a=0$,数列(3)的项无限接近常数 $a=1$.

如果当 n 无限增大即 $n\to\infty$ 时,数列的通项 x_n 无限接近于某个常数 a,则称数 a 为数列$\{x_n\}$的**极限**.例如数列(2)的极限是 0,数列(3)的极限是 1.

为了深刻揭示极限概念的本质和研究问题的便利,我们需要将极限的直观描述,如"无限增大"、"无限接近"等定性语言,给出精确、定量的刻画.

以数列(3)为例.在这个数列中,$x_n=\dfrac{n}{n+1}$,其极限是 1.

我们用 $|b-a|$ 来刻画 a 与 b 这两个数之间的距离,$|b-a|$ 越小,a 与 b 就越接近.

以数列(3)为例,因为 $x_n=\dfrac{n}{n+1}$,所以

$$|x_n-1|=\left|\frac{n}{n+1}-1\right|=\left|\frac{-1}{n+1}\right|=\frac{1}{n+1},$$

当 n 越来越大时,$\dfrac{1}{n+1}$ 越来越小,从而 x_n 就越来越接近于 1.因为只要 n 足够大,$|x_n-1|=\dfrac{1}{n+1}$ 就可以小于事先任意给定的正数.例如,给定 $\dfrac{1}{100}$,欲使 $|x_n-1|=\dfrac{1}{n+1}<\dfrac{1}{100}$,只要 $n+1>100$,即 $n>99$.这就是说,从第 100 项起,

各项都满足不等式

$$| x_n - 1 | < \frac{1}{100}.$$

如果精确度再高一些,给定 $\frac{1}{10\,000}$,则从第 10 000 项起,都能使不等式

$$| x_n - 1 | < \frac{1}{10\,000}$$

成立.一般地,不论给定的正数 ε(即数列的通项 x_n 接近极限 a 的程度)多么小, 总存在着一个正整数 N(即数列变化的某个时刻),使得当 $n > N$ 时(即在此时刻 以后),不等式

$$| x_n - 1 | < \varepsilon$$

都成立.这就是数列 $x_n = \dfrac{n}{n+1}(n = 1, 2, \cdots)$ 当 $n \to \infty$ 时无限接近于 1 这件事 的本质.

把这个例子中的思想方法用数学语言表达出来,就得到刻画数列极限的 $\varepsilon\text{-}N$ 定义.

定义　设 $\{x_n\}$ 为一数列.如果存在常数 a,对于任意给定的正数 ε(无论多 么小),总存在正整数 N,使得当 $n > N$ 时,不等式

$$| x_n - a | < \varepsilon$$

都成立,则称常数 a 为数列 $\{x_n\}$ 的极限,或者说数列 $\{x_n\}$ 收敛于 a,记为

$$\lim_{n \to \infty} x_n = a^*$$

或

$$x_n \to a \quad (n \to \infty).$$

如果不存在这样的常数 a,就称数列 $\{x_n\}$ 是发散的,习惯上也说极限 $\lim\limits_{n \to \infty} x_n$ 不存在.

在数列极限的 $\varepsilon\text{-}N$ 定义中,正数 ε 用来描述数列的通项 x_n 与其极限 a 的接 近程度,具有任意(小)性.只有这样,才能刻画 x_n 与 a 可以无限接近;同时,它一 旦给出,又是相对固定的,以便根据这个 ε 求出相应的 N,因此又可记成 $N = N(\varepsilon)$.一般说来,N 随着 ε 变小而变大.用 $n > N$ 刻画 n 足够大,即在时刻 N 以后确保 $| x_n - a | < \varepsilon$ 成立.所以,对应于一个给定的 $\varepsilon > 0$,满足条件的 N 不是 唯一的.

---

* 记号 lim 是拉丁文 limes(极限)一词的前三个字母.

下面给出数列$\{x_n\}$的极限为a的几何解释.

将常数a及数列$x_1,x_2,\cdots,x_n,\cdots$在数轴上表示出来(图1-9),作点$a$的$\varepsilon$邻域,即开区间$(a-\varepsilon,a+\varepsilon)$.因为不等式$|x_n-a|<\varepsilon$等价于不等式$a-\varepsilon<x_n<a+\varepsilon$,所以数列$\{x_n\}$以$a$为极限是指:不论给定的$\varepsilon>0$怎样小,都存在项数$N$,从第$N$项以后的所有项$x_{N+1},x_{N+2},x_{N+3},\cdots$都落在点$a$的$\varepsilon$邻域,即开区间$(a-\varepsilon,a+\varepsilon)$之内,而只有有限多个点(至多只有$N$个)落在这个开区间之外.

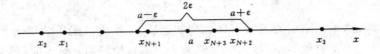

图 1-9

为了表述方便,引入记号"$\forall$"表示"对任意的",记号"$\exists$"表示"存在",用"$\Longleftrightarrow$"表示"等价于"或"当且仅当",则数列$\{x_n\}$收敛于极限a可以表述为

$$\lim_{n\to\infty}x_n=a\Longleftrightarrow \forall\varepsilon>0,\exists\ 正整数\ N,当\ n>N\ 时,有\ |x_n-a|<\varepsilon.$$

例1 证明数列

$$2,\ \frac{1}{2},\ \frac{4}{3},\ \frac{3}{4},\cdots,\frac{n+(-1)^{n-1}}{n},\cdots$$

的极限是1.

证 $|x_n-1|=\left|\dfrac{n+(-1)^{n-1}}{n}-1\right|=\dfrac{1}{n}$,

任给$\varepsilon>0$,要使$|x_n-1|<\varepsilon$,只要$\dfrac{1}{n}<\varepsilon$,即$n>\dfrac{1}{\varepsilon}$.取$N=\left[\dfrac{1}{\varepsilon}\right]$,则当$n>N$时,有

$$|x_n-1|<\varepsilon,$$

故 $$\lim_{n\to\infty}\frac{n+(-1)^{n-1}}{n}=1.$$

例2 证明$\lim\limits_{n\to\infty}\dfrac{(-1)^n}{(n+1)^2}=0$.

证 $|x_n-0|=\left|\dfrac{(-1)^n}{(n+1)^2}-0\right|=\dfrac{1}{(n+1)^2}<\dfrac{1}{n+1}$.

$\forall\varepsilon>0$(不妨设$\varepsilon<1$),要使$|x_n-0|<\varepsilon$,只要

$$\frac{1}{n+1}<\varepsilon\quad 或\quad n>\frac{1}{\varepsilon}-1,$$

取$N=\left[\dfrac{1}{\varepsilon}-1\right]$.则当$n>N$时,恒有

$$|x_n - 0| < \frac{1}{n+1} < \varepsilon,$$

故 $\lim\limits_{n \to \infty} \dfrac{(-1)^n}{(n+1)^2} = 0$.

从上述例题可以看出,用数列极限的定义证明 $\lim\limits_{n \to \infty} x_n = a$ 时,关键在于对任意给定的 $\varepsilon > 0$,代入 x_n 的通项公式解出含 n 的不等式 $|x_n - a| < \varepsilon$,以便找到符合条件的正整数 N. 由于符合条件的 N 不是唯一的,也不必求出满足条件的最小的 N,因此在找 N 时,常常将不等式 $|x_n - a| < \varepsilon$ 的左端适当"放大"成便于解出 n 的形式(如例 2),从而简化问题的求解.

例 3　设 $|q| < 1$,证明 $\lim\limits_{n \to \infty} q^n = 0$.

证　令 $x_n = q^n$. 当 $q = 0$ 时,结论显然成立. 下设 $0 < |q| < 1$. 因为

$$|x_n - 0| = |q^n - 0| = |q|^n,$$

$\forall \varepsilon > 0$(不妨设 $\varepsilon < 1$),要使 $|x_n - 0| < \varepsilon$,只要

$$|q|^n < \varepsilon,$$

取自然对数,得

$$n \ln|q| < \ln\varepsilon,$$

注意到 $\ln|q| < 0$,便有

$$n > \frac{\ln\varepsilon}{\ln|q|}.$$

取 $N = \left[\dfrac{\ln\varepsilon}{\ln|q|} \right]$. 则当 $n > N$ 时,恒有

$$|x_n - 0| < \varepsilon,$$

故

$$\lim\limits_{n \to \infty} q^n = 0.$$

二、收敛数列的性质

1. 极限的唯一性

设 $\lim\limits_{n \to \infty} x_n = a$,且 $b \neq a$,不妨设 $a < b$. 取 $\varepsilon = \dfrac{b-a}{2}$. 由于 $x_n \to a\, (n \to \infty)$,故存在一个正整数 N,使对 $n > N$ 的所有项 x_n 均有 $|x_n - a| < \varepsilon$,即 $a - \varepsilon < x_n < a + \varepsilon$. 从几何上看,这些 x_n 均落在开区间 $(a-\varepsilon, a+\varepsilon)$ 之中,从而都不在 b 的

邻域 $(b-\varepsilon, b+\varepsilon)$ 之中(图 1-10). 因此 b 不可能是数列 $\{x_n\}$ 的极限. 所以我们有下述定理.

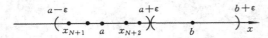

图 1-10

定理 1 (极限的唯一性) 若数列 $\{x_n\}$ 收敛,则它的极限是唯一的.

例 4 证明数列 $x_n = (-1)^{n+1} (n = 1, 2, \cdots)$ 发散.

证 如果这数列收敛,则由定理 1 知道它有唯一的极限,设为 a. 按数列极限的定义,对于 $\varepsilon = \dfrac{1}{2}$,$\exists$ 正整数 N,当 $n > N$ 时,$|x_n - a| < \dfrac{1}{2}$ 成立,即当 $n > N$ 时,x_n 都落在开区间 $\left(a - \dfrac{1}{2}, a + \dfrac{1}{2}\right)$ 内. 但这是不可能的,因为在第 N 项之后,任何相邻的两项,比如说 x_{N+1} 与 x_{N+2},分别等于 1 和 -1,它们之间的距离是 2,因而不可能同时属于长度为 1 的开区间 $\left(a - \dfrac{1}{2}, a + \dfrac{1}{2}\right)$. 因此这个数列是发散的.

2. 有界性

对数列 $\{x_n\}$,若存在正数 M,使得对一切 x_n,成立不等式

$$|x_n| \leqslant M,$$

则称数列 $\{x_n\}$ 是有界的. 若不存在这样的正数 M,就说数列 $\{x_n\}$ 是无界的.

例如,前面提到的数列(2)、(3) 和(4)都是有界的,因为可取 $M = 1$,便使得这三个数列中的通项 x_n 都满足 $|x_n| \leqslant 1$. 但数列(1)却是无界的,因为随着 n 的无限增大,$|x_n| = n$ 可超过任何正数.

在数轴上,有界数列的点 x_n 均落在某个闭区间 $[-M, M]$ 内.

定理 2 (收敛数列的有界性) 若数列 $\{x_n\}$ 收敛,则 $\{x_n\}$ 有界.

证 设 $\lim\limits_{n \to \infty} x_n = a$. 由数列极限的定义,对于 $\varepsilon = 1$,存在正整数 N,当 $n > N$ 时,有

$$|x_n - a| < 1.$$

于是,当 $n > N$ 时,

$$|x_n| = |(x_n - a) + a| \leqslant |x_n - a| + |a| < 1 + |a|.$$

取 $M = \max\{|x_1|, |x_2|, \cdots, |x_N|, 1 + |a|\}$.* 则对一切 x_n,均有 $|x_n| \leqslant M$,

---

* 记号 max 是 maximum(最大)一词的缩写. 设 E 是非空数集,$\beta = \max E$ 表示数 β 是数集 E 中最大的数. 类似地,记号 min 是 minimum(最小)一词的缩写,$\alpha = \min E$ 表示 α 是数集 E 中最小的数.

从而数列 $\{x_n\}$ 有界.

由于原命题与它的逆否命题是等价的.因此,由定理 2 知道:无界数列一定是发散的.值得注意的是定理 2 的逆命题却不一定成立,即有界数列不一定收敛.例如,数列(4)有界,它是发散的.所以,数列有界仅是数列收敛的必要条件,而不是充分条件.

3. 保号性

设数列 $\{x_n\}$ 收敛于 a,且 $a>0$.我们以定点 a 为中心、正数 a 为半径,取定 a 的一个邻域 $U(a,a)$(图 1-11).因为 $\lim\limits_{n\to\infty}x_n=a$,故 $\exists$ 正整数 N,使得从第 $N+1$ 项起,所有的点 x_n 都落在 $U(a,a)$ 内,从而当 $n>N$ 时,x_n 与极限 a 的符号相同,即 $x_n>0$.当 $a<0$ 时,情况类似.这就是收敛数列的保号性质.

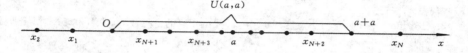

图 1-11

定理 3(收敛数列的保号性) 如果 $\lim\limits_{n\to\infty}x_n=a$,且 $a>0$(或 $a<0$),则存在正整数 N,使当 $n>N$ 时,有 $x_n>0$(或 $x_n<0$).

推论(极限的保不等式性) 如果数列 $\{x_n\}$ 从某项起有 $x_n\geqslant0$(或 $x_n\leqslant0$),且 $\lim\limits_{n\to\infty}x_n=a$,则 $a\geqslant0$(或 $a\leqslant0$).

注意 即使是把这个推论中的条件加强为"从某项起数列 $\{x_n\}$ 的各项 $x_n>0$",也不能得到 $a>0$ 的结论.例如,数列 $\left\{\dfrac{1}{n}\right\}$ 的各项均为正数,但其极限却是 0.

4. 收敛数列的子数列

在数列 $\{x_n\}$ 中任意抽取无限多项并保持这些项在原数列 $\{x_n\}$ 中的先后次序,这样得到的数列称为原数列的一个子数列(或子列).

设在数列 $\{x_n\}$ 中,第一次抽取 x_{n_1},第二次在 x_{n_1} 后抽取 x_{n_2},第三次在 x_{n_2} 后抽取 x_{n_3},……,这样无限抽取下去,得到一个数列:

$$x_{n_1},x_{n_2},\cdots,x_{n_k},\cdots$$

这个数列 $\{x_{n_k}\}$ 就是原数列 $\{x_n\}$ 的一个子数列.注意子数列 $\{x_{n_k}\}$ 的第 k 项 x_{n_k} 在原数列 $\{x_n\}$ 中是第 n_k 项,显然,$n_k\geqslant k$.

定理 4(子数列的收敛性) 若数列 $\{x_n\}$ 收敛于 a,则它的任一子数列也收敛,且极限也是 a.

由这个定理可以得到判断数列发散的一种简便方法:如果数列 $\{x_n\}$ 有发散

子数列,或有两个子数列收敛于不同的极限,则该数列必发散. 例如,数列(4)的子数列$\{x_{2k-1}\}$(它的每一项都是数 1)收敛于 1,而子数列$\{x_{2k}\}$(它的每一项都是数 -1)收敛于 -1. 因此,数列(4)是发散的. 不过,这个例子同时说明:一个发散的数列可能有收敛的子数列.

习　题　1-2

（A）

1. 写出下列数列的通项表达式.

(1) $\dfrac{2}{1},\dfrac{3}{4},\dfrac{4}{9},\dfrac{5}{16},\cdots$

(2) $\dfrac{1}{2},-\dfrac{1}{4},\dfrac{1}{6},-\dfrac{1}{8},\cdots$

2. 已知 $\lim\limits_{n\to\infty}\dfrac{n}{n+3}=1$,对于给定的 $\varepsilon>0$,试找出相应的自然数 N,使当 $n>N$ 时,不等式 $\left|\dfrac{n}{n+3}-1\right|<\varepsilon$ 成立. 又问:若 ε 依次取 0.1,0.01,0.001,相应的 N 应取多少?

3. 观察下列数列有无极限,若有极限,请指出其极限值.

(1) $x_n=(-1)^n\dfrac{1}{n^2}$;　　　　　(2) $x_n=\left(\dfrac{2}{3}\right)^n$;

(3) $x_n=2+(-1)^n\dfrac{1}{n}$;　　　　　(4) $x_n=\dfrac{1+(-1)^n}{n}$;

(5) $x_n=1+(-1)^n$.

4. 用数列极限的 ε-N 定义证明下列极限.

(1) $\lim\limits_{n\to\infty}\left(2+\dfrac{1}{n^2}\right)=2$;　　　　　(2) $\lim\limits_{n\to\infty}\dfrac{\sin n}{n}=0$.

5. (1) 设 $\lim\limits_{n\to\infty}x_n=a$,证明 $\lim\limits_{n\to\infty}|x_n|=|a|$.

(2) 举例说明由数列$\{|x_n|\}$收敛,不能推出数列$\{x_n\}$也收敛.

（B）

1. 用数列极限的 ε-N 定义证明下列极限.

(1) $\lim\limits_{n\to\infty}\dfrac{n+1}{2n+1}=\dfrac{1}{2}$;　　　　　(2) $\lim\limits_{n\to\infty}(\sqrt{n+1}-\sqrt{n})=0$;

(3) $\lim\limits_{n\to\infty}\dfrac{\sqrt{n^2+1}}{n}=1$;　　　　　(4) $\lim\limits_{n\to\infty}\underbrace{0.999\cdots9}_{n\uparrow}=1$.

2. 设数列$\{x_n\}$有界,且 $\lim\limits_{n\to\infty}y_n=0$. 证明 $\lim\limits_{n\to\infty}x_ny_n=0$.

第三节　　函数极限

一、函数极限的定义

数列$\{x_n\}$可以看作是定义在正整数集上的函数,即有

$$x_n = f(n), \quad n = 1, 2, \cdots$$

因此数列$\{x_n\}$的极限可以看做函数$f(n)$当自变量n取自然数且$n \to \infty$时的极限.下面我们讨论一般函数$f(x)$的极限,即讨论在自变量x取实数值的某种变化趋势下,相应的函数值$f(x)$是否无限趋近于某个确定的常数.自变量x主要有两种变化趋势,一是$x \to \infty$(即$|x| \to +\infty$)的情形,二是x趋近于某个实数x_0(记为$x \to x_0$)的情形.

1. 自变量$x \to \infty$时函数的极限

定义1　设函数$f(x)$当$|x| > K$时有定义.如果存在常数A,对于任意给定的正数ε(不论它多么小),总存在正数$M(M > K)$,使得当$|x| > M$时,对应的函数值$f(x)$满足不等式

$$|f(x) - A| < \varepsilon,$$

就称A是函数$f(x)$当$x \to \infty$时的极限,记作

$$\lim_{x \to \infty} f(x) = A \quad \text{或} \quad f(x) \to A \quad (x \to \infty).$$

仿照数列极限的ε-N定义,函数极限的上述定义可以用ε-M语言表述如下:

定义1′　$\lim\limits_{x \to \infty} f(x) = A \Longleftrightarrow \forall \varepsilon > 0, \exists M > 0,$当$|x| > M$时,有

$$|f(x) - A| < \varepsilon.$$

如果$x > 0$且无限增大,则称x趋于正无穷大,记为$x \to +\infty$;如果$x < 0$且$|x|$无限增大,则称x趋于负无穷大,记为$x \to -\infty$.

定义2　设函数$f(x)$当$x > K(K > 0)$时有定义.如果当$x \to +\infty$时,函数值$f(x)$无限接近某个确定的常数A,则称当$x \to +\infty$时函数$f(x)$的极限是A,记为

$$\lim_{x \to +\infty} f(x) = A \quad \text{或} \quad f(x) \to A \quad (\text{当} \ x \to +\infty).$$

此定义可用ε-M语言表述如下:

定义2′　$\lim\limits_{x \to +\infty} f(x) = A \Longleftrightarrow \forall \varepsilon > 0, \exists M > 0,$当$x > M$时,有$|f(x) - A| < \varepsilon$.

定义3　设函数$f(x)$当$x < -K(K > 0)$时有定义.如果当$x \to -\infty$时,函数值$f(x)$无限接近于某个确定的常数A,则称当$x \to -\infty$时,函数$f(x)$的极限是A,记为

$$\lim_{x \to -\infty} f(x) = A \quad \text{或} \quad f(x) \to A \quad (\text{当 } x \to -\infty).$$

此定义可用 ε-M 语言表述如下：

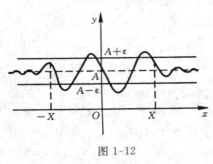

图 1-12

定义 3′ $\lim\limits_{x \to -\infty} f(x) = A \Longleftrightarrow \forall \varepsilon > 0$，$\exists M > 0$，当 $x < -M$ 时，有 $|f(x) - A| < \varepsilon$.

不难看出，$\lim\limits_{x \to \infty} f(x) = A$ 的充分必要条件是 $\lim\limits_{x \to +\infty} f(x) = A$ 且 $\lim\limits_{x \to -\infty} f(x) = A$.

从几何上看，$\lim\limits_{x \to \infty} f(x) = A$ 的意义是：作直线 $y = A - \varepsilon$ 和 $y = A + \varepsilon$，则总存在一个正数 M，使得当 $|x| > M$ 时，曲线 $y = f(x)$，位于这两条平行直线之间（图 1-12）.

例 1 从反正切函数 $y = \arctan x$ 的图形（图 1-13）可以看出

$$\lim_{x \to +\infty} \arctan x = \frac{\pi}{2},$$

$$\lim_{x \to -\infty} \arctan x = -\frac{\pi}{2}.$$

但 $\lim\limits_{x \to \infty} \arctan x$ 不存在.

例 2 证明

$$\lim_{x \to \infty} \frac{1}{x^2} = 0.$$

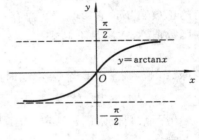

图 1-13

证 $\forall \varepsilon > 0$，要使 $\left| \dfrac{1}{x^2} - 0 \right| = \dfrac{1}{x^2} < \varepsilon$. 只要 $x^2 > \dfrac{1}{\varepsilon}$ 或 $|x| > \dfrac{1}{\sqrt{\varepsilon}}$. 取 $M = \dfrac{1}{\sqrt{\varepsilon}}$，则当 $|x| > M$ 时，便有 $\left| \dfrac{1}{x^2} - 0 \right| < \varepsilon$，从而 $\lim\limits_{x \to \infty} \dfrac{1}{x^2} = 0$.

2. 自变量 $x \to x_0$ 时函数的极限

首先考察一个例子.

例 3 给定函数

$$f(x) = \frac{x^2 - 1}{x - 1} \quad (x \neq 1).$$

它在 $x_0 = 1$ 处没有定义. 考察当 $x \to 1$ 时函数 $f(x)$ 的变化趋势.

当 $x \neq 1$ 时，该函数与 $y = x + 1$ 是相同的函数. 当 x 无论从大于 1 的一侧趋近于 1，还是从小于 1 的一侧趋近于 1，函数值 $f(x)$ 都无限趋近于常数 2（图 1-14）.

这个例子涉及两个过程:其一是自变量 x 无限趋近于定点 x_0,其二是函数值 $f(x)$ 无限趋近于一个确定的常数 A. 如同在刻划数列极限概念时所用的方法,$f(x)$ 无限趋近于 A,就是 $|f(x)-A|$ 能任意小,这可用 $|f(x)-A|<\varepsilon$ 来表达,其中 ε 是任意给定的正数. 因为 $f(x)$ 无限趋近于 A 是在 $x\to x_0$ 的过程中实现的,而充分接近 x_0 的 x 可表达为

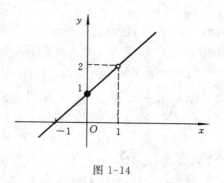

图 1-14

$0<|x-x_0|<\delta$,其中,δ 是某个正数. 所以,对任意给定的正数 ε,只要 $0<|x-x_0|<\delta$,x 所对应的函数值 $f(x)$ 就满足不等式 $|f(x)-A|<\varepsilon$. 而适合不等式 $0<|x-x_0|<\delta$ 的 x,就是 x_0 的去心 δ 邻域 $\mathring{U}(x_0,\delta)$ 中的点,邻域半径 δ 体现了 x 接近 x_0 的程度.

通过以上分析,可以给出 $x\to x_0$ 时函数极限的 ε-δ 定义.

定义 4 设函数 $f(x)$ 在点 x_0 的某一去心邻域内有定义. A 是常数,如果对于任意给定的正数 ε(不论它多么小),总存在正数 δ,使得当 x 满足不等式 $0<|x-x_0|<\delta$ 时,对应的函数值 $f(x)$ 都满足不等式 $|f(x)-A|<\varepsilon$,则称 A 为函数 $f(x)$ 当 $x\to x_0$ 时的极限,记作

$$\lim_{x\to x_0}f(x)=A \quad \text{或} \quad f(x)\to A \quad (x\to x_0).$$

注意 这个定义中的 $0<|x-x_0|<\delta$ 表示 x 接近 x_0 但 $x\neq x_0$. 所以,$x\to x_0$ 时,$f(x)$ 是否有极限与 $f(x)$ 在点 x_0 处是否有定义或者取什么值无关. 例如在例 3 中,函数 $f(x)$ 在 $x_0=1$ 处没有定义,但是极限 $\lim\limits_{x\to 1}f(x)$ 存在.

定义 4 可简述如下:

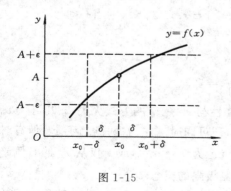

图 1-15

定义 4' $\lim\limits_{x\to x_0}f(x)=A\Longleftrightarrow \forall\varepsilon>0,\exists\delta>0$,当 $0<|x-x_0|<\delta$ 时,有 $|f(x)-A|<\varepsilon$.

$\lim\limits_{x\to x_0}f(x)=A$ 的几何解释如下:任意给定正数 ε,作平行于 x 轴的两条直线 $y=A+\varepsilon$ 和 $y=A-\varepsilon$. 介于这两条直线之间是一横条区域. 根据定义,对于这个 ε,存在着点 x_0 的某个 δ 邻域

$(x_0-\delta,x_0+\delta)$,当 $y=f(x)$ 的图形上的点之横坐标 x 在邻域 $(x_0-\delta,x_0+\delta)$ 内但 $x\neq x_0$ 时,这些点的纵坐标 $f(x)$ 满足不等式 $A-\varepsilon<f(x)<A+\varepsilon$,亦即曲线 $y=f(x)$ 落在上面所作的横条区域内(图1-15).

例4 证明 $\lim\limits_{x\to x_0}x=x_0$.

证 因为对任意的 $\varepsilon>0$,只要取 $\delta=\varepsilon$,则当 $0<|x-x_0|<\delta$ 时,恒有

$$|f(x)-A|=|x-x_0|<\varepsilon,$$

所以 $\lim\limits_{x\to x_0}x=x_0$.

例5 证明 $\lim\limits_{x\to 1}(4x-3)=1$.

证 由于

$$|f(x)-A|=|(4x-3)-1|=4|x-1|,$$

$\forall\varepsilon>0$,要使 $|f(x)-A|<\varepsilon$,只要 $4|x-1|<\varepsilon$,即

$$|x-1|<\frac{\varepsilon}{4}.$$

取 $\delta=\dfrac{\varepsilon}{4}$,则当 $0<|x-1|<\delta$ 时,恒有

$$|f(x)-1|=|(4x-3)-1|<\varepsilon.$$

所以,$\lim\limits_{x\to 1}(4x-3)=1$.

例6 证明 $\lim\limits_{x\to 1}\dfrac{x^2-1}{x-1}=2$.

证 由于当 $x\neq 1$ 时 $\dfrac{x^2-1}{x-1}=x+1$. 所以

$$|f(x)-2|=|x+1-2|=|x-1|.$$

$\forall\varepsilon>0$,要使 $|f(x)-2|<\varepsilon$,只要 $|x-1|<\varepsilon$. 取 $\delta=\varepsilon$,则当 $0<|x-1|<\delta$ 时,恒有

$$|f(x)-2|<\varepsilon,$$

所以 $$\lim\limits_{x\to 1}\frac{x^2-1}{x-1}=2.$$

注意 在定义4中,函数极限的存在性与 $x\to x_0$ 的方式无关:x 既可从 x_0 的左侧趋于 x_0,也可从 x_0 的右侧趋于 x_0,还可同时从左、右两侧趋于 x_0.但有时只能或只需考虑 x 仅从 x_0 的左侧趋于 x_0(记为 $x\to x_0^-$),或 x 仅从 x_0 的右侧趋于 x_0(记作 $x\to x_0^+$). 这就引出了下面单侧极限的概念.

在定义4中,把 $0<|x-x_0|<\delta$ 改为 $x_0-\delta<x<x_0$,则 A 就称为函数

$f(x)$ 当 $x \to x_0$ 时的<u>左极限</u>,记作

$$\lim_{x \to x_0^-} f(x) = A \quad 或 \quad f(x_0 - 0) = A.$$

类似地,若把定义 4 中 $0 < | x - x_0 | < \delta$ 改为 $x_0 < x < x_0 + \delta$,则 A 就称为函数 $f(x)$ 当 $x \to x_0$ 时的<u>右极限</u>,记作

$$\lim_{x \to x_0^+} f(x) = A \quad 或 \quad f(x_0 + 0) = A.$$

左极限与右极限统称为单侧极限.

由定义容易证明:函数 $f(x)$ 当 $x \to x_0$ 时极限存在的充分必要条件是 $f(x)$ 在 x_0 的左极限与右极限都存在并且相等. 因此,若函数 $f(x)$ 在点 x_0 的左、右极限中有一个不存在,或者左、右极限都存在但不相等,则极限 $\lim\limits_{x \to x_0} f(x)$ 不存在.

例 7 设函数

$$f(x) = \begin{cases} x^2, & x \leqslant 0, \\ 2x, & x > 0, \end{cases}$$

求 $\lim\limits_{x \to 0} f(x)$.

因为 $x = 0$ 是分段函数 $f(x)$ 的分段点,所以应分别考虑 $f(x)$ 在 $x = 0$ 处的左、右极限.

解 $\lim\limits_{x \to 0^-} f(x) = \lim\limits_{x \to 0^-} x^2 = 0, \quad \lim\limits_{x \to 0^+} f(x) = \lim\limits_{x \to 0^+} 2x = 0,$

所以 $\lim\limits_{x \to 0} f(x) = 0.$

例 8 讨论函数

$$f(x) = \begin{cases} x - 1, & x < 0, \\ 0, & x = 0, \\ x^2 + 1, & x > 0 \end{cases}$$

当 $x \to 0$ 时的极限.

解 $\lim\limits_{x \to 0^-} f(x) = \lim\limits_{x \to 0^-} (x - 1) = -1,$

$\lim\limits_{x \to 0^+} f(x) = \lim\limits_{x \to 0^+} (x^2 + 1) = 1,$

因为左极限和右极限存在但不相等,所以 $\lim\limits_{x \to 0} f(x)$ 不存在(图 1-16).

下面举例说明函数极限不存在的两种情况.

例 9 讨论当 $x \to 1$ 时函数 $f(x) = \dfrac{1}{x - 1}$ 的极限.

由图 1-17 可以看出,当 x 无限趋近于 1 时,$| f(x) | = \left| \dfrac{1}{x - 1} \right| \to +\infty$,所以 $\lim\limits_{x \to 1} f(x)$ 不存在.

例 10 讨论当 $x \to 0$ 时函数 $f(x) = \sin\dfrac{1}{x}$ 的极限.

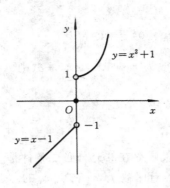

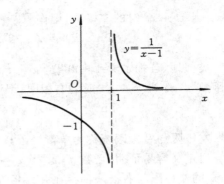

图 1-16

图 1-17

将函数 $f(x) = \sin \dfrac{1}{x}$ 的值列表如下：

x	$-\dfrac{2}{\pi}$	$-\dfrac{1}{\pi}$	$-\dfrac{2}{3\pi}$	$-\dfrac{1}{2\pi}$	$-\dfrac{2}{5\pi}$	$\cdots$	$\dfrac{2}{5\pi}$	$\dfrac{1}{2\pi}$	$\dfrac{2}{3\pi}$	$\dfrac{1}{\pi}$	$\dfrac{2}{\pi}$
$\sin \dfrac{1}{x}$	-1	0	1	0	-1	$\cdots$	1	0	-1	0	1

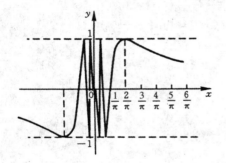

图 1-18

可以看出，当 $x \to 0$ 时，$f(x) = \sin \dfrac{1}{x}$ 的值在 -1 与 1 之间无限次地摆动而不趋近于某一个常数. 所以，当 $x \to 0$ 时，$f(x) = \sin \dfrac{1}{x}$ 不存在极限(图1-18).

二、函数极限的性质

与收敛数列的性质相仿，函数极限有一些相应的性质. 由于函数极限的定义按自变量的变化趋势不同而有各种不同的描述形式，下面仅就"$\lim\limits_{x \to x_0} f(x)$"这种形式给出函数极限的一些定理. 其他形式的函数极限具有类似的性质.

定理 1(唯一性)　若 $\lim\limits_{x \to x_0} f(x)$ 存在，则极限是唯一的.

定理 2(局部有界性)　若 $\lim\limits_{x \to x_0} f(x)$ 存在，则 $f(x)$ 在 x_0 的某个去心邻域内有界，即存在常数 $M > 0$ 和 $\delta > 0$，使得当 $0 < |x - x_0| < \delta$ 时，有 $|f(x)| \leqslant M$.

证　设 $\lim\limits_{x \to x_0} f(x) = A$，取 $\varepsilon = 1$，则 $\exists \delta > 0$，使得当 $0 < |x - x_0| < \delta$ 时，有 $|f(x) - A| < 1$，从而

$$|f(x)| = |f(x) - A + A| \leqslant |f(x) - A| + |A| < |A| + 1.$$

记 $M=|A|+1$,则当 $0<|x-x_0|<\delta$ 时,有 $|f(x)|\leqslant M$.

定理 3(局部保号性) 若 $\lim\limits_{x\to x_0}f(x)=A$,且 $A>0$(或 $A<0$),则 $f(x)$ 在 x_0 的某个去心邻域内与 A 同号,即存在 $\delta>0$,使得当 $0<|x-x_0|<\delta$ 时,有 $f(x)>0$(或 $f(x)<0$).

证 就 $A>0$ 的情形证明.

因为 $\lim\limits_{x\to x_0}f(x)=A>0$,取 $\varepsilon=\dfrac{A}{2}>0$,则 $\exists\delta>0$,当 $0<|x-x_0|<\delta$ 时,有 $|f(x)-A|<\dfrac{A}{2}$,即 $-\dfrac{A}{2}<f(x)-A<\dfrac{A}{2}$,从而

$$f(x)>A-\frac{A}{2}=\frac{A}{2}>0.$$

由定理 3 直接可得

定理 4(保不等号性) 若在 x_0 的某个去心邻域内有 $f(x)\geqslant0$(或 $f(x)\leqslant0$),且 $\lim\limits_{x\to x_0}f(x)=A$,则 $A\geqslant0$(或 $A\leqslant0$).

函数极限可以用数列极限来刻画,即有下面的定理:

定理 5(归结原则) 设 $f(x)$ 在 $\mathring{U}(x_0,\delta)$ 内有定义,则 $\lim\limits_{x\to x_0}f(x)$ 存在的充要条件是对任何含于 $\mathring{U}(x_0,\delta)$ 内且收敛于 x_0 的数列 $\{x_n\}$,相应的函数值数列 $\{f(x_n)\}$ 的极限 $\lim\limits_{n\to\infty}f(x_n)$ 都存在且相等.

习 题 1-3

(A)

1. 设 $f(x)=\dfrac{1-x^2}{1+x}$,应用函数图像求 $\lim\limits_{x\to1}f(x)$ 与 $\lim\limits_{x\to-1}f(x)$,并说明 $y=f(x)$ 的图像与 $y=1-x$ 的图像有何区别.

2. 设

$$f(x)=\begin{cases}2x+1,&x>0,\\x^2+a,&x<0,a\geqslant1.\end{cases}$$

(1) 作出函数的图像,并求出 $\lim\limits_{x\to0^-}f(x)$ 与 $\lim\limits_{x\to0^+}f(x)$;

(2) 当 a 取何值时,$\lim\limits_{x\to0}f(x)$ 存在?

3. 根据函数极限的定义证明.

(1) $\lim\limits_{x\to\infty}\dfrac{1+x}{2x}=\dfrac{1}{2}$;　　　　　(2) $\lim\limits_{x\to+\infty}\dfrac{\sin x}{\sqrt{x}}=0$.

4. 设函数

$$f(x)=\begin{cases}-1,&x<0,\\x,&0<x<1,\\1,&x>1.\end{cases}$$

问 $f(x)$ 在 $x = 0$ 及 $x = 1$ 两点的极限是否存在?为什么?

(B)

1. 根据函数极限的定义证明.

(1) $\lim\limits_{x \to 3}(2x - 5) = 1$;　　　　　　(2) $\lim\limits_{x \to -3}\dfrac{x^2 - 9}{x + 3} = -6$.

2. 求 $f(x) = \dfrac{x}{x}$，$g(x) = \dfrac{|x|}{x}$ 在 $x = 0$ 处的左、右极限，并说明它们在 $x = 0$ 处的极限是否存在.

3. 根据极限定义证明：函数 $f(x)$ 当 $x \to x_0$ 时极限存在的充分必要条件是左极限、右极限都存在并且相等.

第四节　　无穷小量与无穷大量

在各种类型的极限中，以零为极限的情形在理论上和应用上都特别重要，这种类型的变量就是无穷小量.

一、无穷小量

定义 1　若 $\lim\limits_{x \to x_0} f(x) = 0$，则称当 $x \to x_0$ 时 $f(x)$ 为无穷小量.

在定义中，将 $x \to x_0$ 换成 $x \to \infty$，$x \to +\infty$，$x \to -\infty$，$x \to x_0^-$，$x \to x_0^+$ 以及 $n \to \infty$，可定义不同变化过程中的无穷小量. 例如，当 $x \to 0$ 时，函数 x^2，$\sin x$，$\tan x$ 均为无穷小量；当 $x \to \infty$ 时，函数 $\dfrac{1}{x^2}$，$\dfrac{1}{1 + x^2}$ 均为无穷小量；当 $x \to -\infty$ 时，函数 2^x，e^x 均为无穷小量；当 $n \to \infty$ 时，数列 $\left\{\dfrac{(-1)^{n+1}}{n}\right\}$，$\left\{\dfrac{1}{2^n}\right\}$ 均为无穷小量.

注意　无穷小量就是以零为极限的变量，它与自变量的变化过程有关. 例如，$\lim\limits_{x \to \infty}\dfrac{1}{x} = 0$，故当 $x \to \infty$ 时，$\dfrac{1}{x}$ 为无穷小量. 但因为 $\lim\limits_{x \to 2}\dfrac{1}{x} = \dfrac{1}{2} \neq 0$，故当 $x \to 2$ 时，$\dfrac{1}{x}$ 不是无穷小量. 读者特别要注意，无穷小量不是很小的数，而是在自变量的某种变化趋势下以 0 为极限的变量，即在变化过程中某个时刻之后，其绝对值能小于任意给定的正数 ε. 由于常量的极限就是它自身，因而常数中只有零是无穷小量.

下述定理指出了无穷小量与函数极限的关系.

定理 1　在自变量的同一变化过程 $x \to x_0$（或 $x \to \infty$）中，函数 $f(x)$ 具有极限 A 的充分必要条件是 $f(x) = A + \alpha$，其中 α 是无穷小量.

证   仅证 $x \to x_0$ 的情形,其他情形类似.

设 $\lim\limits_{x \to x_0} f(x) = A$,则 $\forall \varepsilon > 0, \exists \delta > 0$,当 $0 < |x - x_0| < \delta$ 时,有

$$|f(x) - A| < \varepsilon.$$

令 $\alpha = f(x) - A$,则 α 是 $x \to x_0$ 时的无穷小,且

$$f(x) = A + \alpha.$$

反之,设 $f(x) = A + \alpha$,其中,A 是常数,α 是 $x \to x_0$ 时的无穷小.因为

$$|f(x) - A| = |\alpha|.$$

所以,$\forall \varepsilon > 0, \exists \delta > 0$,当 $0 < |x - x_0| < \delta$ 时,有

$$|f(x) - A| = |\alpha| < \varepsilon,$$

因此

$$\lim\limits_{x \to x_0} f(x) = A.$$

无穷小的运算具有下列性质:

定理 2   有限个无穷小量的代数和是无穷小量.

证   仅证两个无穷小之和的情形,其余情形类似.

设 α 和 β 是当 $x \to x_0$ 时的两个无穷小,$\gamma = \alpha + \beta$.

因为 α 是当 $x \to x_0$ 时的无穷小,$\forall \varepsilon > 0, \exists \delta_1 > 0$,当 $0 < |x - x_0| < \delta_1$ 时,有

$$|\alpha| < \frac{\varepsilon}{2}.$$

同理,对于 $\frac{\varepsilon}{2} > 0, \exists \delta_2 > 0$,当 $0 < |x - x_0| < \delta_2$ 时,有

$$|\beta| < \frac{\varepsilon}{2},$$

取 $\delta = \min\{\delta_1, \delta_2\}$,则当 $0 < |x - x_0| < \delta$ 时,$|\alpha| < \frac{\varepsilon}{2}$ 与 $|\beta| < \frac{\varepsilon}{2}$ 同时成立,从而

$$|\gamma| = |\alpha + \beta| \leqslant |\alpha| + |\beta| < \frac{\varepsilon}{2} + \frac{\varepsilon}{2} = \varepsilon.$$

即当 $x \to x_0$ 时 γ 也是无穷小.

定理 3   有界变量与无穷小量之积是无穷小量.

证   设函数 $f(x)$ 在 x_0 的某一邻域 $U(x_0, \delta_1)$ 内有界,则存在 $M > 0$,使得对一切 $x \in U(x_0, \delta_1)$,有

$$|f(x)| \leqslant M.$$

又设 α 是 $x \to x_0$ 时的无穷小,则 $\forall \varepsilon > 0$,$\exists \delta_2 > 0$,当 $0 < |x - x_0| < \delta_2$ 时,有

$$|\alpha| < \frac{\varepsilon}{M}.$$

取 $\delta = \min\{\delta_1, \delta_2\}$,则当 $0 < |x - x_0| < \delta$ 时,$|f(x)| \leqslant M$ 与 $|\alpha| < \frac{\varepsilon}{M}$ 同时成立,于是

$$|f(x) \cdot \alpha| = |f(x)| |\alpha| < M \cdot \frac{\varepsilon}{M} = \varepsilon.$$

即当 $x \to x_0$ 时,$f(x) \cdot \alpha$ 是无穷小.

推论 常量与无穷小量之积是无穷小量.

例 1 求 $\lim\limits_{x \to \infty} \frac{1}{x} \sin x$.

解 因 $|\sin x| \leqslant 1$,故 $\sin x$ 是有界变量. 而 $\lim\limits_{x \to \infty} \frac{1}{x} = 0$,即 $\frac{1}{x}$ 是 $x \to \infty$ 时的无穷小量. 由定理 3 得

$$\lim_{x \to \infty} \frac{1}{x} \sin x = 0.$$

例 2 求 $\lim\limits_{x \to 0} x \sin \frac{1}{x}$.

解 由于 $\left|\sin \frac{1}{x}\right| \leqslant 1$,$(x \neq 0)$,所以,函数 $\sin \frac{1}{x}$ 在点 $x_0 = 0$ 的任何一个去心邻域内是有界的. 又,$\lim\limits_{x \to 0} x = 0$. 由定理 3 得

$$\lim_{x \to 0} x \sin \frac{1}{x} = 0.$$

二、无穷大量

若在自变量的某一变化过程中(如 $x \to x_0$,$x \to \infty$ 等),函数的绝对值 $|f(x)|$ 无限增大,则称 $f(x)$ 为该过程中的无穷大量.

下面给出当 $x \to x_0$ 时 $f(x)$ 为无穷大的精确定义.

定义 2 设函数 $f(x)$ 在 x_0 的某一去心邻域内有定义. 若对于任意给定的正数 M(不论它多么大),总存在正数 δ,使得当 $0 < |x - x_0| < \delta$ 时,有

$$|f(x)| > M,$$

则称 $f(x)$ 当 $x \to x_0$ 时为无穷大量.

类似地可给出在 x 的其他变化趋势之下 $f(x)$ 为无穷大量的定义.

如果当 $x \to x_0$ 时 $f(x)$ 是无穷大量,则由极限的定义 $\lim\limits_{x \to x_0} f(x)$ 不存在. 但为了叙述的方便,我们也说当 $x \to x_0$ 时"函数的极限是无穷大量",并记作

$$\lim_{x \to x_0} f(x) = \infty.$$

例 3　证明 $\lim\limits_{x \to 1} \dfrac{1}{x-1} = \infty$.

证　任给 $M > 0$,要使 $\left| \dfrac{1}{x-1} \right| > M$,只要 $|x-1| < \dfrac{1}{M}$. 所以取 $\delta = \dfrac{1}{M}$,则对满足不等式 $0 < |x-1| < \delta = \dfrac{1}{M}$ 的一切 x,有

$$\left| \frac{1}{x-1} \right| > M,$$

所以 $\lim\limits_{x \to 1} \dfrac{1}{x-1} = \infty$.

无穷小量与无穷大量之间有如下关系:

定理 4　在自变量的同一变化过程中,若 $f(x)$ 为无穷大量,则 $\dfrac{1}{f(x)}$ 为无穷小量;反之,若 $f(x)$ 为无穷小量,且 $f(x) \neq 0$,则 $\dfrac{1}{f(x)}$ 为无穷大量.

证　设 $\lim\limits_{x \to x_0} f(x) = \infty$. $\forall \varepsilon > 0$,根据无穷大的定义,对于 $M = \dfrac{1}{\varepsilon}$,$\exists \delta > 0$,当 $0 < |x - x_0| < \delta$ 时,有　　$|f(x)| > M = \dfrac{1}{\varepsilon}$,

即　　　　　　　　　　　　$\left| \dfrac{1}{f(x)} \right| < \varepsilon$,

所以,$\dfrac{1}{f(x)}$ 为当 $x \to x_0$ 时的无穷小量.

反之,设 $\lim\limits_{x \to x_0} f(x) = 0$,且 $f(x) \neq 0$. $\forall M > 0$,对于 $\varepsilon = \dfrac{1}{M} > 0$,$\exists \delta > 0$,当 $0 < |x - x_0| < \delta$ 时,有　　$|f(x)| < \varepsilon = \dfrac{1}{M}$.

由于当 $0 < |x - x_0| < \delta$ 时,$f(x) \neq 0$,故

$$\left| \frac{1}{f(x)} \right| > M,$$

所以，$\dfrac{1}{f(x)}$ 为当 $x \to x_0$ 时的无穷大量.

类似地可证 $x \to \infty$ 等情形.

例如，当 $x \to 1$ 时，$\dfrac{1}{x-1}$ 为无穷大，$x-1$ 为无穷小；当 $x \to +\infty$ 时，$\dfrac{1}{2^x}$ 为无穷小，2^x 为无穷大.

三、无穷小量的比较

我们已经知道，两个无穷小量的和、差及乘积仍是无穷小量，但两个无穷小量的商，却会出现多种不同的情况. 例如，当 $x \to 0$ 时，$x, x^2, \sin x$ 都是无穷小量，但

$$\lim_{x \to 0} \frac{\sin x}{x} = 1, \quad \lim_{x \to 0} \frac{x}{x^2} = \infty, \quad \lim_{x \to 0} \frac{x^2}{x} = 0.$$

两个无穷小量之比的极限的各种不同情况，反映了不同的无穷小趋于零的"快慢". 当 $x \to 0$ 时，$x^2 \to 0$ 比 $x \to 0$ 要"快"，而 $\sin x \to 0$ 与 $x \to 0$ "快慢"相仿. 不论是从理论上还是从应用上，研究无穷小量趋于零的"快慢"程度是重要的. 这个"快慢"程度可用无穷小量之比的极限来衡量.

定义 3 设 α, β 是在自变量的同一变化过程中的两个无穷小量，且 $\alpha \neq 0$，若 $\lim \dfrac{\beta}{\alpha} = 0$，则称 β 是比 α 高阶的无穷小，记作 $\beta = o(\alpha)$，

若 $\lim \dfrac{\beta}{\alpha} = \infty$，则称 β 是比 α 低阶的无穷小；

若 $\lim \dfrac{\beta}{\alpha} = c \neq 0$，则称 β 与 α 是同阶无穷小；

特别，若 $\lim \dfrac{\beta}{\alpha} = 1$，则称 β 与 α 是等价无穷小，记作 $\alpha \sim \beta$.

根据上面的定义，当 $x \to 0$ 时，有

$$\sin x \sim x, \quad x^2 = o(x).$$

因为 $\lim\limits_{x \to 2} \dfrac{x^2 - 4}{x - 2} = 4$，所以，当 $x \to 2$ 时，$x^2 - 4$ 与 $x - 2$ 是同阶无穷小.

因为 $\lim\limits_{n \to \infty} \dfrac{\dfrac{1}{n}}{\dfrac{1}{n^2}} = \infty$，所以，当 $n \to \infty$ 时，$\dfrac{1}{n}$ 是比 $\dfrac{1}{n^2}$ 低阶的无穷小.

关于等价无穷小，有下面的定理：

定理5　设 $\alpha, \alpha', \beta, \beta'$ 是同一过程中的无穷小且 $\alpha \sim \alpha', \beta \sim \beta'$，若 $\lim \dfrac{\beta'}{\alpha'}$ 存在，则 $\lim \dfrac{\beta}{\alpha}$ 也存在，且

$$\lim \frac{\beta}{\alpha} = \lim \frac{\beta'}{\alpha'}.$$

证

$$\lim \frac{\beta}{\alpha} = \lim \left(\frac{\beta}{\beta'} \cdot \frac{\beta'}{\alpha'} \cdot \frac{\alpha'}{\alpha} \right)$$

$$= \lim \frac{\beta}{\beta'} \cdot \lim \frac{\beta'}{\alpha'} \cdot \lim \frac{\alpha'}{\alpha}$$

$$= \lim \frac{\beta'}{\alpha'}.$$

定理5表明，在求两个无穷小之比的极限时，分子、分母均可用其等价无穷小来代替，从而简化计算.

例4　求 $\lim\limits_{x \to 0} \dfrac{\sin^2 x}{x^2(1 + \cos x)}$.

解　当 $x \to 0$ 时，$\sin x \sim x$，而无穷小 $x^2(1 + \cos x)$ 与它本身显然是等价的，所以

$$\lim_{x \to 0} \frac{\sin^2 x}{x^2(1 + \cos x)} = \lim_{x \to 0} \frac{x^2}{x^2(1 + \cos x)}$$

$$= \lim_{x \to 0} \frac{1}{1 + \cos x} = \frac{1}{2}.$$

例5　求 $\lim\limits_{x \to 0} \dfrac{\tan x - \sin x}{\sin^3 2x}$.

解　因为 $\tan x - \sin x = \tan x(1 - \cos x)$，而当 $x \to 0$ 时，

$$\sin 2x \sim 2x, \quad 1 - \cos x = 2\sin^2 \frac{x}{2} \sim \frac{1}{2}x^2, \quad \tan x \sim x,$$

所以

$$\lim_{x \to 0} \frac{\tan x - \sin x}{\sin^3 2x} = \lim_{x \to 0} \frac{\tan x(1 - \cos x)}{\sin^3 2x}$$

$$= \lim_{x \to 0} \frac{\frac{1}{2}x^3}{(2x)^3} = \frac{1}{16}.$$

等价无穷小代换只适用于乘积或商中的无穷小因子，对于代数和中各无穷小不能代换. 例如，若对例2中的分子中每项代换，变为

$$\lim_{x \to 0} \frac{\tan x - \sin x}{\sin^3 2x} = \lim_{x \to 0} \frac{x - x}{(2x)^3} = 0.$$

便得到错误的结果.

注意 并非任意两个无穷小量都可比较. 例如, 当 $x \to 0$ 时 $x\sin\dfrac{1}{x} \to 0$, 但

是极限 $\lim\limits_{x \to 0}\dfrac{x\sin\dfrac{1}{x}}{x} = \lim\limits_{x \to 0}\sin\dfrac{1}{x}$ 不存在, 因而无穷小量 x 与 $x\sin\dfrac{1}{x}$ 是不可比较的.

习 题 1-4

(A)

1. 下列说法是否正确?

(1) 无穷小是比任何正数都小的数;　　(2) 无穷小是零;

(3) 没有极限的变量是无穷大.

2. 运用定理 1 求下列极限.

(1) $\lim\limits_{x \to \infty}\dfrac{2x+1}{x}$;　　　　　　　　(2) $\lim\limits_{x \to 0}\dfrac{1-x^2}{1-x}$.

3. 根据函数极限或无穷大定义, 填写下表:

	$f(x) \to A$	$f(x) \to \infty$	$f(x) \to +\infty$	$f(x) \to -\infty$
$x \to x_0$	$\forall \varepsilon > 0,$ $\exists \delta > 0,$ 当 $0 < \|x - x_0\| < \delta,$ 有 $\|f(x) - A\| < \varepsilon$			
$x \to x_0^+$				
$x \to x_0^-$				
$x \to \infty$		$\forall M > 0,$ $\exists X > 0,$ 当 $\|x\| > X$ 时, 有 $\|f(x)\| > M$		
$x \to +\infty$				
$x \to -\infty$				

4. 当 $x \to 0$ 时, $3x - 2x^2$ 与 $x^2 - x^3$ 相比, 哪一个是高阶无穷小?

5. 试比较下列各对无穷小 α 与 β 的阶.

(1) $\alpha = x^2 + 10x, \beta = x^3$, 当 $x \to 0$ 时;　　(2) $\alpha = \sin^3 x, \beta = 4x^2$, 当 $x \to 0$ 时.

6. 用等价无穷小的性质, 求下列极限.

(1) $\lim\limits_{x \to 0}\dfrac{\sin 3x}{2x}$;　　　　　　　　(2) $\lim\limits_{x \to 0}\dfrac{\sin^2 x}{1-\cos x}$;

(3) $\lim\limits_{x \to 0}\dfrac{1-\cos x}{\tan^2 2x}$;　　　　　　　(4) $\lim\limits_{x \to 0}\dfrac{5x}{\tan 3x}$.

(B)

1. 设数列 $\{x_n\}$ 是无穷小, 数列 $\{y_n\}$ 与 $\{z_n\}$ 都是无穷大. 试问:

(1) $\{x_n y_n\}$ 是否为无穷小? 为什么?　　(2) $\{y_n + z_n\}$ 是否为无穷大? 为什么?

(3) $\left\{\dfrac{x_n}{y_n}\right\}$ 是否为无穷小? 为什么?　　(4) $\{y_n z_n\}$ 是否为无穷大? 为什么?

2. 根据定义证明:

(1) $y = \dfrac{x-3}{x}$ 当 $x \to 3$ 时为无穷小;　　(2) $y = \dfrac{1+3x}{x}$ 当 $x \to 0$ 时为无穷大.

3. 下列函数当 $x \to \infty$ 时均有极限, 试将其表示为一个常数(极限)与一个当 $x \to \infty$ 时的无穷小之和:

(1) $f(x) = \dfrac{x^2}{x^2-1}$;　　(2) $f(x) = \dfrac{2x-1}{3x+1}$.

4. 函数 $y = x\cos x$ 在 $(-\infty, +\infty)$ 内是否有界? 这个函数是否为 $x \to +\infty$ 时的无穷大? 为什么?

5. 用等价无穷小的性质, 求下列极限.

(1) $\lim\limits_{x \to 0} \dfrac{\sin(x^n)}{(\sin x)^m}$　$(m, n \in \mathbf{N}^+)$;　　(2) $\lim\limits_{x \to 0} \dfrac{\sin x - \tan x}{(\sqrt[3]{1+x^2}-1)(\sqrt{1+\sin x}-1)}$.

6. 证明无穷小的等价关系具有下列性质:

(1) $\alpha \sim \alpha$(自反性);

(2) 若 $\alpha \sim \beta$, 则 $\beta \sim \alpha$(对称性);

(3) 若 $\alpha \sim \beta, \beta \sim \gamma$, 则 $\alpha \sim \gamma$(传递性).

第五节　　极限的四则运算法则

在以下的讨论中, 极限记号 lim 下面没有标明自变量的变化过程, 因为这些定理对于函数当 $x \to x_0$ 及 $x \to +\infty, x \to -\infty, x \to \infty$ 时的极限以及数列当 $n \to \infty$ 时的极限都是成立的. 同一公式中, 不同函数的极限应是在自变量的同一变化过程中的极限. 在论证时, 我们只证明 $x \to x_0$ 的情形, 其余情形类似.

定理 1　**若** $\lim f(x) = A$, $\lim g(x) = B$, 则

(1) $f(x) \pm g(x)$ 的极限存在, 且
$$\lim[f(x) \pm g(x)] = \lim f(x) \pm \lim g(x) = A \pm B;$$

(2) $f(x) \cdot g(x)$ 的极限存在, 且
$$\lim[f(x) \cdot g(x)] = \lim f(x) \cdot \lim g(x) = A \cdot B;$$

(3) 当 $B \neq 0$ 时, $\dfrac{f(x)}{g(x)}$ 的极限存在, 且
$$\lim \frac{f(x)}{g(x)} = \frac{\lim f(x)}{\lim g(x)} = \frac{A}{B}.$$

证　仅证(1),其余读者可自证.

因 $\lim f(x)=A,\lim g(x)=B$,由上节定理 1,$f(x)$ 与 $g(x)$ 可以表示为

$$f(x)=A+\alpha,\quad g(x)=B+\beta,$$

其中 α 与 β 为无穷小. 于是

$$f(x)\pm g(x)=(A+\alpha)\pm(B+\beta)=(A\pm B)+(\alpha\pm\beta).$$

因 $\alpha\pm\beta$ 是无穷小,所以

$$\lim[f(x)\pm g(x)]=A\pm B=\lim f(x)\pm\lim g(x).$$

定理 1 中的结论(1)、(2)可以推广到任意有限个函数的情形.并有如下推论:

推论 1　若 $\lim f(x)$ 存在,C 是常数,则

$$\lim[Cf(x)]=C\lim f(x).$$

推论 2　若 $\lim f(x)$ 存在,$n\in\mathbf{N}^{+}$,则

$$\lim[f(x)]^{n}=[\lim f(x)]^{n}.$$

利用定理 1,我们可以证明极限的如下性质:

定理 2　若 $f(x)\geqslant g(x)$,且 $\lim f(x)=A,\lim g(x)=B$,则 $A\geqslant B$.

证　令 $h(x)=f(x)-g(x)$,则 $h(x)\geqslant 0$.且

$$\lim h(x)=\lim[f(x)-g(x)]$$
$$=\lim f(x)-\lim g(x)$$
$$=A-B.$$

另一方面,由极限保不等号性,有 $\lim h(x)\geqslant 0$,即 $A-B\geqslant 0$,所以 $A\geqslant B$.

例 1　求 $\lim\limits_{x\to 2}(2x^{3}-4x+5)$.

解　$\lim\limits_{x\to 2}(2x^{3}-4x+5)=2\lim\limits_{x\to 2}x^{3}-4\lim\limits_{x\to 2}x+\lim\limits_{x\to 2}5$

$$=2(\lim\limits_{x\to 2}x)^{3}-4\lim\limits_{x\to 2}x+\lim\limits_{x\to 2}5$$
$$=2\times 2^{3}-4\times 2+5$$
$$=13.$$

一般地,对于 n 次多项式

$$P_{n}(x)=a_{0}+a_{1}x+a_{2}x^{2}+\cdots+a_{n}x^{n}$$

有

$$\lim_{x \to x_0} P_n(x) = \lim_{x \to x_0} a_0 + a_1 \lim_{x \to x_0} x + a_2 (\lim_{x \to x_0} x)^2 + \cdots + a_n (\lim_{x \to x_0} x)^n$$

$$= a_0 + a_1 x_0 + a_2 x_0^2 + \cdots + a_n x_0^n$$

$$= P_n(x_0).$$

这表明,当 $x \to x_0$ 时求多项式的极限,只要把 $x = x_0$ 直接代入多项式就可以了.

例 2　求 $\lim\limits_{x \to 1} \dfrac{x^2 - 3x + 3}{2x + 3}$.

解　$\lim\limits_{x \to 1} \dfrac{x^2 - 3x + 3}{2x + 3} = \dfrac{\lim\limits_{x \to 1}(x^2 - 3x + 3)}{\lim\limits_{x \to 1}(2x + 3)}$

$$= \frac{1^2 - 3 \times 1 + 3}{2 \times 1 + 3}$$

$$= \frac{1}{5}.$$

一般地,设有有理函数

$$R(x) = \frac{P(x)}{Q(x)},$$

其中 $P(x)$ 与 $Q(x)$ 都是多项式. 于是

$$\lim_{x \to x_0} P(x) = P(x_0), \qquad \lim_{x \to x_0} Q(x) = Q(x_0).$$

若 $Q(x_0) \neq 0$,则

$$\lim_{x \to x_0} R(x) = R(x_0).$$

但若 $Q(x_0) = 0$,则不能直接用商的极限运算法则,一般需要先把分母中极限为零的因子约去.

例 3　求 $\lim\limits_{x \to 3} \dfrac{x^2 - 3x}{x^2 - 2x - 3}$.

解　当 $x \to 3$ 时,分子、分母的极限都是零,不能直接用商的极限运算法则. 但是分子、分母有公因子 $x - 3$. 而 $x \to 3$ 时,$x \neq 3$,即 $x - 3 \neq 0$,故可约去,所以

$$\lim_{x \to 3} \frac{x^2 - 3x}{x^2 - 2x - 3} = \lim_{x \to 3} \frac{x(x - 3)}{(x + 1)(x - 3)}$$

$$= \lim_{x \to 3} \frac{x}{x + 1} = \frac{3}{3 + 1} = \frac{3}{4}.$$

例 4　求 $\lim\limits_{x \to 1} \dfrac{2x-3}{x^2-5x+4}$.

解　$x \to 1$ 时,分母的极限是零,分子的极限是 -1,不能应用商的极限运算法则.但因

$$\lim_{x \to 1} \frac{x^2-5x+4}{2x-3} = \frac{0}{-1} = 0,$$

由第四节定理 4 得

$$\lim_{x \to 1} \frac{2x-3}{x^2-5x+4} = \infty.$$

例 5　求 $\lim\limits_{x \to 2} \left(\dfrac{1}{x-2} - \dfrac{12}{x^3-8} \right)$.

解　由于当 $x \to 2$ 时,括号中的两项之极限均不存在,所以不能直接应用极限的减法法则.可先通分,化成有理函数,再求极限.

$$\lim_{x \to 2} \left(\frac{1}{x-2} - \frac{12}{x^3-8} \right) = \lim_{x \to 2} \frac{x^2+2x-8}{x^3-8} = \lim_{x \to 2} \frac{(x-2)(x+4)}{(x-2)(x^2+2x+4)}$$

$$= \lim_{x \to 2} \frac{x+4}{x^2+2x+4} = \frac{1}{2}.$$

例 6　求 $\lim\limits_{x \to \infty} \dfrac{3x^3-4x^2+2}{2x^3+5x^2-3}$.

解　当 $x \to \infty$ 时,分子、分母的极限都不存在,所以不能直接应用商的极限运算法则.可用 x^3 去除分子及分母,然后再取极限.

$$\lim_{x \to \infty} \frac{3x^3-4x^2+2}{2x^3+5x^2-3} = \lim_{x \to \infty} \frac{3-4 \cdot \dfrac{1}{x}+2 \cdot \dfrac{1}{x^3}}{2+5 \cdot \dfrac{1}{x}-3 \cdot \dfrac{1}{x^3}}$$

$$= \frac{3-0+0}{2+0-0} = \frac{3}{2}.$$

例 7　求 $\lim\limits_{x \to \infty} \dfrac{4x^3-3x+1}{x^2-2x-1}$.

解　由于

$$\lim_{x \to \infty} \frac{x^2-2x-1}{4x^3-3x+1} = \lim_{x \to \infty} \frac{\dfrac{1}{x}-2 \cdot \dfrac{1}{x^2}-\dfrac{1}{x^3}}{4-3 \cdot \dfrac{1}{x^2}+\dfrac{1}{x^3}} = \frac{0}{4} = 0,$$

所以

$$\lim_{x \to \infty} \frac{4x^3 - 3x + 1}{x^2 - 2x - 1} = \infty.$$

一般地,若 $a_0 \neq 0$, $b_0 \neq 0$, m 与 n 为非负整数,则

$$\lim_{x \to \infty} \frac{a_0 x^m + a_1 x^{m-1} + \cdots + a_m}{b_0 x^n + b_1 x^{n-1} + \cdots + b_n} = \begin{cases} \dfrac{a_0}{b_0}, & m = n, \\ 0, & m < n, \\ \infty, & m > n. \end{cases}$$

习　题　1-5

（A）

计算下列极限.

(1) $\lim\limits_{x \to 2} \dfrac{x^2 + 1}{x - 3}$;

(2) $\lim\limits_{x \to \sqrt{3}} \dfrac{x^2 - 3}{x^2 + 1}$;

(3) $\lim\limits_{x \to 1} \dfrac{x^2 - 1}{2x^2 - x - 1}$;

(4) $\lim\limits_{x \to 2} \dfrac{(x-1)^2}{x^2 - x - 2}$;

(5) $\lim\limits_{h \to 0} \dfrac{(x+h)^2 - x^2}{h}$;

(6) $\lim\limits_{x \to \infty} \left(2 - \dfrac{1}{x} + \dfrac{1}{x^2}\right)$.

（B）

1. 计算下列极限.

(1) $\lim\limits_{n \to \infty} \dfrac{(n+1)(n+2)(n+3)}{5n^3}$;

(2) $\lim\limits_{n \to \infty} \dfrac{1 + 2 + \cdots + n}{n^2}$;

(3) $\lim\limits_{n \to \infty} \left(1 + \dfrac{1}{2} + \dfrac{1}{4} + \cdots + \dfrac{1}{2^n}\right)$;

(4) $\lim\limits_{n \to \infty} \left(\dfrac{1 + 2 + \cdots + n}{n + 2} - \dfrac{n}{2}\right)$;

(5) $\lim\limits_{n \to \infty} \left[\dfrac{1}{1 \times 2} + \dfrac{1}{2 \times 3} + \cdots + \dfrac{1}{n(n+1)}\right]$.

2. 计算下列极限.

(1) $\lim\limits_{x \to 0} \dfrac{(x+n)^3 - n^3}{x}$;

(2) $\lim\limits_{n \to \infty} \dfrac{\sqrt{n+1} - \sqrt{n}}{\sqrt{n+2} - \sqrt{n}}$;

(3) $\lim\limits_{n \to \infty} (\sqrt{n^2 + 2n} - n)$.

第六节　　极限存在准则　　两个重要极限

本节介绍判定极限存在的两个准则,并应用它们证明两个重要极限.

准则 I　**若数列 $\{x_n\}$, $\{y_n\}$, $\{z_n\}$ 满足**

(1) $y_n \leqslant x_n \leqslant z_n$ 　$(n = 1, 2, 3, \cdots)$,

(2) $\lim\limits_{n \to \infty} y_n = \lim\limits_{n \to \infty} z_n = a.$

则数列 $\{x_n\}$ 的极限存在,且

$$\lim_{n\to\infty}x_n = a.$$

证 由于

$$\lim_{n\to\infty}y_n = a, \qquad \lim_{n\to\infty}z_n = a,$$

所以,$\forall\varepsilon>0$,$\exists N_1\in\mathbf{N}^+$ 及 $N_2\in\mathbf{N}^+$,当 $n>N_1$ 时,有 $|y_n-a|<\varepsilon$;当 $n>N_2$ 时,有 $|z_n-a|<\varepsilon$. 取 $N=\max\{N_1,N_2\}$,则当 $n>N$ 时,同时成立

$$|y_n-a|<\varepsilon, \qquad |z_n-a|<\varepsilon,$$

即

$$a-\varepsilon<y_n<a+\varepsilon, \qquad a-\varepsilon<z_n<a+\varepsilon.$$

又因 $y_n\leqslant x_n\leqslant z_n$,故当 $n>N$ 时,有

$$a-\varepsilon<y_n\leqslant x_n\leqslant z_n<a+\varepsilon,$$

即

$$|x_n-a|<\varepsilon,$$

所以 $\lim\limits_{n\to\infty}x_n=a$.

准则 I 可以推广到函数的情形,读者可以自己给出证明.

准则 I' 若(1) 存在 $\delta>0$(或 $M>0$),当 $x\in\overset{\circ}{U}(x_0,\delta)$(或 $|x|>M$) 时,有

$$g(x)\leqslant f(x)\leqslant h(x),$$

(2) $\lim\limits_{\substack{x\to x_0\\(x\to\infty)}} g(x) = \lim\limits_{\substack{x\to x_0\\(x\to\infty)}} h(x) = A.$

则 $\lim\limits_{\substack{x\to x_0\\(x\to\infty)}} f(x)$ 存在且等于 A.

准则 I 与 I' 称为夹逼原理. 作为它的应用,我们来证明一个重要的极限:

$$\lim_{x\to 0}\frac{\sin x}{x} = 1.$$

作单位圆(图 1-19). 设圆心角 $\angle AOB = x$ $\left(0<x<\dfrac{\pi}{2}\right)$. 点 A 处的切线与 OB 的延长线相交于 D. 又,$BC\perp OA$,则

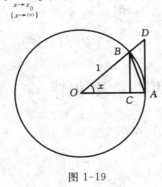

图 1-19

$$\triangle OAB \text{ 的面积} = \frac{1}{2}\sin x = \frac{1}{2}BC,$$

$$\text{扇形 } OAB \text{ 的面积} = \frac{1}{2}x,$$

$$\triangle OAD \text{ 的面积} = \frac{1}{2}\tan x.$$

因为　　　　　$\triangle OAB$ 的面积 $<$ 扇形 OAB 的面积 $< \triangle OAD$ 的面积,

所以　　　　　$$\frac{1}{2}\sin x < \frac{1}{2}x < \frac{1}{2}\tan x,$$

即　　　　　　$$\sin x < x < \tan x.$$

注意函数 $\dfrac{\sin x}{x}$ 对一切 $x \neq 0$ 有定义. 上述不等式各边都除以 $\sin x$, 有

$$1 < \frac{x}{\sin x} < \frac{1}{\cos x},$$

或　　　　　　$$\cos x < \frac{\sin x}{x} < 1.$$

因为当 x 用 $-x$ 代替时, $\cos x$ 与 $\dfrac{\sin x}{x}$ 都不变, 所以, 上面的不等式对于一切

满足不等式 $0 < \mid x \mid < \dfrac{\pi}{2}$ 的点 x 都成立. 从而

$$0 < 1 - \frac{\sin x}{x} < 1 - \cos x = 2\sin^2 \frac{x}{2} < 2 \cdot \left(\frac{x}{2}\right)^2 = \frac{x^2}{2},$$

因　　　　　　$$\lim_{x \to 0} 0 = 0, \quad \lim_{x \to 0} \frac{x^2}{2} = 0.$$

由夹逼原理得　　　　$$\lim_{x \to 0}\left(1 - \frac{\sin x}{x}\right) = 0,$$

即　　　　　　$$\lim_{x \to 0} \frac{\sin x}{x} = 1.$$

从上面的证明过程得知当 $0 < \mid x \mid < \dfrac{\pi}{2}$ 时, 有

$$\mid \sin x \mid < \mid x \mid,$$

$$0 < 1 - \cos x < \frac{x^2}{2},$$

因而又有

$$\lim_{x \to 0} \sin x = 0, \quad \lim_{x \to 0} \cos x = 1.$$

下面举例说明极限 $\lim\limits_{x \to 0} \dfrac{\sin x}{x} = 1$ 在求极限中的应用.

例 1　求 $\lim\limits_{x \to 0} \dfrac{\tan x}{x}$.

解
$$\lim_{x \to 0} \frac{\tan x}{x} = \lim_{x \to 0} \left(\frac{\sin x}{x} \cdot \frac{1}{\cos x} \right)$$
$$= \lim_{x \to 0} \frac{\sin x}{x} \cdot \lim_{x \to 0} \frac{1}{\cos x}$$
$$= 1.$$

例 2　求 $\lim\limits_{x \to 0} \dfrac{\sin mx}{\sin nx} \quad (m, n \neq 0)$.

解
$$\lim_{x \to 0} \frac{\sin mx}{\sin nx} = \lim_{x \to 0} \frac{\dfrac{\sin mx}{mx} \cdot m}{\dfrac{\sin nx}{nx} \cdot n} = \frac{m}{n} \cdot \frac{\lim\limits_{x \to 0} \dfrac{\sin mx}{mx}}{\lim\limits_{x \to 0} \dfrac{\sin nx}{nx}} = \frac{m}{n} \cdot \frac{1}{1} = \frac{m}{n}.$$

例 3　求 $\lim\limits_{x \to 0} \dfrac{1 - \cos x}{x^2}$.

解
$$\lim_{x \to 0} \frac{1 - \cos x}{x^2} = \lim_{x \to 0} \frac{2\sin^2 \dfrac{x}{2}}{x^2}$$
$$= \frac{1}{2} \lim_{x \to 0} \frac{\sin^2 \dfrac{x}{2}}{\left(\dfrac{x}{2} \right)^2} = \frac{1}{2} \lim_{x \to 0} \left(\frac{\sin \dfrac{x}{2}}{\dfrac{x}{2}} \right)^2$$
$$= \frac{1}{2} \times 1^2 = \frac{1}{2}.$$

一般地,若在自变量的某个变化过程中(如 $x \to x_0$, $x \to \infty$),变量 $u = \varphi(x) \to 0$,则

$$\lim_{\substack{x \to x_0 \\ (x \to \infty)}} \frac{\sin \varphi(x)}{\varphi(x)} = \lim_{u \to 0} \frac{\sin u}{u} = 1.$$

例 4　求 $\lim\limits_{x \to 0} \dfrac{\arcsin x}{x}$.

解　令 $t = \arcsin x$,则 $x = \sin t$. 当 $x \to 0$ 时,有 $t \to 0$. 于是

$$\lim_{x \to 0} \frac{\arcsin x}{x} = \lim_{t \to 0} \frac{t}{\sin t} = \lim_{t \to 0} \frac{1}{\frac{\sin t}{t}} = 1.$$

准则 Ⅱ 单调有界数列必有极限.

若数列 $\{x_n\}$ 满足

$$x_1 \leqslant x_2 \leqslant x_3 \leqslant \cdots \leqslant x_n \leqslant x_{n+1} \leqslant \cdots,$$

则称这数列是 单调增加的. 若数列 $\{x_n\}$ 满足

$$x_1 \geqslant x_2 \geqslant x_3 \geqslant \cdots \geqslant x_n \geqslant x_{n+1} \geqslant \cdots,$$

则称这数列是 单调减少的.

单调增加和单调减少的数列统称为 单调数列.

在第二节中我们曾证明收敛数列一定有界, 但有界数列不一定收敛. 现在的准则 Ⅱ 表明: 一个有界数列如果是单调的, 那么它必定收敛.

准则 Ⅱ 的证明已超出本课程的范围, 在此略去, 仅给出它的几何解释.

从数轴上看, 对应于单调数列的点 x_n 只可能向一个方向移动, 例如, 单调增加数列的点只能向右移动. 因此, 只能出现两种情形: 或者点 x_n 沿数轴移向无穷远 $(x_n \to +\infty)$, 或者点 x_n 无限趋近于某一个点 A (图 1-20), 也就是数列 $\{x_n\}$ 以 A 为极限. 但现在数列是有界的, 而有界数列的点 x_n 都落在数轴上某一个区间 $[-M, M]$ 内. 这样, 上述第一种情形就不会发生了. 从而数列 $\{x_n\}$ 一定以某个数 A 为极限. 当然, 这个极限的值不会超过 M.

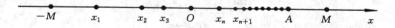

图 1-20

作为准则 Ⅱ 的应用, 我们来讨论另一个重要极限:

$$\lim_{n \to \infty} \left(1 + \frac{1}{n}\right)^n.$$

设 $x_n = \left(1 + \frac{1}{n}\right)^n$. 下面先证明数列 $\{x_n\}$ 单调增加并且有界. 这个证明用小字排印, 供读者参考.

由二项式定理得

$$x_n = \left(1 + \frac{1}{n}\right)^n = 1 + \frac{n}{1!} \cdot \frac{1}{n} + \frac{n(n-1)}{2!} \cdot \left(\frac{1}{n}\right)^2 + \frac{n(n-1)(n-2)}{3!} \cdot \left(\frac{1}{n}\right)^3$$

$$+ \cdots + \frac{n(n-1)\cdots(n-n+1)}{n!} \cdot \left(\frac{1}{n}\right)^n$$

$$= 1 + 1 + \frac{1}{2!}\left(1 - \frac{1}{n}\right) + \frac{1}{3!}\left(1 - \frac{1}{n}\right)\left(1 - \frac{2}{n}\right)$$

$$+ \cdots + \frac{1}{n!}\left(1 - \frac{1}{n}\right)\left(1 - \frac{2}{n}\right)\cdots\left(1 - \frac{n-1}{n}\right).$$

类似地,有

$$x_{n+1} = 1 + 1 + \frac{1}{2!}\left(1 - \frac{1}{n+1}\right) + \frac{1}{3!}\left(1 - \frac{1}{n+1}\right)\left(1 - \frac{2}{n+1}\right)$$

$$+ \cdots + \frac{1}{(n+1)!}\left(1 - \frac{1}{n+1}\right)\left(1 - \frac{2}{n+1}\right)\cdots\left(1 - \frac{n}{n+1}\right).$$

比较 x_n 与 x_{n+1} 的展开式,可以看出除前两项外,x_n 的每一项都小于 x_{n+1} 的对应项,并且 x_{n+1} 还多了最后的一项,其值大于零. 因此

$$x_n < x_{n+1}.$$

这表明数列 $\{x_n\}$ 是单调增加的. 此外,这个数列还是有界的,这是因为

$$x_n < 1 + 1 + \frac{1}{2!} + \frac{1}{3!} + \cdots + \frac{1}{n!}$$

$$< 1 + 1 + \frac{1}{2} + \frac{1}{2^2} + \cdots + \frac{1}{2^{n-1}}$$

$$= 1 + \frac{1 - \frac{1}{2^n}}{1 - \frac{1}{2}} = 3 - \frac{1}{2^{n-1}} < 3.$$

根据准则 II,数列 $\{x_n\}$ 的极限存在,我们用字母 e 来表示它,即

$$\lim_{n \to \infty}\left(1 + \frac{1}{n}\right)^n = \mathbf{e}.$$

还可以进一步证明,对于实数 x,也成立

$$\lim_{x \to \infty}\left(1 + \frac{1}{x}\right)^x = \mathbf{e}.$$

证 对任何正实数 x,总存在正整数 n,使 $n \leqslant x < n+1$. 于是有

$$\left(1 + \frac{1}{n+1}\right)^n \leqslant \left(1 + \frac{1}{x}\right)^x \leqslant \left(1 + \frac{1}{n}\right)^{n+1},$$

即

$$\left(1 + \frac{1}{n+1}\right)^{n+1} \cdot \frac{1}{\left(1 + \frac{1}{n+1}\right)} \leqslant \left(1 + \frac{1}{x}\right)^x \leqslant \left(1 + \frac{1}{n}\right)^n \cdot \left(1 + \frac{1}{n}\right).$$

当 $x \to +\infty$ 时,$n \to \infty$,利用 $\lim\limits_{n \to \infty}\left(1 + \frac{1}{n}\right)^n = \mathrm{e}$,有

$$\lim_{n \to \infty}\left[\left(1 + \frac{1}{n+1}\right)^{n+1} \cdot \frac{1}{1 + \frac{1}{n+1}}\right] = \lim_{n \to \infty}\left(1 + \frac{1}{n+1}\right)^{n+1} \cdot \lim_{n \to \infty}\frac{1}{1 + \frac{1}{n+1}}$$

$$= e \cdot 1 = e.$$

$$\lim_{n \to \infty} \left[\left(1 + \frac{1}{n} \right)^n \left(1 + \frac{1}{n} \right) \right] = \lim_{n \to \infty} \left(1 + \frac{1}{n} \right)^n \cdot \lim_{n \to \infty} \left(1 + \frac{1}{n} \right)$$

$$= e \cdot 1 = e.$$

由夹逼原理得

$$\lim_{x \to +\infty} \left(1 + \frac{1}{x} \right)^x = e.$$

当 x 取负实数时，令 $x = -(t+1)$，则当 $x \to -\infty$ 时，$t \to +\infty$，于是

$$\lim_{x \to -\infty} \left(1 + \frac{1}{x} \right)^x = \lim_{t \to +\infty} \left(1 - \frac{1}{t+1} \right)^{-(t+1)} = \lim_{t \to +\infty} \left(\frac{t}{t+1} \right)^{-(t+1)}$$

$$= \lim_{t \to +\infty} \left(\frac{t+1}{t} \right)^{t+1} = \lim_{t \to +\infty} \left(1 + \frac{1}{t} \right)^t \cdot \lim_{t \to +\infty} \left(1 + \frac{1}{t} \right) = e \cdot 1 = e.$$

数 e 是一个无理数，它的值是

$$e = 2.718281828\cdots$$

这是数 π 之外另一个十分重要的无理数. 在高等数学中，往往取 e 为指数函数和对数函数的底数，在运算中特别简便. 以 e 为底的对数称为自然对数，并把 $\log_e x$ 简记为 $\ln x$.

若令 $t = \frac{1}{x}$，则当 $x \to \infty$ 时，$t \to 0$. 由此可得极限 $\lim\limits_{x \to \infty} \left(1 + \frac{1}{x} \right)^x = e$ 的另一种形式：

$$\boldsymbol{\lim_{t \to 0} (1 + t)^{\frac{1}{t}} = e.}$$

例 5 求 $\lim\limits_{x \to \infty} \left(1 + \frac{2}{x} \right)^x$.

解 $\lim\limits_{x \to \infty} \left(1 + \frac{2}{x} \right)^x = \lim\limits_{x \to \infty} \left(1 + \frac{2}{x} \right)^{\frac{x}{2} \cdot 2} = \lim\limits_{x \to \infty} \left[\left(1 + \frac{2}{x} \right)^{\frac{x}{2}} \right]^2 = e^2.$

例 6 求 $\lim\limits_{x \to 0} (1 - x)^{\frac{1}{x}}$.

解 $\lim\limits_{x \to 0} (1 - x)^{\frac{1}{x}} = \lim\limits_{x \to 0} [1 + (-x)]^{\frac{1}{-x} \cdot (-1)}$

$$= \lim_{x \to 0} \frac{1}{[1 + (-x)]^{\frac{1}{-x}}} = \frac{1}{e}.$$

例 7 求 $\lim\limits_{x \to \infty} \left(\frac{3x+2}{3x-1} \right)^{3x}$.

解

$$\lim_{x \to \infty} \left(\frac{3x+2}{3x-1} \right)^{3x} = \lim_{x \to \infty} \left(1 + \frac{3}{3x-1} \right)^{3x}$$

$$= \lim_{x \to \infty} \left(1 + \frac{3}{3x-1} \right)^{\frac{3x-1}{3} \cdot 3 + 1}$$

$$= \lim_{x \to \infty} \left[\left(1 + \frac{3}{3x-1} \right)^{\frac{3x-1}{3}} \right]^3 \cdot \lim_{x \to \infty} \left(1 + \frac{3}{3x-1} \right)$$

$$= e^3 \cdot 1 = e^3.$$

*例 8 设 $x_1 = 10, x_{n+1} = \sqrt{6 + x_n} (n \in \mathbf{N}^+)$. 证明数列 $\{x_n\}$ 的极限存在,并求出此极限.

解 对每个 $n \in \mathbf{N}^+$, 显然有 $x_n > 0$. 因 $x_{n+2} - x_{n+1} = \sqrt{6 + x_{n+1}} - \sqrt{6 + x_n}$

$= \dfrac{x_{n+1} - x_n}{\sqrt{6 + x_{n+1}} + \sqrt{6 + x_n}}$, 故 $x_{n+2} - x_{n+1}$ 与 $x_{n+1} - x_n$ 总是同号的, 从而 $\{x_n\}$ 是单调数列. 特别因为

$$x_2 - x_1 = \sqrt{6 + 10} - 10 = -6 < 0,$$

所以数列 $\{x_n\}$ 是单调减少的. 由于 $x_n > 0 (n \in \mathbf{N}^+)$, 由准则 Ⅱ, 数列 $\{x_n\}$ 的极限存在. 设 $\lim_{n \to \infty} x_n = a$. 我们在第八节将证明当 $n \to \infty$ 时 $\sqrt{6 + x_n} \to \sqrt{6 + a}$. 于是在 $x_{n+1} = \sqrt{6 + x_n}$ 的两端令 $n \to \infty$, 则有

$$a = \sqrt{6 + a}.$$

解得 $a = 3$. 所以

$$\lim_{n \to \infty} x_n = 3.$$

例 9(连续复利问题) 设某人以本金 p 元进行一项投资, 投资的年利率为 r. 若以年为单位计算复利(所谓复利是指投资期限到了之后将所得利息加到本金中去, 再一起作为第二个投资期限的本金), 那么, t 年以后, 资金总额是 $p(1 + r)^t$ 元.

若以月为单位计算利息, 则月利率为 $\frac{r}{12}$, 而 t 年为 $12t$ 个月. 因此 t 年后资金总额是

$$p \left(1 + \frac{r}{12} \right)^{12t}.$$

如果以天为单位计算利息, 则类似地可得出 t 年以后资金总额是

$$p \left(1 + \frac{r}{365} \right)^{365t}.$$

一般地, 如果以 $\frac{1}{n}$ 年为单位计算利息, 则 t 年后资金总额为

$$p\left(1+\frac{r}{n}\right)^{nt}.$$

如果令 $n \to \infty$，即每时每刻计算利息，则 t 年后资金总额是

$$\lim_{n\to\infty}p\left(1+\frac{r}{n}\right)^{nt}=p\lim_{n\to\infty}\left[\left(1+\frac{r}{n}\right)^{\frac{n}{r}}\right]^{rt}=pe^{rt}.$$

在细菌繁殖问题的研究中，也有类似的分析和结果. 由实验知，某种细菌繁殖的速度 V 在培养基充足等条件满足时，与当时已有的数量 p_0 成正比，即 $V=rp_0(r>0$ 为比例常数$)$，则经过时间 t 以后，细菌的数量为 p_0e^{rt}. 这与连续复利公式是一样的. 事实上，现实世界中不少事物的生长规律都服从这个模型，故也称 $y=p_0e^{rt}$ 为生长函数.

习　题　1-6

（A）

1. 求下列极限.

(1) $\lim\limits_{x\to0}\dfrac{\sin2x}{3x}$;

(2) $\lim\limits_{x\to0}\dfrac{\tan\omega x^2}{x^2}$;

(3) $\lim\limits_{x\to0}x\cdot\cot x$;

(4) $\lim\limits_{x\to\pi}\dfrac{\sin(x-\pi)}{x^2-\pi^2}$.

2. 求下列极限.

(1) $\lim\limits_{x\to0}(1+3x)^{\frac{1}{x}}$;

(2) $\lim\limits_{n\to\infty}\left(1+\dfrac{5}{n}\right)^{n+1}$.

（B）

1. 求下列极限.

(1) $\lim\limits_{x\to0^+}\dfrac{x}{\sqrt{1-\cos x}}$;

(2) $\lim\limits_{n\to\infty}2^n\sin\dfrac{x}{2^n}$　$(x\neq0)$;

(3) $\lim\limits_{x\to0}\left(\dfrac{1-x}{1+x}\right)^{\frac{1}{x}}$;

(4) $\lim\limits_{x\to\infty}\left(1-\dfrac{1}{x}\right)^{kx}(k\in\mathbf{N}^+)$.

2. 利用极限存在准则证明:

(1) $\lim\limits_{n\to\infty}\sqrt{1+\dfrac{1}{n}}=1$;

(2) $\lim\limits_{n\to\infty}n\left(\dfrac{1}{n^2+\pi}+\dfrac{1}{n^2+2\pi}+\cdots+\dfrac{1}{n^2+n\pi}\right)=1$;

(3) 数列 $\sqrt{2},\sqrt{2+\sqrt{2}},\sqrt{2+\sqrt{2+\sqrt{2}}},\cdots$ 的极限存在，并求之.

第七节 函数的连续性

连续性是函数的一种重要性态,连续函数是微积分学的主要研究对象.本节利用极限概念给出连续函数的定义,并讨论函数的间断点、连续函数的运算及初等函数的连续性.

一、连续函数的概念

自然界中有很多现象,如气温的变化、动植物的生长等,如果将它们视为以时间 t 为自变量的函数,它们的变化具有一个共同的特点:当自变量变动很微小时,函数(气温等)的变化也很微小.这个特点就是所谓的连续性,是对自然界变化过程呈渐变现象的描述.如果将这些函数的图形描绘出来,就是坐标平面上连绵不断的一条曲线.如基本初等函数的图形,在其定义域内是连绵不断的.但有些函数就不具备这种特点.例如,图 1-21 所示函数:

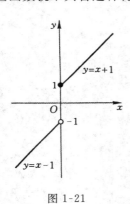

图 1-21

$$f(x) = \begin{cases} x+1, & x \geqslant 0, \\ x-1, & x < 0, \end{cases}$$

它在点 $x = 0$ 有定义,但其图形在点 $x = 0$ 是断开的.考察 $f(x)$ 在 $x = 0$ 点的左、右极限:

$$\lim_{x \to 0^+} f(x) = \lim_{x \to 0^+} (x+1) = 1 = f(0),$$

$$\lim_{x \to 0^-} f(x) = \lim_{x \to 0^-} (x-1) = -1.$$

因而 $\lim_{x \to 0} f(x)$ 不存在.这种特性是对自然界变化过程呈突变现象的描述,如电流的突然断开、火箭外壳的自行脱落使火箭质量突然减少等.

定义 1 设函数 $f(x)$ 在点 x_0 的某一邻域内有定义,如果它在点 x_0 的极限存在且等于该点的函数值:

$$\lim_{x \to x_0} f(x) = f(x_0),$$

就称函数 $f(x)$ 在 x_0 处连续,并称 x_0 为 $f(x)$ 的连续点.

我们在第五节例1证明了多项式 $P_n(x) = a_0 + a_1 x + \cdots + a_n x^n$ 在任何一点 x_0 的极限 $\lim_{x \to x_0} P_n(x) = P_n(x_0)$,所以多项式在直线上每点都是连续的.在证明极限 $\lim_{x \to 0} \dfrac{\sin x}{x} = 1$ 时,又证明了 $\lim_{x \to 0} \sin x = 0 = \sin 0$,$\lim_{x \to 0} \cos x = 1 = \cos 0$,所以函数 $\sin x$ 与 $\cos x$ 在点 $x_0 = 0$ 是连续的.

由定义立知求函数在连续点的极限,只需求出函数在该点的函数值.这就提供了求连续函数极限的简便方法.

设函数 $y = f(x)$ 在点 x_0 的某一邻域内有定义.当自变量 x 在该邻域内由 x_0 变到 x 时,差 $x - x_0$ 称为自变量 x 在点 x_0 的增量,记作 Δx,即

$$\Delta x = x - x_0.$$

注意 Δx 是一个整体记号,可能 $\Delta x > 0$,也可能 $\Delta x < 0$.对应的函数值之差 $f(x) - f(x_0)$(或 $f(x_0 + \Delta x) - f(x_0)$)称为函数 $f(x)$ 在点 x_0 的增量,记作 Δy,即

$$\Delta y = f(x_0 + \Delta x) - f(x_0) = f(x) - f(x_0).$$

Δx 与 Δy 的几何解释如图 1-22 所示.

由函数 $f(x)$ 在点 x_0 处连续的定义得

$$\lim_{x \to x_0} [f(x) - f(x_0)] = 0.$$

即,当 $x \to x_0$(从而 $\Delta x \to 0$)时,有

$$\lim_{\Delta x \to 0} \Delta y = 0.$$

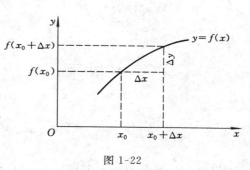

图 1-22

这正是连续性的本质:当自变量的增量是无穷小时,对应的函数的增量也是无穷小.

由函数极限的 ε-δ 定义,函数 $f(x)$ 在点 x_0 处连续的定义也可用"ε-δ"语言表述如下:

定义 2 设函数 $f(x)$ 在点 x_0 的某一邻域内有定义,称 $f(x)$ 在点 x_0 连续 $\Longleftrightarrow \forall \varepsilon > 0, \exists \delta > 0$,当 $|x - x_0| < \delta$ 时,有 $|f(x) - f(x_0)| < \varepsilon$.

类似地,利用函数的左、右极限,可以给出函数左、右连续的定义.

若函数 $f(x)$ 满足条件

$$\lim_{x \to x_0^-} f(x) = f(x_0) \quad (\lim_{x \to x_0^+} f(x) = f(x_0)),$$

则称函数 $f(x)$ 在点 x_0 左(右)连续.

显然,函数 $f(x)$ 在点 x_0 连续的充分必要条件是 $f(x)$ 在点 x_0 既左连续又右连续.

若函数 $f(x)$ 在开区间 (a, b) 内每一点都连续,则称 $f(x)$ 在 (a, b) 内连续;若函数 $f(x)$ 在开区间 (a, b) 内连续,并且在 a 处右连续,在 b 处左连续,则称函数 $f(x)$ 在闭区间 $[a, b]$ 上连续.类似地可定义函数 $f(x)$ 在半开区间上的连续性.

一般地,若函数 $f(x)$ 在区间 I 上处处连续,则称它是该区间上的**连续函数**.连续函数的图形是一条连绵而不断开的曲线.

由 $f(x)$ 在 x_0 连续的定义 $\lim\limits_{x \to x_0} f(x) = f(x_0)$,而 $x_0 = \lim\limits_{x \to x_0} x$,于是得到

$$\lim_{x \to x_0} f(x) = f(\lim_{x \to x_0} x_0),$$

这表明在连续的条件之下,可以交换函数运算与极限运算的顺序.

例 1 试证函数 $y = \sin x$ 在 $(-\infty, +\infty)$ 内连续.

证 设 x 为 $(-\infty, +\infty)$ 内任意取定的一点,当 x 有增量 Δx 时,对应的函数有增量

$$\Delta y = \sin(x + \Delta x) - \sin x = 2\sin\frac{\Delta x}{2}\cos\left(x + \frac{\Delta x}{2}\right).$$

因为

$$\left|\cos\left(x + \frac{\Delta x}{2}\right)\right| \leqslant 1, \quad \left|\sin\frac{\Delta x}{2}\right| \leqslant \frac{|\Delta x|}{2}$$

从而

$$0 \leqslant |\Delta y| = \left|2\sin\frac{\Delta x}{2}\right|\left|\cos\left(x + \frac{\Delta x}{2}\right)\right| \leqslant 2\frac{|\Delta x|}{2} = |\Delta x|.$$

当 $\Delta x \to 0$ 时,由夹逼准则得 $|\Delta y| \to 0$,即

$$\lim_{\Delta x \to 0} \Delta y = 0,$$

所以,$y = \sin x$ 在 $(-\infty, +\infty)$ 内连续.

类似可证 $y = \cos x$ 在 $(-\infty, +\infty)$ 内连续.

例 2 讨论函数

$$y = f(x) = |x| = \begin{cases} x, & x \geqslant 0, \\ -x, & x < 0 \end{cases}$$

在其定义域 $(-\infty, +\infty)$ 内的连续性.

解 函数 $f(x)$ 在开区间 $(0, +\infty)$ 内的表达式是 $y = f(x) = x$. 从而,$\forall x \in (0, +\infty)$,有

$$\Delta y = f(x + \Delta x) - f(x) = (x + \Delta x) - x = \Delta x,$$

于是,$\lim\limits_{\Delta x \to 0} \Delta y = \lim\limits_{\Delta x \to 0} \Delta x = 0$. 这表明 $f(x)$ 在 $(0, +\infty)$ 内是连续的. 函数 $f(x)$ 在开区间 $(-\infty, 0)$ 内的表达式是 $y = f(x) = -x$. 从而,$\forall x \in (-\infty, 0)$,有

$$\Delta y = f(x + \Delta x) - f(x) = -(x + \Delta x) - (-x) = -\Delta x,$$

于是

$$\lim_{\Delta x \to 0} \Delta y = \lim_{\Delta x \to 0} (-\Delta x) = -\lim_{\Delta x \to 0} \Delta x = 0.$$

从而 $f(x)$ 在开区间 $(-\infty, 0)$ 内也是连续的. 注意这是分段函数, $x = 0$ 是它的分段点. 由于

$$\lim_{x \to 0^+} f(x) = \lim_{x \to 0^+} x = 0, \qquad \lim_{x \to 0^-} f(x) = \lim_{x \to 0^-} (-x) = 0,$$

故

$$\lim_{x \to 0} f(x) = 0 = f(0),$$

所以, 函数 $f(x) = |x|$ 在 $x = 0$ 处连续. 从而 $f(x)$ 在 $(-\infty, +\infty)$ 上连续.

例 3 设函数

$$f(x) = \begin{cases} x + 3, & x < 1, \\ \dfrac{a}{x}, & x \geqslant 1. \end{cases}$$

试问: 当 a 取何值时, 函数 $f(x)$ 在 $x = 1$ 处连续?

解 函数 $f(x)$ 在点 $x = 1$ 处的函数值 $f(1) = a$, 并且

$$\lim_{x \to 1^-} f(x) = \lim_{x \to 1^-} (x + 3) = 4,$$

$$\lim_{x \to 1^+} f(x) = \lim_{x \to 1^+} \frac{a}{x} = a,$$

所以, 只有当 $a = 4$ 时, 有

$$\lim_{x \to 1^-} f(x) = \lim_{x \to 1^+} f(x) = 4 = f(1),$$

因此, 当 $a = 4$ 时, 函数 $f(x)$ 在点 $x = 1$ 连续.

二、函数的间断点

若函数 $f(x)$ 在点 x_0 不连续, 就称点 x_0 为 $f(x)$ 的间断点.

由函数连续的定义, 若函数 $f(x)$ 以 x_0 为间断点, 可能有下列情形之一:

(1) $f(x)$ 在点 x_0 处没有定义;

(2) $f(x)$ 在点 x_0 处有定义, 但极限 $\lim_{x \to x_0} f(x)$ 不存在;

(3) $f(x)$ 在点 x_0 处有定义, 且极限 $\lim_{x \to x_0} f(x)$ 存在, 但 $\lim_{x \to x_0} f(x) \neq f(x_0)$.

例 4 函数 $f(x) = \dfrac{4x^2 - 1}{2x - 1}$, 在 $x = \dfrac{1}{2}$ 处无定义, 所以, 点 $x = \dfrac{1}{2}$ 是该函数的间断点. 但是

$$\lim_{x \to \frac{1}{2}} f(x) = \lim_{x \to \frac{1}{2}} \frac{4x^2 - 1}{2x - 1} = \lim_{x \to \frac{1}{2}} (2x + 1) = 2.$$

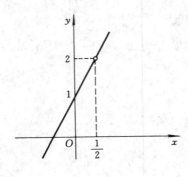

图 1-23

如果补充定义当 $x = \dfrac{1}{2}$ 时,$f(x) = 2$,即令

$$f(x) = \begin{cases} \dfrac{4x^2 - 1}{2x - 1}, & x \neq \dfrac{1}{2}, \\ 2, & x = \dfrac{1}{2}, \end{cases}$$

则函数 $f(x)$ 在点 $x = \dfrac{1}{2}$ 处就连续了(图 1-23).

例 5　函数

$$y = f(x) = \begin{cases} x, & x \neq 1, \\ \dfrac{1}{2}, & x = 1, \end{cases}$$

虽然它在点 $x = 1$ 处有定义,但

$$\lim_{x \to 1} f(x) = \lim_{x \to 1} x = 1 \neq f(1),$$

因此,点 $x = 1$ 是这个函数的间断点(图 1-24). 若改变函数 $f(x)$ 在点 $x = 1$ 处的定义,令 $f(1) = 1$,即

$$f(x) = x, \quad x \in \mathbf{R},$$

则函数 $f(x)$ 在点 $x = 1$ 处就连续了.

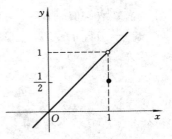

图 1-24

例 4 与例 5 中的间断点称为可去间断点. 可去间断点的特征是:函数在该点的极限存在,但不等于该点的函数值,或函数在该点没有定义. 对于可去间断点,只要补充定义或者改变函数在该点的函数值,使它等于函数在该点的极限,函数在该点就连续了.

例 6　符号函数

$$f(x) = \operatorname{sgn} x = \begin{cases} 1, & x > 0, \\ 0, & x = 0, \\ -1, & x < 0 \end{cases}$$

在 $x = 0$ 处有定义,但由于

$$\lim_{x \to 0^-} f(x) = \lim_{x \to 0^-} (-1) = -1,$$

$$\lim_{x \to 0^+} f(x) = \lim_{x \to 0^+} 1 = 1,$$

$$\lim_{x \to 0^-} f(x) \neq \lim_{x \to 0^+} f(x),$$

故极限$\lim\limits_{x\to 0}f(x)$不存在. 因此, 点 $x=0$ 是 $f(x)$ 的间断点. $f(x)$ 的图形在 $x=0$ 处产生跳跃现象(见图 1-3), 对于左、右极限都存在但不相等的间断点, 函数值在该点产生跳跃, 这类间断点称为跳跃间断点.

可去间断点和跳跃间断点统称为第一类间断点, 也就是左、右极限都存在的间断点. 凡不是第一类间断点的间断点称为第二类间断点, 其特征是间断点处的左、右极限至少有一个不存在.

第二类间断点常见的有无穷间断点和振荡间断点.

例 7 函数

$$f(x) = \frac{1}{x-1}$$

在 $x=1$ 处无定义, 故点 $x=1$ 是该函数的间断点. 因为

$$\lim_{x\to 1^-}f(x) = \lim_{x\to 1^-}\frac{1}{x-1} = -\infty, \quad \lim_{x\to 1^+}f(x) = \lim_{x\to 1^+}\frac{1}{x-1} = +\infty.$$

我们称 $x=1$ 为 $f(x)$ 的无穷间断点(图 1-17).

例 8 函数

$$f(x) = \sin\frac{1}{x}$$

在点 $x=0$ 处无定义, 故点 $x=0$ 是该函数的间断点. 又因为当 $x\to 0$ 时, 函数值在 -1 与 1 之间无限次振荡, 所以点 $x=0$ 称为 $f(x) = \sin\frac{1}{x}$ 的振荡间断点(图 1-18).

习 题 1-7

（A）

1. 研究下列函数的连续性, 并画出函数的图形.

(1) $f(x) = \begin{cases} x, & |x| \leqslant 1, \\ 1, & |x| > 1; \end{cases}$ 　　　　(2) $f(x) = \begin{cases} x^2, & 0 \leqslant x \leqslant 1, \\ 2-x, & 1 < x \leqslant 2. \end{cases}$

2. 在下列函数中, a 取何值时函数连续?

(1) $f(x) = \begin{cases} \mathrm{e}^x, & x < 0, \\ a+2, & x \geqslant 0; \end{cases}$ 　　　　(2) $f(x) = \begin{cases} \dfrac{\sin(x-1)}{x-1}, & x \neq 1, \\ a, & x = 1. \end{cases}$

3. 求下列函数的间断点, 并指出其类型, 若为可去间断点, 则补充或改变函数的定义使它连续.

(1) $f(x) = \dfrac{x^2 - 1}{x^2 - 3x + 2}$;

(2) $f(x) = \dfrac{\sqrt{1+x} - 1}{x}$;

(3) $f(x) = \cos^2 \dfrac{1}{x}$;

(4) $f(x) = \begin{cases} \dfrac{1}{e^x - 1}, & x > 0, \\ \ln(1 + x), & -1 < x \leqslant 0. \end{cases}$

（B）

1. 试证函数 $f(x) = \cos x$ 在 $(-\infty, +\infty)$ 内连续.

2. 讨论函数

$$f(x) = \lim_{n \to \infty} \frac{1 - x^{2n}}{1 + x^{2n}} \cdot x$$

的连续性,若有间断点,判别其类型.

3. 证明:若函数 $f(x)$ 在点 x_0 处连续且 $f(x_0) \neq 0$,则存在 x_0 的某一邻域 $U(x_0)$,当 $x \in U(x_0)$ 时,$f(x) \neq 0$.

第八节　连续函数的运算与初等函数的连续性

一、连续函数的四则运算

由于函数的连续性是用极限定义的,由函数极限的四则运算法则立得以下定理:

定理 1　若函数 $f(x)$ 与 $g(x)$ 均在点 x_0 连续,则 $f(x) \pm g(x)$,$f(x) \cdot g(x)$ 及 $\dfrac{f(x)}{g(x)}$ $(g(x_0) \neq 0)$ 也在点 x_0 处连续.

例 1　已知 $f(x) = \sin x$,$g(x) = 3x^2 + 1$ 都是 $(-\infty, +\infty)$ 上的连续函数,所以函数

$$\varphi(x) = \frac{f(x)}{g(x)} = \frac{\sin x}{3x^2 + 1}$$

也是 $(-\infty, +\infty)$ 上的连续函数.

例 2　因 $\tan x = \dfrac{\sin x}{\cos x}$,$\cot x = \dfrac{\cos x}{\sin x}$,而 $\sin x$ 和 $\cos x$ 都在区间 $(-\infty, +\infty)$ 内连续(见第七节例 1 与习题(B)第 1 题),故 $\tan x$ 和 $\cot x$ 在它们各自的定义域内是连续的.

二、反函数与复合函数的连续性

定理 2　若函数 $y = f(x)$ 在区间 I 上单调增加(或单调减少)且连续,则它的反函数 $x = f^{-1}(y)$ 也在对应的区间 $J = \{y \mid y = f(x), x \in I_x\}$ 上单调增加

（或单调减少）且连续.

证明从略.

例 3 由于函数 $y = \sin x$ 在闭区间 $\left[-\dfrac{\pi}{2}, \dfrac{\pi}{2}\right]$ 上单调增加且连续,所以,它的反函数 $y = \arcsin x$ 在相应的区间 $[-1,1]$ 上也是单调增加且连续的.

同理:反三角函数

$$\arccos x, \quad \arctan x, \quad \operatorname{arccot} x$$

在它们各自的定义域内都是连续的.

定理 3 设函数 $y = f[g(x)]$ 是由函数 $y = f(u)$ 与函数 $u = g(x)$ 复合而成. 若 $\lim\limits_{x \to x_0} g(x) = a$,而函数 $y = f(u)$ 在点 $u = a$ 处连续,则

$$\lim_{x \to x_0} f[g(x)] = \lim_{u \to a} f(u) = f(a). \tag{1}$$

证 由于 $\lim\limits_{x \to x_0} g(x) = a$,即 $\lim\limits_{x \to x_0} u = a$,所以当 $x \to x_0$ 时,有 $u \to a$. 又 $y = f(u)$ 在点 $u = a$ 处连续,故 $\lim\limits_{u \to a} f(u) = f(a)$. 因此

$$\lim_{x \to x_0} f[g(x)] = \lim_{u \to a} f(u) = f(a).$$

定理 4 设函数 $y = f[g(x)]$ 是由函数 $y = f(u)$ 与函数 $u = g(x)$ 复合而成. 若 $u = g(x)$ 在点 x_0 连续,函数 $y = f(u)$ 在点 $u_0 = g(x_0)$ 连续,则复合函数 $y = f[g(x)]$ 在点 x_0 连续.

证 只要在定理 3 中令 $a = g(x_0)$,即有

$$\lim_{x \to x_0} f[g(x)] = f(a) = f[g(x_0)],$$

即复合函数 $f[g(x)]$ 在点 x_0 处连续.

例 4 讨论函数 $y = \sin \dfrac{1}{x}$ 的连续性(该函数的图形见图 1-18).

解 函数 $y = \sin \dfrac{1}{x}$ 可看作是由 $y = \sin u$ 与 $u = \dfrac{1}{x}$ 复合而成的. $\sin u$ 当 $-\infty < u < +\infty$ 时是连续的,$\dfrac{1}{x}$ 当 $-\infty < x < 0$ 和 $0 < x < +\infty$ 时是连续的.

根据上述推论,函数 $y = \sin \dfrac{1}{x}$ 在 $(-\infty, 0) \bigcup (0, +\infty)$ 内是连续的.

三、初等函数的连续性

前面已经指明了三角函数及反三角函数在它们的定义域内是连续的. 观察指数函数 $y = a^x (a > 0, a \neq 1)$ 的图形,可见它在其定义域 $(-\infty, +\infty)$ 内是单调的和连续的,其证明从略.

由指数函数的单调性和连续性,它的反函数对数函数 $y = \log_a x (a > 0, a \neq$

1) 在它的定义域 $(0, +\infty)$ 内是单调且连续的. 注意 $y = a^x$ 与 $y = \log_a x$ 当 $a > 1$ 时单调增加, 当 $0 < a < 1$ 时单调减少.

对于幂函数 $y = x^\alpha (x > 0, \alpha$ 为实数), 可以用对数恒等式表示为

$$y = x^\alpha = e^{\alpha \ln x}.$$

它可看作两个连续函数 $y = e^u$ 与 $u = \alpha \ln x$ 的复合函数. 从而在其定义域 $(0, +\infty)$ 内是连续的.

综上所述, 我们得到以下定理.

定理 5 基本初等函数在它们的定义域内都是连续的.

又因为初等函数是由基本初等函数经过有限次四则运算及复合运算所得, 从而得到

定理 6 初等函数在定义区间内是连续函数.

初等函数的连续性提供了求初等函数极限的一个简便方法: 若 $f(x)$ 是初等函数且在点 x_0 有定义, 则

$$\lim_{x \to x_0} f(x) = f(x_0) \quad 或 \quad \lim_{x \to x_0} f(x) = f(\lim_{x \to x_0} x).$$

例 5 求 $\lim\limits_{x \to 1} \dfrac{x^2 + \ln(2 - x)}{4 \arctan x}$.

解 函数 $\dfrac{x^2 + \ln(2 - x)}{4 \arctan x}$ 是初等函数, 它在点 $x = 1$ 有定义, 所以 $x = 1$ 是它的连续点, 故

$$\lim_{x \to 1} \frac{x^2 + \ln(2 - x)}{4 \arctan x} = \frac{1^2 + \ln(2 - 1)}{4 \arctan 1} = \frac{1}{\pi}.$$

例 6 求 $\lim\limits_{x \to 3} \sqrt{\dfrac{x - 3}{x^2 - 9}}$.

解 $y = \sqrt{\dfrac{x - 3}{x^2 - 9}}$ 可看作是由 $y = \sqrt{u}$ 与 $u = \dfrac{x - 3}{x^2 - 9}$ 复合而成的. 因为

$$\lim_{x \to 3} \frac{x - 3}{x^2 - 9} = \frac{1}{6},$$

而函数 $y = \sqrt{u}$ 在点 $u = \dfrac{1}{6}$ 处连续, 所以

$$\lim_{x \to 3} \sqrt{\frac{x - 3}{x^2 - 9}} = \sqrt{\lim_{x \to 3} \frac{x - 3}{x^2 - 9}} = \sqrt{\frac{1}{6}} = \frac{\sqrt{6}}{6}.$$

例 7 求 $\lim\limits_{x \to 0} \dfrac{\ln(1 + x)}{x}$.

解 函数 $\dfrac{\ln(1 + x)}{x}$ 虽然是初等函数, 但点 $x = 0$ 不在其定义域内. 故这个

极限不能直接利用初等函数的连续性来求解. 但

$$\frac{\ln(1+x)}{x} = \frac{1}{x}\ln(1+x) = \ln(1+x)^{\frac{1}{x}},$$

而 $\lim\limits_{x\to 0}(1+x)^{\frac{1}{x}} = e$, $\ln u$ 在 $u = e$ 处连续, 所以

$$\lim_{x\to 0}\frac{\ln(1+x)}{x} = \lim_{x\to 0}\ln(1+x)^{\frac{1}{x}} = \ln\Big[\lim_{x\to 0}(1+x)^{\frac{1}{x}}\Big]$$
$$= \ln e = 1.$$

例 8 求 $\lim\limits_{x\to 0}\dfrac{e^x - 1}{x}$.

解 令 $y = e^x - 1$, 则 $e^x = y + 1$, 从而 $x = \ln(1+y)$. 当 $x \to 0$ 时, 有 $y \to 0$. 所以, 由上题得到

$$\lim_{x\to 0}\frac{e^x - 1}{x} = \lim_{y\to 0}\frac{y}{\ln(1+y)} = \lim_{y\to 0}\frac{1}{\dfrac{\ln(1+y)}{y}} = 1.$$

注 例 7 和例 8 证明了两个十分有用的等价无穷小: 当 $x \to 0$ 时, 有

$$\ln(1+x) \sim x, \quad e^x - 1 \sim x.$$

例 9 函数

$$f(x) = u(x)^{v(x)} \quad (u(x) > 0, u(x) \not\equiv 1)$$

称为幂指函数. 如果

$$\lim u(x) = a > 0, \quad \lim v(x) = b,$$

试求 $\lim u(x)^{v(x)}$.

解 因为

$$u(x)^{v(x)} = e^{\ln u(x)^{v(x)}} = e^{v(x)\ln u(x)},$$

所以

$$\lim u(x)^{v(x)} = \lim e^{v(x)\ln u(x)} = e^{\lim(v(x)\ln u(x))} = e^{\lim v(x)\cdot\lim\ln u(x)} = e^{b\ln\lim u(x)}$$
$$= e^{b\ln a} = (e^{\ln a})^b = a^b.$$

例 10 求极限 $\lim\limits_{x\to 2}e^{x^2-3}$.

解 函数 e^{x^2-3} 可以看作函数 $f(u) = e^u$ 与 $u = \varphi(x) = x^2 - 3$ 的复合函数. 因为

$$\lim_{x\to 2}\varphi(x) = \lim_{x\to 2}(x^2 - 3) = 4 - 3 = 1,$$
$$\lim_{u\to 1}f(u) = \lim_{u\to 1}e^u = e,$$

所以

$$\lim_{x\to 2}e^{x^2-3} = \lim_{u\to 1}e^u = e.$$

例 11　求 $\lim\limits_{x\to+\infty}\ln(\arctan x)$.

解　函数 $\ln(\arctan x)$ 可以看作函数 $\ln u$ 与 $u = \arctan x$ 的复合函数. 因为

$$\lim_{x\to+\infty}\arctan x = \frac{\pi}{2}, \qquad \lim_{u\to\frac{\pi}{2}}\ln u = \ln\frac{\pi}{2},$$

所以

$$\lim_{x\to+\infty}\ln(\arctan x) = \lim_{u\to\frac{\pi}{2}}\ln u = \ln\frac{\pi}{2}.$$

例 12　求 $\lim\limits_{x\to0}\dfrac{\sqrt{x+2}-\sqrt{2}}{x}$.

解
$$\lim_{x\to0}\frac{\sqrt{x+2}-\sqrt{2}}{x} = \lim_{x\to0}\frac{(\sqrt{x+2}-\sqrt{2})(\sqrt{x+2}+\sqrt{2})}{x(\sqrt{x+2}+\sqrt{2})}$$

$$= \lim_{x\to0}\frac{x}{x(\sqrt{x+2}+\sqrt{2})} = \lim_{x\to0}\frac{1}{\sqrt{x+2}+\sqrt{2}}$$

$$= \frac{1}{\sqrt{2}+\sqrt{2}} = \frac{\sqrt{2}}{4}.$$

例 13　求 $\lim\limits_{x\to+\infty}(\sqrt{x^2+x}-x)$.

解
$$\lim_{x\to+\infty}(\sqrt{x^2+x}-x) = \lim_{x\to+\infty}\frac{(\sqrt{x^2+x}-x)(\sqrt{x^2+x}+x)}{\sqrt{x^2+x}+x}$$

$$= \lim_{x\to+\infty}\frac{x}{\sqrt{x^2+x}+x} = \lim_{x\to+\infty}\frac{1}{\sqrt{1+\dfrac{1}{x}}+1}$$

$$= \frac{1}{1+1} = \frac{1}{2}.$$

习　题　1-8

（A）

求下列极限.

(1) $f(x) = \dfrac{x^3+3x^2-x-3}{x^2+x-6}$，求 $\lim\limits_{x\to0}f(x)$ 及 $\lim\limits_{x\to2}f(x)$；

(2) $\lim\limits_{x\to\frac{\pi}{6}}\ln(2\cos2x)$；

(3) $\lim\limits_{x\to1}\dfrac{\sqrt{5x-4}-\sqrt{x}}{x-1}$；

(4) $\lim\limits_{x\to+\infty}(\sqrt{x^2+x}-\sqrt{x^2-x})$；

(5) $\lim\limits_{x\to\infty}\left(1+\dfrac{1}{x}\right)^{\frac{x}{2}}$；

(6) $\lim\limits_{x\to0}(1+3\tan^2x)^{\cot^2x}$；

(7) $\lim\limits_{x\to+\infty}x(\sqrt{x^2+1}-x)$；

(8) $\lim\limits_{x\to4}\dfrac{\sqrt{1+2x}-3}{\sqrt{x}-2}$；

(9) $\lim\limits_{\Delta x\to0}\dfrac{\sqrt{x+\Delta x}-\sqrt{x}}{\Delta x}$.

1. 求下列极限.

(1) $\lim\limits_{x\to 0}\dfrac{e^{\sin x}-e^{x}}{\sin x-x}$;　(2) $\lim\limits_{x\to\infty}\left(\dfrac{3+x}{6+x}\right)^{\frac{x-1}{2}}$;　(3) $\lim\limits_{x\to\infty}\left(\dfrac{x^{2}+1}{x^{2}-1}\right)^{x^{2}}$.

2. 证明下列极限.

(1) $\lim\limits_{x\to 0}\dfrac{\log_{a}(1+x)}{x}=\dfrac{1}{\ln a}$　$(a>0,\ a\neq 1)$;　(2) $\lim\limits_{x\to 0}\dfrac{a^{x}-1}{x}=\ln a$　$(a>0)$;

(3) $\lim\limits_{x\to 0}\dfrac{(1+x)^{a}-1}{x}=a$　（a 为实数）　(4) $\lim\limits_{x\to 0}(1+\alpha x)^{\frac{1}{x}}=e^{a}$　（α 为实数）.

第九节　闭区间上连续函数的性质

由于函数的连续性是用极限定义的,因而它是函数的局部属性,即在函数定义域的每点来考虑. 对于有限闭区间$[a,b]$上的连续函数,还有一些良好的整体性质. 由于其证明超出本书范围,在此从略. 本书只要求读者熟记并理解这些结论.

定理 1(最大值最小值定理)　若函数 $f(x)$ 在闭区间$[a,b]$上连续,则 $f(x)$ 在$[a,b]$上必有最大值与最小值,即存在点 $x_{1},x_{2}\in[a,b]$,使对一切 $x\in[a,b]$,有

$$f(x_{1})\leqslant f(x)\leqslant f(x_{2}),$$

点 x_{1} 与 x_{2} 分别称为函数 $f(x)$ 在$[a,b]$上的最小值点与最大值点,$f(x_{1})$ 与 $f(x_{2})$ 分别称为函数 $f(x)$ 在$[a,b]$上的最小值与最大值.

如果函数在开区间内连续,或者函数在闭区间上有间断点,则函数在该区间上就不一定有最大值或最小值. 例如,函数 $y=x$ 在开区间$(1,2)$ 内是连续的,但它在$(1,2)$ 内既无最大值,也无最小值. 又如,函数

$$f(x)=\begin{cases}x+1,& -1\leqslant x<0,\\ 0,& x=0,\\ x-1,& 0<x\leqslant 1\end{cases}$$

在点 $x=0$ 间断,它在闭区间$[-1,1]$上既无最大值,也无最小值(图 1-25).

推论(有界性定理)　若函数 $f(x)$ 在闭区间$[a,b]$上连续,则 $f(x)$ 在$[a,b]$上有界.

证　因函数 $f(x)$ 在闭区间$[a,b]$上连续,故存在最大值 M 及最小值 m,即对任意 $x\in[a,b]$,有

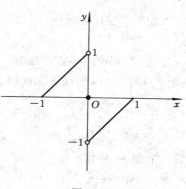

图 1-25

$$m \leqslant f(x) \leqslant M.$$

令 $K = \max\{|M|, |m|\}$，则 $\forall x \in [a,b]$，有

$$|f(x)| \leqslant K,$$

所以 $f(x)$ 在 $[a,b]$ 上有界.

注意　开区间内的连续函数不一定有界，例如，$f(x) = \dfrac{1}{x}$ 在 $(0,1)$ 内连续，但是无界.

定理 2(介值定理)　若函数 $f(x)$ 在闭区间 $[a,b]$ 上连续，且 $f(a) \neq f(b)$，则对介于 $f(a)$ 与 $f(b)$ 之间的任何数 c，在 (a,b) 内至少存在一点 ξ，使得

$$f(\xi) = c \quad (\xi \in (a,b)).$$

介值定理的几何意义是：若 $f(x)$ 在 $[a,b]$ 上连续，c 是介于 $f(a)$ 与 $f(b)$ 之间的任一实数，则直线 $y = c$ 与连续曲线 $y = f(x)$ 至少有一个交点(图 1-26). 而当 $f(x)$ 在 $[a,b]$ 上有间断点 η 时，直线 $y = c$ 就不一定与 $f(x)$ 的图像相交了(图 1-27).

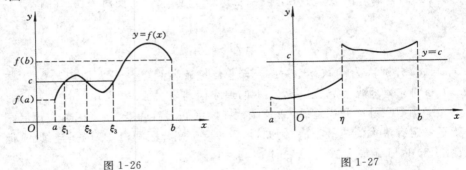

图 1-26　　　　　　　　　　　　　　　　图 1-27

推论 1　在闭区间 $[a,b]$ 上连续的函数，必取得最大值与最小值之间的任何值.

推论 2(根的存在定理)　若函数 $f(x)$ 在闭区间 $[a,b]$ 上连续，且 $f(a) \cdot f(b) < 0$，则在开区间 (a,b) 内至少存在一点 ξ，使得

$$f(\xi) = 0.$$

推论 2 表明，若连续曲线 $y = f(x)$ 的两个端点位于 x 轴的两侧，则曲线与 x 轴至少有一个交点(图 1-28).

推论 2 中的 ξ 就是方程 $f(x) = 0$ 的一个根，也称为 $f(x)$ 的零点. 利用推论 2，不但可以判定方程 $f(x) = 0$ 根的存在性，而且可以估计根的存在范围.

例 1　证明方程 $x^3 - 4x^2 + 1 = 0$ 在区间 $(0,1)$ 内至少有一个根.

证　函数 $f(x) = x^3 - 4x^2 + 1$
在闭区间 $[0,1]$ 上连续，又

$f(0) = 1 > 0$，　$f(1) = -2 < 0$.

由推论2，至少存在一点 $\xi \in (0,1)$，
使

$$f(\xi) = 0,$$

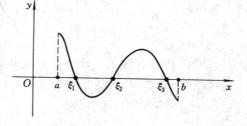

图 1-28

即方程 $x^3 - 4x^2 + 1 = 0$ 在区间 $(0,1)$
内至少有一个根.

例2　估计方程 $x^3 - 6x + 2 = 0$ 根的大概位置.

解　令 $P(x) = x^3 - 6x + 2$，则 $P(x)$ 连续，又

$$P(-3) = -7 < 0, \quad P(-2) = 6 > 0,$$
$$P(0) = 2 > 0, \qquad P(1) = -3 < 0,$$
$$P(2) = -2 < 0, \qquad P(3) = 11 > 0.$$

分别在闭区间 $[-3,-2]$，$[0,1]$，$[2,3]$ 上运用根的存在定理，可知 $P(x)$ 在
$(-3,-2), (0,1), (2,3)$ 内至少各有一个根. 又因三次方程最多只有三个根. 所
以方程 $P(x) = 0$ 有三个不同的根，分别位于上述三个开区间内.

习　题　1-9

（A）

1. 证明方程 $x^4 - 4x = 1$ 至少有一个根介于 $1 \sim 2$ 之间.

2. 证明方程 $x - \cos x = 0$ 在区间 $\left(0, \dfrac{\pi}{2}\right)$ 内有实根.

3. 设 $f(x)$ 在 $[0,1]$ 上连续且 $0 \leqslant f(x) \leqslant 1$，证明存在 $\xi \in [0,1]$，使 $f(\xi) = \xi$.

（B）

1. 证明方程 $x = a\sin x + b$，其中 $a > 0, b > 0$，至少有一个正根，并且它不超过 $a+b$.

2. 若函数 $f(x)$ 在闭区间 $[a,b]$ 上连续，且 $a < x_1 < x_2 < \cdots < x_n < b$，则在 (x_1, x_n) 内
至少存在一点 ξ，使得

$$f(\xi) = \frac{f(x_1) + f(x_2) + \cdots + f(x_n)}{n}.$$

3. 设 $f(x)$ 在 $[a,b]$ 上连续且 $f(a) \cdot f(b) \leqslant 0$，证明 $f(x)$ 在 $[a,b]$ 上至少有一个零点.

第一章总练习题

1. 单项选择题

(1) 函数 $f(x) = \ln(x^2 - 1)$ 与 $g(x) = \ln(x+1) + \ln(x-1)$ 为同一个函数的范围为 ( ).

(A) $(-\infty, -1) \bigcup (1, +\infty)$; (B) $(-\infty, -1)$;

(C) $(1, +\infty)$; (D) $(-1, +\infty)$.

(2) 设函数 $g(x) = x + 1$, 当 $x \neq 0$ 时, $f[g(x)] = \dfrac{1-x}{x}$, 则 $f\left(\dfrac{1}{2}\right) = ($).

(A) 0; (B) -3; (C) 3; (D) 1.

(3) 设 $\lim\limits_{x \to x_0} f(x)$ 存在, $\lim\limits_{x \to x_0} g(x)$ 不存在. 则下列结论中, 正确的是( ).

(A) $\lim\limits_{x \to x_0} [f(x) \pm g(x)]$ 都存在; (B) $\lim\limits_{x \to x_0} [f(x) \pm g(x)]$ 都不存在;

(C) $\lim\limits_{x \to x_0} [f(x) \pm g(x)]$ 之一存在; (D) $\lim\limits_{x \to x_0} [f(x) \pm g(x)]$ 存在与否与 $f(x), g(x)$ 有关.

(4) 数列单调且有界是数列收敛的( ).

(A) 充分条件; (B) 必要条件;

(C) 充分必要条件; (D) 无关条件.

(5) 当 $x \to \infty$ 时, $x^3 \sin x$ 是( ).

(A) 无穷大量; (B) 有界的量;

(C) 无界的量; (D) 单调增加的量.

(6) 函数 $f(x)$ 在闭区间 $[a, b]$ 上连续是 $f(x)$ 在 $[a, b]$ 上有界的( ).

(A) 充分条件; (B) 必要条件;

(C) 充分必要条件; (D) 无关条件.

(7) 若 $\lim\limits_{x \to 0} \dfrac{f(x)}{1 - \cos^2 x} = 2$, 则 $f(x)$ 可能是( ).

(A) $2\tan x$; (B) $\tan^2 x$;

(C) $2\tan^2 x$; (D) $\dfrac{1}{2} \sqrt{\tan x}$.

(8) 当 $x \to \infty$ 时, $y = \dfrac{ax^3 + bx^2 + 1}{x^2 + 1} - 2$ 为无穷小, 则( ).

(A) $a = 0, b = 1$; (B) $a = 1, b = 0$;

(C) $a = 0, b = 0$; (D) $a = 0, b = 2$.

2. 填空题

(1) 若 $f(x)$ 的定义域为 $(-\infty, 0)$, 则 $f(\ln x)$ 的定义域为_____.

(2) 设 $f\left(\dfrac{1+x}{x}\right) = \dfrac{x+1}{x^2} (x \neq 0)$, 则 $f(x) = $_____.

(3) 若 $\lim\limits_{x \to \infty} \left(1 + \dfrac{k}{x}\right)^x = e^3$, 则 $k = $_____.

(4) 当 $x \to 0$ 时, $2x^2 + 3x^3$ 与 $\sin \dfrac{ax^2}{3}$ 为等价无穷小, 则 $a = $_____.

(5) 已知当 $x \to \infty$ 时，$f(x)$ 与 $\dfrac{1}{x^3}$ 为等价无穷小，$g(x)$ 与 $\dfrac{2}{x^2}$ 为等价无穷小，则 $\lim\limits_{x \to \infty} \dfrac{xf(x)}{3g(x)}$ = _____.

(6) 设 $f(x-1) = \lim\limits_{n \to \infty} \left(\dfrac{n+x}{n} \right)^n$，则 $f(x)$ = _____.

(7) 设

$$f(x) = \begin{cases} \arctan \dfrac{1}{x}, & x < 0, \\ a + \sqrt{x}, & x \geqslant 0 \end{cases}$$

在 $x = 0$ 处连续，则 a = _____.

(8) 已知 $f(x)$ 在 $x = 0$ 处连续，且 $x \neq 0$ 时，有

$$f(x) = \dfrac{x^2 + 2}{2x} \sin \dfrac{x}{x^2 + 1},$$

则 $f(0)$ = _____.

3. 求下列极限.

(1) $\lim\limits_{n \to \infty} \dfrac{(-2)^n + 3^n}{(-2)^{n+1} + 3^{n+1}}$;

(2) $\lim\limits_{n \to \infty} \left(\sqrt{n^2 + 3n} - \sqrt{n^2 + 1} \right)$;

(3) $\lim\limits_{x \to 1} \dfrac{\sqrt[3]{x} - 1}{\sqrt{x} - 1}$;

(4) $\lim\limits_{x \to +\infty} \dfrac{\sqrt{x^2 + 2x} - \sqrt{x - 1}}{x}$;

(5) $\lim\limits_{x \to 0} \dfrac{x - \sin 2x}{x + \sin 3x}$;

(6) $\lim\limits_{x \to 0} \dfrac{x^3 + x^2}{\sin^2 \dfrac{x}{2}}$;

(7) $\lim\limits_{x \to 0} \dfrac{\sqrt{1 + \tan x} - \sqrt{1 + \sin x}}{x^3}$;

(8) $\lim\limits_{n \to \infty} \dfrac{1}{n} \left[\left(x + \dfrac{2}{n} \right) + \left(x + \dfrac{4}{n} \right) + \cdots + \left(x + \dfrac{2n}{n} \right) \right]$;

(9) $\lim\limits_{x \to \infty} x^2 \left(1 - \cos \dfrac{1}{x} \right)$;

(10) $\lim\limits_{x \to \infty} \left(\dfrac{x-1}{x+3} \right)^{\frac{x-2}{3}}$;

(11) $\lim\limits_{n \to \infty} \left(1 + \dfrac{1}{n} + \dfrac{1}{n^2} \right)^n$;

(12) $\lim\limits_{x \to 0} (1 + 3\tan^2 x)^{\cot^2 x}$;

(13) $\lim\limits_{x \to 0} \left(\dfrac{a^x + b^x + c^x}{3} \right)^{\frac{1}{x}}$ $(a > 0, b > 0, c > 0)$;

(14) $\lim\limits_{x \to \frac{\pi}{2}} (\sin x)^{\tan x}$.

4. 试确定常数 a 和 b，使得

$$\lim\limits_{x \to \infty} \left(ax + b - \dfrac{x^3 + 1}{x^2 + 1} \right) = 1.$$

5. 讨论下列函数在 $x = 0$ 处的连续性：

(1) $f(x) = \begin{cases} \dfrac{\cos 2x - \cos 3x}{x^2}, & x \neq 0, \\ \dfrac{1}{2}, & x = 0; \end{cases}$

(2) $f(x) = \begin{cases} 2(1+x)^{-\frac{1}{x}}, & x > 0, \\ \dfrac{2}{e} + x, & x \leqslant 0. \end{cases}$

6. 设

$$f(x) = \begin{cases} e^{\frac{1}{x-1}}, & x > 0, \\ \ln(1+x), & -1 < x \leqslant 0, \end{cases}$$

求 $f(x)$ 的间断点,并说明间断点的类型.

7. 证明方程 $\sin x + x + 1 = 0$ 在开区间 $\left(-\dfrac{\pi}{2}, \dfrac{\pi}{2}\right)$ 内至少有一个根.

8. 证明:若 $f(x)$ 及 $g(x)$ 都在 $[a,b]$ 上连续,且 $f(a) < g(a)$,$f(b) > g(b)$,则存在点 $c \in (a,b)$,使得 $f(c) = g(c)$.

考研试题选讲(一)

以下是2009—2013年全国硕士研究生入学统一考试数学(三)试卷中有关函数与极限的试题及其解析.

1. (2009 年第(1)题)

函数 $f(x) = \dfrac{x - x^3}{\sin \pi x}$ 的可去间断点的个数为( ).

(A) 1;　　(B) 2;　　(C) 3;　　(D) 无穷多个.

分析 $f(x)$ 是初等函数,当 $x = 0, \pm 1, \pm 2, \cdots$ 时,分母 $\sin \pi x = 0$. 故 $x \in z$(整数集)是 $f(x)$ 的间断点集,且当 $x_0 \neq 0, \pm 1$ 时,分子的极限 $\lim\limits_{x \to x_0}(x - x^3) \neq 0$. 从而 $\lim\limits_{x \to x_0} f(x) = \infty$. 因此可去间断点只能在 $0, 1, -1$ 这三点中考虑,因

$$\lim_{x \to 0} f(x) = \lim_{x \to 0} \frac{x}{\sin \pi x} \cdot (1 - x^2) = \frac{1}{\pi},$$

$$\lim_{x \to 1} f(x) = \lim_{x \to 1} \frac{1 - 3x^2}{\pi \cos \pi x} = \frac{2}{\pi},$$

$$\lim_{x \to -1} f(x) = \lim_{x \to -1} \frac{1 - 3x^2}{\pi \cos \pi x} = \frac{2}{\pi}.$$

故这 3 个点都是可去间断点,应选(C).

2. (2009 年第(2)题)

当 $x \to 0$ 时,$f(x) = x - \sin ax$ 与 $y(x) = x^2 \ln(1 - bx)$ 是等价无穷小,则( ).

(A) $a = 1, b = -\dfrac{1}{6}$;　　　　　　(B) $a = 1, b = \dfrac{1}{6}$;

(C) $a = -1, b = -\dfrac{1}{6}$;　　　　　　(D) $a = -1, b = \dfrac{1}{6}$.

分析 设 $b \neq 0$,则当 $x \to 0$ 时,$\ln(1 - bx) \sim -bx$,用等价无穷小代换并应用洛必达法则

$$\lim_{x \to 0} \frac{f(x)}{y(x)} = \lim_{x \to 0} \left[-\frac{1}{36} \cdot \frac{1 - a \cos x}{x^2} \right] = \begin{cases} -\dfrac{1}{6b}, & a = 1, \\ \infty, & a \neq 1. \end{cases}$$

要使 $f(x) \sim y(x)$,并且仅当 $a = 1, b = -\dfrac{1}{6}$,故选(A).

3. (2009 年第(9)题)

$$\lim_{x \to 0} \frac{e - e^{\cos x}}{\sqrt[3]{1 + x^2} - 1} = \underline{\hspace{3cm}}.$$

分析 这是"$\dfrac{0}{0}$"型不定式,应用洛必达法则:

$$\lim_{x \to 0} \frac{e - e^{\cos x}}{\sqrt[3]{1 + x^2} - 1} = \lim_{x \to 0} \frac{e^{\cos x} \cdot \sin x}{\dfrac{1}{3} \cdot \dfrac{1}{\sqrt[3]{(1 + x^2)^2}} \cdot 2x}$$

$$= \lim_{x \to 0} \frac{3}{2} \cdot e^{\cos x} \cdot \sqrt[3]{(1 + x^2)^2} \cdot \frac{\sin x}{x} = \frac{3}{2} e.$$

注 本题也可以用等价无穷小代换,由于当 $x \to 0$ 时,$e^x - 1 \sim x$,$(1 + x)^\alpha - 1 \sim \alpha x$,$1 - \cos x \sim \dfrac{x^2}{2}$,于是

$$\lim_{x \to 0} \frac{e - e^{\cos x}}{\sqrt[3]{1 + x^2} - 1} = \lim_{x \to 0} \frac{e^{\cos x}(e^{1 - \cos x} - 1)}{(1 + x^2)^{\frac{1}{3}} - 1}$$

$$= \lim_{x \to 0} e^{\cos x} \cdot \lim_{x \to 0} \frac{1 - \cos x}{\dfrac{1}{3} x^2} = 3e \cdot \lim_{x \to 0} \frac{\dfrac{1}{2} x^2}{x^2} = \frac{3}{2} e.$$

4. (2010 年第(4)题)

设 $f(x) = \ln^{10} x$,$y(x) = x$,$h(x) = e^{\frac{x}{10}}$,则当 x 充分大时有( ).

(A) $y(x) < h(x) < f(x)$;　　　　(B) $h(x) < y(x) < f(x)$;

(C) $f(x) < y(x) < h(x)$;　　　　(D) $y(x) < f(x) < h(x)$.

分析 本题比较无穷大量的阶,当 $x \to +\infty$ 时,$\log_a x \ (a > 1)$,$x^\alpha (\alpha > 0)$ 与 $a^x (a > 0)$ 都是无穷大量,且前者是比后者高阶的无穷大,故选(C).

5. (2010 年第(15)题)

求极限 $\lim\limits_{x \to +\infty} (x^{\frac{1}{x}} - 1)^{\frac{1}{\ln x}}$.

分析 这是幂指形式 ∞^0 型不定式的极限,应适当变形后应用洛必达法则.

解 令 $f(x) = (x^{\frac{1}{x}} - 1)^{\frac{1}{\ln x}}$, 则 $\ln f(x) = \dfrac{\ln(x^{\frac{1}{x}} - 1)}{\ln x}$.

由洛必达法则

$$\lim_{x \to +\infty} \ln f(x) = \lim_{x \to +\infty} \frac{\ln(x^{\frac{1}{x}} - 1)}{\ln x} = \lim_{x \to +\infty} \frac{(x^{\frac{1}{x}})'}{\dfrac{1}{x}(x^{\frac{1}{x}} - 1)}$$

$$= \lim_{x \to +\infty} \frac{x(e^{\frac{\ln x}{x}})'}{e^{\frac{\ln x}{x}} - 1} = \lim_{x \to +\infty} \frac{x e^{\frac{\ln x}{x}} \left(\dfrac{1}{x^2} - \dfrac{\ln x}{x^2} \right)}{e^{\frac{\ln x}{x}} - 1}$$

$$= \lim_{x \to +\infty} e^{\frac{\ln x}{x}} \cdot \frac{1 - \ln x}{x(e^{\frac{\ln x}{x}} - 1)}.$$

当 $x \to +\infty$ 时 $\dfrac{\ln x}{x} \to 0$,故 $e^{\frac{\ln x}{x}} - 1 \sim \dfrac{\ln x}{x}$. 于是

$$\lim_{x \to +\infty} \ln f(x) = e^0 \cdot \lim_{x \to +\infty} \frac{1 - \ln x}{\ln x} = -1.$$

于是 $\lim\limits_{x \to +\infty} f(x) = e^{-1}$.

6. (2010 年第(1)题)

若 $\lim\limits_{x \to 0}\left[\dfrac{1}{x} - \left(\dfrac{1}{x} - a\right)e^x\right] = 1$，则 a 等于(   ).

(A) 0;　　　　　(B) a;　　　　(C) 2;　　　　(D) 3.

分析　因

$$\lim\limits_{x \to 0}\left[\frac{1}{x} - \left(\frac{1}{x} - a\right)e^x\right] = \lim\limits_{x \to 0}\frac{1 - e^x}{x} + \lim\limits_{x \to 0}a e^x = -1 + a,$$

由 $-1 + a = 1$ 得 $a = 2$，故选(C).

7. (2011 年第(15)题)

求极限 $\lim\limits_{x \to 0}\dfrac{\sqrt{1 + 2\sin x} - x - 1}{x\ln(1 + x)}$.

解　当 $x \to 0$ 时 $\ln(1 + x) \sim x$，用等价无穷小代换并应用洛必达法则，

$$\lim\limits_{x \to 0}\frac{\sqrt{1 + 2\sin x} - x - 1}{x\ln(1 + x)} = \lim\limits_{x \to 0}\frac{\sqrt{1 + 2\sin x} - x - 1}{x^2}$$

$$= \frac{1}{2}\lim\limits_{x \to 0}\frac{1}{\sqrt{1 + 2\sin x}} \cdot \lim\limits_{x \to 0}\frac{\cos x - \sqrt{1 + 2\sin x}}{x}$$

$$= \frac{1}{2} \cdot 1 \cdot \lim\limits_{x \to 0}\left(-\sin x - \frac{2\cos x}{2\sqrt{1 + 2\sin x}}\right) = -\frac{1}{2}.$$

8. (2011 年第(1)题)

已知当 $x \to 0$ 时，函数 $f(x) = 3\sin x - \sin 3x$ 与 cx^k 是等价无穷小，则(   ).

(A) $k = 1$, $c = 4$;　　　　　(B) $k = 1$, $c = -4$;

(C) $k = 3$, $c = 4$;　　　　　(D) $k = 3$, $c = -4$.

分析　显然 $k > 0$，应用洛必达法则和等价无穷小代换.

$$\lim\limits_{x \to 0}\frac{f(x)}{cx^k} = \frac{1}{ck}\lim\limits_{x \to 0}\frac{3\cos x - 3\cos 3x}{x^{k-1}} = \frac{3}{ck(k-1)}\lim\limits_{x \to 0}\frac{3\sin 3x - \sin x}{x^{k-2}}$$

$$= \frac{3}{ck(k-1)(k-2)} \cdot \lim\limits_{x \to 0}\frac{9\cos 3x - \cos x}{x^{k-3}} = \begin{cases} \dfrac{24}{ck(k-1)(k-2)}, & k = 3, \\ \infty, & k > 3. \end{cases}$$

由题设应取 $k = 3$，并由 $\dfrac{24}{c \cdot 3!} = 1$ 解得 $c = 4$，故选(C).

9. (2012 年第(9)题)

$$\lim\limits_{x \to \frac{\pi}{4}}(\tan x)^{\frac{1}{\cos x - \sin x}} = \underline{\qquad\qquad}.$$

分析　这是 1^∞ 型不定式的极限化为指数函数的极限，则

$$I = \lim\limits_{x \to \frac{\pi}{4}}(\tan x)^{\frac{1}{\cos x - \sin x}} = \lim\limits_{x \to \frac{\pi}{4}}e^{\frac{\ln\tan x}{\cos x - \sin x}},$$

但

$$\lim\limits_{x \to \frac{\pi}{4}}\frac{\ln\tan x}{\cos x - \sin x} = \lim\limits_{x \to \frac{\pi}{4}}\frac{\dfrac{1}{\tan x} \cdot \dfrac{1}{\cos^2 x}}{-\sin x - \cos x} = -\sqrt{2}.$$

故得 $I = e^{-\sqrt{2}}$，故填 $e^{-\sqrt{2}}$.

10. (2012 年第(15)题)

求极限 $\lim\limits_{x \to 0} \dfrac{ex^2 - e^{2-2\cos x}}{x^4}$.

解 $I = \lim\limits_{x \to 0} \dfrac{ex^2 - e^{2-2\cos x}}{x^4} = \lim\limits_{x \to 0} e^{x^2} \cdot \lim\limits_{x \to 0} \dfrac{1 - e^{2-2\cos x - x^2}}{x^4}$.

当 $x \to 0$ 时, $2 - 2\cos x - x^2 \to 0$, 则 $1 - e^{2-2\cos x - x^2} \sim -(2 - 2\cos x - x^2)$,

于是 $I = \lim\limits_{x \to 0} \dfrac{x^2 + 2\cos x - 2}{x^4} = \lim\limits_{x \to 0} \dfrac{2x - 2\sin x}{4x^3}$

$$= \lim\limits_{x \to 0} \dfrac{1 - \cos x}{6x^2} = \lim\limits_{x \to 0} \dfrac{\frac{1}{2}x^2}{6x^2} = \dfrac{1}{12}.$$

11. (2013 年第(1)题)

当 $x \to o$ 时, 用"$o(x)$"表示比 x 高阶的无穷小, 则下列式子中错误的是(　　).

(A) $x \cdot o(x^2) = o(x^3)$; 　　　　(B) $o(x) \cdot o(x^2) = o(x^3)$;

(C) $o(x^2) + o(x^2) = o(x^2)$; 　　　(D) $o(x) + o(x^2) = o(x^2)$.

分析 因 $\dfrac{x \cdot o(x^2)}{x^3} = \dfrac{o(x^2)}{x^2} \to 0$,

$$\dfrac{o(x) \cdot o(x^2)}{x^3} = \dfrac{o(x)}{x} \cdot \dfrac{o(x^2)}{x^2} \to 0,$$

$$\dfrac{o(x^2) + o(x^2)}{x^2} = \dfrac{o(x^2)}{x^3} + \dfrac{o(x^2)}{x^2} = 0,$$

由高阶无穷小的定义知(A)(B)(C)都是正确的, 故选(D).

12. (2013 年第(2)题)

函数 $f(x) = \dfrac{|x|^x - 1}{x(x+1)\ln|x|}$ 的可去间断点的个数为(　　).

(A) 0; 　　　(B) 1; 　　　(C) 2; 　　　(D) 3.

分析 $f(x)$ 是初等函数, 除 $x = 0$ 及 $x = \pm 1$ 外都是连续的.

注意到当 $x \to 0$ 时 $x\ln|x| \to 0$, 当 $x \to 1$ 及 $x \to -1$ 时 $x \cdot \ln|x| \to 0$, 于是

$$\lim\limits_{x \to 0} f(x) = \lim\limits_{x \to 0} \dfrac{1}{x+1} \cdot \lim\limits_{x \to 0} \dfrac{e^{x\ln(x)} - 1}{x \cdot \ln|x|} = 1,$$

$$\lim\limits_{x \to 1} f(x) = \lim\limits_{x \to 1} \dfrac{1}{x+1} \cdot \lim\limits_{x \to 1} \dfrac{e^{x\ln|x|} - 1}{x \ln|x|} = \dfrac{1}{2},$$

$$\lim\limits_{x \to -1} f(x) = \lim\limits_{x \to -1} \dfrac{1}{x+1} \cdot \lim\limits_{x \to 1} \dfrac{e^{x\ln|x|} - 1}{x \ln|x|} = \infty.$$

所以 $x = 0, 1$ 是可去间断点, 应选(C).

13. (2013 年第(15)题)

当 $x \to 0$ 时, $1 - \cos x \cdot \cos 2x \cdot \cos 3x$ 与 ax^n 为等价无穷小, 求 n 与 a 的值.

分析 当 $x \to 0$ 时 $1 - \cos x \sim \dfrac{1}{2}x^2$, 故可插项并运用等价无穷小代换.

解 $I = \lim\limits_{x \to 0} \dfrac{1 - \cos x \cdot \cos 2x \cdot \cos 3x}{x^n}$

$$= \lim\limits_{x \to 0} \dfrac{1 - \cos x}{x^n} + \lim\limits_{x \to 0} \cos x \cdot \dfrac{1 - \cos 2x \cos 3x}{x^n}$$

$$= \frac{1}{2} \lim_{x \to 0} \frac{x^2}{x^n} + 1 \cdot \lim_{x \to 0} \frac{1 - \cos 2x}{x^n} + \lim_{x \to 0} \cos 2x \cdot \frac{1 - \cos 3x}{x^n}$$

$$= \left(\frac{1}{2} + \frac{4}{2} + \frac{9}{2} \right) \cdot \lim_{x \to 0} \frac{x^2}{x^n}.$$

由题设,应有 $n = 2$, $a = \frac{1}{2} + \frac{4}{2} + \frac{9}{2} = 7$.

第二章 导数与微分

导数和微分是微积分学中最基本的概念. 导数反映了函数相对于自变量的变化速度, 即函数的变化率, 它使人们能够用数学工具描述事物变化的快慢, 解决一系列与之相关的问题, 如物体运动的速度、劳动生产率、市场需求对于价格的弹性等. 而微分反映了当自变量有微小改变时函数变化的线性近似. 本章将用极限方法来研究这两个概念, 给出它们的计算公式及运算法则.

第一节 导数概念

一、引例

我们先看导数概念的几个实际背景.

1. 平面曲线切线的斜率

设 $M(x_0, y_0)$ 是曲线 $L: y = f(x)$ 上的一点(图 2-1), $y_0 = f(x_0)$. 在曲线上点 M 附近任取一点 $N(x_0 + \Delta x, y_0 + \Delta y)$, 作割线 MN, 设其倾角为 φ, 则割线 MN 的斜率为

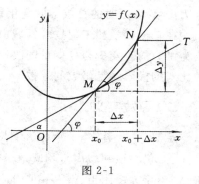

$$\tan\varphi = \frac{\Delta y}{\Delta x} = \frac{f(x_0 + \Delta x) - f(x_0)}{\Delta x}.$$

当点 N 沿曲线 L 无限趋于点 M 时, 割线 MN 的极限位置 MT 就称为曲线在点 M 处的切线. 此时, MN 倾角 φ 趋近于切线 MT 的倾角 α, 于是, 切线 MT 的斜率为

图 2-1

$$k = \tan\alpha = \lim_{\Delta x \to 0} \tan\varphi = \lim_{\Delta x \to 0} \frac{\Delta y}{\Delta x} = \lim_{\Delta x \to 0} \frac{f(x_0 + \Delta x) - f(x_0)}{\Delta x}.$$

2. 变速直线运动的瞬时速度

设质点 M 沿直线 L 作变速运动, 则路程 s 是时间 t 的函数 $s = s(t)$, 当时间 t 从 t_0 改变到 $t_0 + \Delta t$ 时, 质点 M 在 Δt 这段时间内所经过的路程为

$$\Delta s = s(t_0 + \Delta t) - s(t_0),$$

于是，质点 M 在 Δt 时间内的平均速度为

$$\overline{v} = \frac{\Delta s}{\Delta t} = \frac{s(t_0 + \Delta t) - s(t_0)}{\Delta t}.$$

显然，时间间隔 Δt 越短，平均速度 $\overline{v}$ 越接近于物体在时刻 t_0 的速度. 当 $\Delta t \to 0$ 时，$\overline{v}$ 就无限趋近于在时刻 t_0 的瞬时速度 $v(t_0)$，即

$$v(t_0) = \lim_{\Delta t \to 0} \frac{\Delta s}{\Delta t} = \lim_{\Delta t \to 0} \frac{s(t_0 + \Delta t) - s(t_0)}{\Delta t}.$$

3. 产品总成本的变化率

设某产品的总成本 C 是产量 q 的函数，即 $C = C(q)$. 当产量由 q_0 变到 $q_0 + \Delta q$ 时，总成本相应的改变量为 $\Delta C = C(q_0 + \Delta q) - C(q_0)$，总成本的平均变化率为

$$\frac{\Delta C}{\Delta q} = \frac{C(q_0 + \Delta q) - C(q_0)}{\Delta q}.$$

当 $\Delta q \to 0$ 时，极限

$$\lim_{\Delta q \to 0} \frac{\Delta C}{\Delta q} = \lim_{\Delta q \to 0} \frac{C(q_0 + \Delta q) - C(q_0)}{\Delta q}$$

称为产量为 q_0 时的总成本的变化率.

在自然科学和工程技术领域中还有许多关于变化率的问题，它们都可以归结为函数的改变量与自变量的改变量之比当自变量改变量趋于零时的极限，这种比式的极限就是函数的导数.

二、导数定义

定义　设函数 $y = f(x)$ 在点 x_0 的某一邻域内有定义，给 x_0 以增量 Δx（点 $x_0 + \Delta x$ 仍在该邻域内），相应地函数 y 取得增量 $\Delta y = f(x_0 + \Delta x) - f(x_0)$，如果 Δy 与 Δx 之比当 $\Delta x \to 0$ 时的极限存在，即

$$\lim_{\Delta x \to 0} \frac{\Delta y}{\Delta x} = \lim_{\Delta x \to 0} \frac{f(x_0 + \Delta x) - f(x_0)}{\Delta x}$$

存在，就称此极限为函数 $y = f(x)$ 在点 x_0 的导数，记为 $f'(x_0)$，即

$$f'(x_0) = \lim_{\Delta x \to 0} \frac{f(x_0 + \Delta x) - f(x_0)}{\Delta x}. \tag{1}$$

并称函数 $y = f(x)$ 在点 x_0 可导. 导数 $f'(x_0)$ 还可记为 $y'\Big|_{x=x_0}$，$\dfrac{\mathrm{d}y}{\mathrm{d}x}\Big|_{x=x_0}$　或

$$\frac{\mathrm{d}f}{\mathrm{d}x}\Big|_{x=x_0}.$$

如果极限 $\lim\limits_{\Delta x\to 0}\dfrac{\Delta y}{\Delta x}$ 不存在,就称函数 $y=f(x)$ 在点 x_0 不可导.

导数的定义式(1)也常写为

$$f'(x_0)=\lim_{h\to 0}\frac{f(x_0+h)-f(x_0)}{h}\quad \text{与}\quad f'(x_0)=\lim_{x\to x_0}\frac{f(x)-f(x_0)}{x-x_0}.$$

由定义,前面引例的结果分别为

(1) 平面曲线 $y=f(x)$ 在点 M 处的切线斜率 $\tan\alpha=f'(x_0)$;

(2) 变速直线运动的瞬时速度 $v(t_0)=s'(t_0)$;

(3) 产品总成本的变化率为 $C'(q_0)$.

如果函数 $y=f(x)$ 在开区间 I 内有定义并且在 I 内每点均可导,则称函数 $y=f(x)$ 在开区间 I 内可导. 这时,对于每一个 $x\in I$,都对应着一个确定的数 $f'(x)$,于是就在 I 上又定义了一个新函数,这个函数就称为原来函数 $y=f(x)$ 的导函数,简称为导数,记为 $f'(x)$ 或 $\dfrac{\mathrm{d}y}{\mathrm{d}x}$ 或 $\dfrac{\mathrm{d}f}{\mathrm{d}x}$.

显然,函数 $f(x)$ 在 x_0 处的导数 $f'(x_0)$ 就是导函数 $f'(x)$ 在 $x=x_0$ 处的函数值,即 $f'(x_0)=f'(x)\,|_{x=x_0}$.

三、求导数举例

依定义求函数 $y=f(x)$ 在点 x_0 的导数可分为三步:

(1) 求函数增量 $\Delta y=f(x_0+\Delta x)-f(x_0)$;

(2) 写出比式 $\dfrac{\Delta y}{\Delta x}=\dfrac{f(x_0+\Delta x)-f(x_0)}{\Delta x}$ 并化简;

(3) 求极限 $f'(x_0)=\lim\limits_{\Delta x\to 0}\dfrac{\Delta y}{\Delta x}$.

例 1 求函数 $y=x^2+1$ 在 $x=2$ 处的导数.

解 当 x 从 2 变到 $2+\Delta x$ 时,函数的增量为

$$\Delta y=(2+\Delta x)^2-2^2=4\cdot\Delta x+(\Delta x)^2,$$

因此 $\dfrac{\Delta y}{\Delta x}=4+\Delta x$,所以

$$f'(2)=\lim_{\Delta x\to 0}\frac{\Delta y}{\Delta x}=\lim_{\Delta x\to 0}(4+\Delta x)=4.$$

例 2 求常函数 $f(x)=C$(常数)的导数 $f'(x)$.

解 $f'(x) = \lim\limits_{\Delta x \to 0} \dfrac{f(x + \Delta x) - f(x)}{\Delta x} = \lim\limits_{\Delta x \to 0} \dfrac{C - C}{\Delta x} = 0$，即常数的导数等于零.

例3 求函数 $f(x) = x^n$（n 为正整数）的导数.

解 对于任意一点 $x \in (-\infty, +\infty)$，

$$\Delta y = (x + \Delta x)^n - x^n$$

$$= \left[x^n + nx^{n-1} \cdot \Delta x + \frac{n(n-1)}{2} x^{n-2} \cdot (\Delta x)^2 + \cdots + (\Delta x)^n \right] - x^n$$

$$= nx^{n-1} \cdot \Delta x + \frac{n(n-1)}{2} x^{n-2} \cdot (\Delta x)^2 + \cdots + (\Delta x)^n,$$

得到
$$\frac{\Delta y}{\Delta x} = nx^{n-1} + \frac{n(n-1)}{2} x^{n-2} \cdot \Delta x + \cdots + (\Delta x)^{n-1},$$

所以
$$f'(x) = \lim\limits_{\Delta x \to 0} \frac{\Delta y}{\Delta x} = \lim\limits_{\Delta x \to 0} \left(nx^{n-1} + \frac{n(n-1)}{2} x^{n-2} \cdot \Delta x + \cdots + (\Delta x)^{n-1} \right) = nx^{n-1}.$$

即
$$(x^n)' = nx^{n-1}.$$

例4 求指数函数 $y = a^x$（$a > 0, a \neq 1$）的导数 y'.

解
$$y' = \lim\limits_{\Delta x \to 0} \frac{\Delta y}{\Delta x} = \lim\limits_{\Delta x \to 0} \frac{a^{x + \Delta x} - a^x}{\Delta x} = a^x \cdot \lim\limits_{\Delta x \to 0} \frac{a^{\Delta x} - 1}{\Delta x}$$

$$= a^x \lim\limits_{\Delta x \to 0} \frac{\mathrm{e}^{\Delta x \cdot \ln a} - 1}{\Delta x \cdot \ln a} \cdot \ln a.$$

利用 $\lim\limits_{x \to 0} \dfrac{\mathrm{e}^x - 1}{x} = 1$，有 $y' = a^x \ln a$，即 $(a^x)' = a^x \ln a$.

特别，当 $a = \mathrm{e}$ 时，有 $(\mathrm{e}^x)' = \mathrm{e}^x$.

例5 求对数函数 $y = \log_a x$（$a > 0, a \neq 1$）的导数.

解

$$y' = \lim\limits_{\Delta x \to 0} \frac{\Delta y}{\Delta x} = \lim\limits_{\Delta x \to 0} \frac{f(x + \Delta x) - f(x)}{\Delta x} = \lim\limits_{\Delta x \to 0} \frac{\log_a (x + \Delta x) - \log_a x}{\Delta x}$$

$$= \lim\limits_{\Delta x \to 0} \left[\frac{1}{\Delta x} \cdot \log_a \frac{x + \Delta x}{x} \right] = \lim\limits_{\Delta x \to 0} \left[\frac{1}{x} \cdot \frac{x}{\Delta x} \cdot \log_a \left(1 + \frac{\Delta x}{x} \right) \right]$$

$$= \frac{1}{x} \lim\limits_{\Delta x \to 0} \log_a \left(1 + \frac{\Delta x}{x} \right)^{\frac{x}{\Delta x}} = \frac{1}{x} \log_a \mathrm{e} = \frac{1}{x \ln a}.$$

即 $(\log_a x)' = \dfrac{1}{x \ln a}$.

特别，当 $a = \mathrm{e}$ 时，有 $(\ln x)' = \dfrac{1}{x}$.

例 6 求正弦函数 $f(x) = \sin x$ 的导数.

解 $f'(x) = \lim\limits_{\Delta x \to 0} \dfrac{\Delta y}{\Delta x} = \lim\limits_{\Delta x \to 0} \dfrac{\sin(x + \Delta x) - \sin x}{\Delta x} = \lim\limits_{\Delta x \to 0} \dfrac{2\sin\dfrac{\Delta x}{2}\cos\left(x + \dfrac{\Delta x}{2}\right)}{\Delta x}$

$$= \lim\limits_{\Delta x \to 0} \left[\dfrac{\sin\dfrac{\Delta x}{2}}{\dfrac{\Delta x}{2}} \cdot \cos\left(x + \dfrac{\Delta x}{2}\right)\right] = \cos x.$$

所以 $$(\sin x)' = \cos x.$$

类似可得 $$(\cos x)' = -\sin x.$$

前面已经指出,导数 $f'(x_0)$ 的几何意义就是曲线 $y = f(x)$ 在点 $M(x_0, y_0)$ 处的切线斜率,于是,曲线 $y = f(x)$ 在点 $M(x_0, f(x_0))$ 处的切线方程为

$$y - y_0 = f'(x_0) \cdot (x - x_0)$$

法线方程为

$$y - y_0 = -\dfrac{1}{f'(x_0)} \cdot (x - x_0) \quad (f'(x_0) \neq 0).$$

例 7 求曲线 $y = \dfrac{1}{x}$ 在点 $x = \dfrac{1}{2}$ 处的切线方程和法线方程.

解 对任意 $x > 0, \Delta y = \dfrac{1}{x} - \dfrac{1}{x + \Delta x} = -\dfrac{\Delta x}{x(x + \Delta x)}$,

故 $y' = \lim\limits_{\Delta x \to 0} \dfrac{\Delta y}{\Delta x} = -\dfrac{1}{x^2}$, 所以 $y'\Big|_{x = \frac{1}{2}} = -4.$

又,$x = \dfrac{1}{2}$ 时,$y = 2$,从而所求切线方程为 $y - 2 = -4 \cdot \left(x - \dfrac{1}{2}\right)$,即 $4x + y - 4 = 0$. 所求法线方程为 $y - 2 = \dfrac{1}{4}\left(x - \dfrac{1}{2}\right)$,即 $2x - 8y + 15 = 0$.

例 8 证明函数 $f(x) = |x|$ 在点 $x = 0$ 处不可导.

证 因为

$$\dfrac{f(x) - f(0)}{x} = \dfrac{|x|}{x} = \begin{cases} 1, & x > 0, \\ -1, & x < 0. \end{cases}$$

当 $x \to 0$ 时,极限不存在,所以 $f(x)$ 在点 $x = 0$ 处不可导.

从几何上看,曲线 $y = |x|$ 在点 $(0,0)$ 处没有切线(图 2-2). 而对于函数 $y = x^{\frac{1}{3}}$,容易验证 $\lim\limits_{x \to 0} \dfrac{f(x) - f(0)}{x} = \infty$,曲线在 $(0,0)$ 处有垂直于 x 轴的切线(即为 y 轴),如图 2-3 所示.

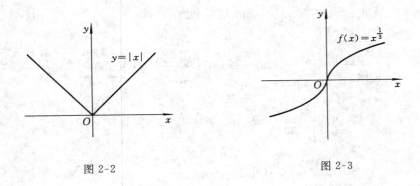

图 2-2   图 2-3

四、单侧导数

由于导数是用极限定义的,相对于单侧极限,也有单侧导数的概念.我们把单侧极限应用于导数,将

$$f'_-(x_0) = \lim_{\Delta x \to 0^-} \frac{f(x_0 + \Delta x) - f(x_0)}{\Delta x}$$

与

$$f'_+(x_0) = \lim_{\Delta x \to 0^+} \frac{f(x_0 + \Delta x) - f(x_0)}{\Delta x}$$

分别称为函数 $f(x)$ 在点 x_0 的左导数和右导数,统称为 $f(x)$ 在 x_0 的单侧导数.于是立得

定理 1   函数 $f(x)$ 在点 x_0 可导的充分必要条件是左、右导数都存在且相等.

称函数 $f(x)$ 在闭区间 $[a,b]$ 上可导,是指 $f(x)$ 在开区间 (a,b) 内可导,并且在左、右端点分别存在右导数 $f'_+(a)$ 和左导数 $f'_-(b)$.

五、可导性与连续性的关系

定理 2   若函数 $y = f(x)$ 在点 x_0 可导,则必在点 x_0 连续.

证   由 $y = f(x)$ 在点 x_0 处可导,即 $\lim_{x \to x_0} \dfrac{f(x) - f(x_0)}{x - x_0} = f'(x_0)$,得

$$\lim_{x \to x_0}[f(x) - f(x_0)] = \lim_{x \to x_0}\left[\frac{f(x) - f(x_0)}{x - x_0} \cdot (x - x_0)\right] = f'(x_0) \cdot 0 = 0,$$

从而

$$\lim_{x \to x_0} f(x) = f(x_0),$$

故 $f(x)$ 在点 x_0 处连续.

注意 定理2的逆命题不正确,即函数在一点连续不一定在该点可导,例8和例9给出了这样的例子.因此,函数在一点连续是在该点可导的必要条件.

例9 讨论函数

$$f(x) = \begin{cases} 1 - \cos x, & x \geqslant 0, \\ x, & x < 0 \end{cases}$$

在 $x = 0$ 处的可导性与连续性.

解 函数以 $x = 0$ 为分段函数的分段点,而

$$\frac{f(0 + \Delta x) - f(0)}{\Delta x} = \begin{cases} \dfrac{1 - \cos \Delta x}{\Delta x}, & \Delta x > 0, \\ 1, & \Delta x < 0, \end{cases}$$

因此

$$f'_+(0) = \lim_{\Delta x \to 0^+} \frac{1 - \cos \Delta x}{\Delta x} = 0, \quad f'_-(0) = \lim_{\Delta x \to 0^-} 1 = 1,$$

因为 $f'_+(0) \neq f'_-(0)$,所以 $f(x)$ 在 $x = 0$ 处不可导.

但是,$f(0 + 0) = f(0 - 0) = f(0) = 1$,故函数在 $x = 0$ 处是连续的.

例10 讨论函数

$$f(x) = \begin{cases} 2x, & 0 \leqslant x \leqslant 1, \\ x^2 + 1, & 1 < x \leqslant 2 \end{cases}$$

在点 $x = 1$ 的连续性和可导性.

解 在 $x = 1$ 处,$\lim\limits_{x \to 1^-} f(x) = \lim\limits_{x \to 1^-} 2x = 2$,$\lim\limits_{x \to 1^+} f(x) = \lim\limits_{x \to 1^+}(x^2 + 1) = 2$,且 $f(1) = 2$,于是,$\lim\limits_{x \to 1} f(x) = 2 = f(1)$,即在点 $x = 1$ 处,$f(x)$ 连续.又由于

$$f'_-(1) = \lim_{\Delta x \to 0^-} \frac{f(1 + \Delta x) - f(1)}{\Delta x} = \lim_{\Delta x \to 0^-} \frac{2(1 + \Delta x) - 2}{\Delta x} = \lim_{\Delta x \to 0^-} \frac{2\Delta x}{\Delta x} = 2,$$

$$f'_+(1) = \lim_{\Delta x \to 0^+} \frac{f(1 + \Delta x) - f(1)}{\Delta x} = \lim_{\Delta x \to 0^+} \frac{[(1 + \Delta x)^2 + 1] - 2}{\Delta x}$$
$$= \lim_{\Delta x \to 0^+}(2 + \Delta x) = 2,$$

即 $f'_-(1) = f'_+(1)$,所以,$f(x)$ 在点 $x = 1$ 可导,且 $f'(1) = 2$.

习 题 2-1

(A)

1. 设 $f(x) = 2x^3$,试用定义求 $f'(-1)$.

2. 按导数定义求下列函数的导数.

(1) $f(x) = ax + b$;　　　　(2) $y = \sqrt{x}$ $(x > 0)$.

3. 设函数 $f(x) = \begin{cases} x^3, & x < 0, \\ x^2, & x \geqslant 0, \end{cases}$ 求导数 $f'(x)$.

4. 求曲线 $y = \ln x$ 在点 $(\mathrm{e}, 1)$ 处的切线与法线方程.

（B）

1. 设 $f(x)$ 在 $x = a$ 处可导, 求下列各式的极限.

(1) $\lim\limits_{\Delta x \to 0} \dfrac{f(a - \Delta x) - f(a)}{\Delta x}$; (2) $\lim\limits_{h \to 0} \dfrac{f(a + 2h) - f(a)}{h}$.

2. 证明函数

$$f(x) = \begin{cases} x \cdot \sin \dfrac{1}{x}, & x \neq 0, \\ 0, & x = 0 \end{cases}$$

在 $x = 0$ 处连续但不可导.

3. 设 $f(x_0) = 0, f'(x_0) = 4$, 试求 $\lim\limits_{\Delta x \to 0} \dfrac{f(x_0 + \Delta x)}{\Delta x}$.

第二节　求导法则和基本导数公式

我们依据导数的定义, 已经求出了几个简单函数的导数. 但是大多数函数直接根据定义求导数往往很麻烦. 在本节中将介绍导数的运算法则和基本求导公式. 借助于这些法则和公式, 可以大大简化求导运算.

一、导数的四则运算法则

定理 1　若函数 $f(x)$ 和 $g(x)$ 在点 x 可导, 则函数 $f(x) \pm g(x)$ 在点 x 也可导, 且有

$$[f(x) \pm g(x)]' = f'(x) \pm g'(x). \tag{1}$$

证　$[f(x) \pm g(x)]' = \lim\limits_{\Delta x \to 0} \dfrac{[f(x + \Delta x) \pm g(x + \Delta x)] - [f(x) \pm g(x)]}{\Delta x}$

$= \lim\limits_{\Delta x \to 0} \dfrac{[f(x + \Delta x) - f(x)] \pm [g(x + \Delta x) - g(x)]}{\Delta x}$

$= \lim\limits_{\Delta x \to 0} \dfrac{f(x + \Delta x) - f(x)}{\Delta x} \pm \lim\limits_{\Delta x \to 0} \dfrac{g(x + \Delta x) - g(x)}{\Delta x}$

$= f'(x) \pm g'(x).$

定理 2　若 $f(x)$ 和 $g(x)$ 在点 x 都可导, 则函数 $f(x) \cdot g(x)$ 在点 x 也可导, 且有

$$[f(x) \cdot g(x)]' = f'(x) \cdot g(x) + f(x) \cdot g'(x). \tag{2}$$

证　$[f(x) \cdot g(x)]' = \lim\limits_{\Delta x \to 0} \dfrac{f(x+\Delta x) \cdot g(x+\Delta x) - f(x) \cdot g(x)}{\Delta x}$

$$= \lim_{\Delta x \to 0}\left[\frac{f(x+\Delta x)-f(x)}{\Delta x} \cdot g(x+\Delta x) + f(x) \cdot \frac{g(x+\Delta x)-g(x)}{\Delta x}\right]$$

$$= \lim_{\Delta x \to 0}\frac{f(x+\Delta x)-f(x)}{\Delta x} \cdot \lim_{\Delta x \to 0}g(x+\Delta x) + f(x) \cdot \lim_{\Delta x \to 0}\frac{g(x+\Delta x)-g(x)}{\Delta x}$$

$$= f'(x) \cdot g(x) + f(x) \cdot g'(x).$$

推论　若 C 为常数,则 $[C \cdot f(x)]' = C \cdot f'(x)$.

定理 3　若函数 $f(x)$ 和 $g(x)$ 在点 x 都可导,又 $g(x) \neq 0$,则函数 $\dfrac{f(x)}{g(x)}$ 在点 x 也可导,且有

$$\left[\frac{f(x)}{g(x)}\right]' = \frac{f'(x) \cdot g(x) - f(x) \cdot g'(x)}{g^2(x)}. \tag{3}$$

定理 3 也用导数定义和极限的运算法则来证明,请读者自己完成.

另外,公式(1),(2)可以推广到任意有限多个函数的情形,如设 $f(x)$, $g(x)$ 和 $h(x)$ 都在点 x 处可导,则函数 $f(x) \pm g(x) \pm h(x)$ 及 $f(x) \cdot g(x) \cdot h(x)$ 也在点 x 处可导,且有

$$[f(x) \pm g(x) \pm h(x)]' = f'(x) \pm g'(x) \pm h'(x),$$

$$[f(x) \cdot g(x) \cdot h(x)]' = f'(x) \cdot g(x) \cdot h(x) + f(x) \cdot g'(x) \cdot h(x)$$
$$+ f(x) \cdot g(x) \cdot h'(x).$$

例 1　已知 $y = x^3 - x^2 + 2x - 9$,求 $y'(1)$.

解　因为　$y' = (x^3 - x^2 + 2x - 9)' = (x^3)' - (x^2)' + (2x)' - 9'$
$$= 3x^2 - 2x + 2,$$

所以　　　　　　　　$y'(1) = 3 \times 1^2 - 2 \times 1 + 2 = 3.$

例 2　$y = (\sin x - 2\cos x) \cdot \ln x$,求 y'.

解　$y' = (\sin x - 2\cos x)' \cdot \ln x + (\sin x - 2\cos x) \cdot (\ln x)'$

$$= (\cos x + 2\sin x) \cdot \ln x + \frac{1}{x} \cdot (\sin x - 2\cos x).$$

例 3　证明 $(\tan x)' = \sec^2 x$.

证　$(\tan x)' = \left(\dfrac{\sin x}{\cos x}\right)' = \dfrac{(\sin x)' \cdot \cos x - \sin x \cdot (\cos x)'}{\cos^2 x}$

$$= \frac{\cos^2 x + \sin^2 x}{\cos^2 x} = \sec^2 x.$$

类似地可以证明：
$$(\cot x)' = -\csc^2 x, \quad (\sec x)' = \sec x \cdot \tan x,$$
$$(\csc x)' = -\csc x \cdot \cot x.$$

例 4 设 $g(x) = \dfrac{(x^2 - 1)^2}{x^2}$，求 $g'(x)$.

解 由于 $g(x) = x^2 - 2 + \dfrac{1}{x^2}$，因此

$$g'(x) = 2x - \frac{2}{x^3} = \frac{2}{x^3}(x^4 - 1).$$

二、反函数与复合函数的导数

定理 4 若函数 $x = \varphi(y)$ 在区间 J 上单调、可导且 $\varphi'(y) \neq 0 (y \in J)$，则 $x = \varphi(y)$ 的反函数 $y = f(x)$ 在对应区间 $I(I = \{x \mid x = \varphi(y), y \in J\})$ 内也可导，且在 y 的对应点 x 处有

$$f'(x) = \frac{1}{\varphi'(y)} \quad \text{或} \quad \frac{\mathrm{d}y}{\mathrm{d}x} = \frac{1}{\dfrac{\mathrm{d}x}{\mathrm{d}y}}. \tag{4}$$

证 由于 $x = \varphi(y)$ 在 J 内单调、可导，从而连续. 于是，$x = \varphi(y)$ 的反函数 $y = f(x)$ 存在，且在 I 内也单调、连续，对于任意的 $x, x + \Delta x \in I(\Delta x \neq 0)$，有 $\Delta y = f(x + \Delta x) - f(x) \neq 0$，并且 $\Delta x \to 0 \Longleftrightarrow \Delta y \to 0$. 因 $\varphi'(y) \neq 0$，于是有

$$f'(x) = \lim_{\Delta x \to 0} \frac{\Delta y}{\Delta x} = \lim_{\Delta y \to 0} \frac{1}{\dfrac{\Delta x}{\Delta y}} = \frac{1}{\varphi'(y)}.$$

例 5 求 $y = \arcsin x$ 的导数.

解 $y = \arcsin x (|x| < 1)$ 的反函数 $x = \sin y$ 在 $\left(-\dfrac{\pi}{2}, \dfrac{\pi}{2}\right)$ 内单调，对任意 $x \in (-1, 1)$，相应的 $y = \arcsin x \in \left(-\dfrac{\pi}{2}, \dfrac{\pi}{2}\right)$，且 $\dfrac{\mathrm{d}x}{\mathrm{d}y} = \cos y > 0$，所以

$$(\arcsin x)' = \frac{1}{\dfrac{\mathrm{d}x}{\mathrm{d}y}} = \frac{1}{\cos y} = \frac{1}{\sqrt{1 - \sin^2 y}} = \frac{1}{\sqrt{1 - x^2}}.$$

类似可得

$$(\arccos x)' = -\frac{1}{\sqrt{1 - x^2}}, \quad (\arctan x)' = \frac{1}{1 + x^2}, \quad (\text{arccot} x)' = -\frac{1}{1 + x^2}.$$

对于复合函数的求导有下面的法则：

定理5 若函数 $u = g(x)$ 在点 x 可导，函数 $y = f(u)$ 在相应的点 $u = g(x)$ 可导，则复合函数 $y = f[g(x)]$ 在点 x 可导，且

$$(f[g(x)])' = f'(u) \cdot g'(x) \quad \text{或} \quad \frac{\mathrm{d}y}{\mathrm{d}x} = \frac{\mathrm{d}y}{\mathrm{d}u} \cdot \frac{\mathrm{d}u}{\mathrm{d}x}. \tag{5}$$

* **证** 由于 $y = f(u)$ 在 u 处可导，故 $\lim\limits_{\Delta u \to 0} \dfrac{\Delta y}{\Delta u} = f'(u)$，所以

$$\frac{\Delta y}{\Delta u} = f'(u) + \alpha,$$

其中，当 $\Delta u \to 0$ 时，$\alpha \to 0$，于是

$$\Delta y = f'(u) \cdot \Delta u + \alpha \cdot \Delta u.$$

设函数 $y = f[g(x)]$ 的自变量在点 x 处有增量 Δx，则变量 $u = g(x)$ 有相应增量 Δu，进而变量 $y = f(u)$ 又有相应增量 Δy，这里的中间变量 u 的增量 Δu 有可能为零，但这时 $\Delta y = 0$，只要规定当 $\Delta u = 0$ 时，$\alpha = 0$，这样，无论 Δu 是否为零，Δy 与 Δu 间总满足 $\Delta y = f'(u) \cdot \Delta u + \alpha \cdot \Delta u$，在此式两端同除以 Δx，并令 $\Delta x \to 0$，由于 $g(x)$ 在点 x 处可导，从而 $g(x)$ 在点 x 处连续，有 $\Delta u \to 0$，于是

$$(f[g(x)])' = \lim_{\Delta x \to 0} \frac{\Delta y}{\Delta x} = f'(u) \cdot \lim_{\Delta x \to 0} \frac{\Delta u}{\Delta x} + \lim_{\Delta u \to 0} \alpha \cdot \lim_{\Delta u \to 0} \frac{\Delta u}{\Delta x}$$

$$= f'(u) \cdot g'(x)$$

或

$$\frac{\mathrm{d}y}{\mathrm{d}x} = \frac{\mathrm{d}y}{\mathrm{d}u} \cdot \frac{\mathrm{d}u}{\mathrm{d}x}.$$

复合函数的求导法则可以推广到任意有限次复合的情形，如 $y = f(u)$，$u = g(v)$，$v = \varphi(x)$ 均满足定理5的条件，则复合函数 $y = f\{g[\varphi(x)]\}$ 在点 x 可导，且

$$\frac{\mathrm{d}y}{\mathrm{d}x} = f'\{g[\varphi(x)]\} \cdot g'[\varphi(x)] \cdot \varphi'(x) \quad \text{或} \quad \frac{\mathrm{d}y}{\mathrm{d}x} = \frac{\mathrm{d}y}{\mathrm{d}u} \cdot \frac{\mathrm{d}u}{\mathrm{d}v} \cdot \frac{\mathrm{d}v}{\mathrm{d}x}.$$

上述求导法则称为复合函数求导的链式法则.

例6 设 $y = \sin(5x)$，求 y'.

解 $y = \sin(5x)$ 可以看作由 $y = \sin u$ 与 $u = 5x$ 复合而成，由链式法则得

$$y' = (\sin 5x)' = (\sin u)' \cdot (5x)' = 5\cos u = 5\cos(5x).$$

例7 求 $y = \ln\cos x$ 的导数.

解 $y = \ln\cos x$ 可以看作由 $y = \ln u$ 与 $u = \cos x$ 复合而成，所以

$$y' = (\ln u)' \cdot (\cos x)' = \frac{1}{u} \cdot (-\sin x) = -\frac{\sin x}{\cos x} = -\tan x.$$

例 8　设函数 $y = \mathrm{e}^{\sin\frac{1}{x}}$，求 $y'(x)$.

解　$y = \mathrm{e}^{\sin\frac{1}{x}}$ 可以看作由 $y = \mathrm{e}^u, u = \sin v, v = \dfrac{1}{x}$ 复合而成，所以

$$y' = (\mathrm{e}^u)' \cdot (\sin v)' \cdot \left(\frac{1}{x}\right)' = \mathrm{e}^u \cdot \cos v \cdot \left(-\frac{1}{x^2}\right) = -\frac{1}{x^2} \cdot \mathrm{e}^{\sin\frac{1}{x}} \cdot \cos\frac{1}{x}.$$

例 9　证明幂函数求导公式 $(x^\alpha)' = \alpha x^{\alpha-1}$　$(\alpha \in \mathbf{R}, x > 0)$.

证　由于 $x^\alpha = \mathrm{e}^{\alpha \ln x}$，所以

$$(x^\alpha)' = (\mathrm{e}^{\alpha \ln x})' = \mathrm{e}^{\alpha \ln x} \cdot (\alpha \ln x)' = \frac{\alpha}{x} \cdot x^\alpha = \alpha x^{\alpha-1}.$$

至此，我们利用复合函数求导法则把 $n \in \mathbf{N}^+$ 时的幂函数 $y = x^n$ 的导数公式 $y' = nx^{n-1}$ 推广到指数为一般实数指数的情形.

从上面例子看出，应用复合函数求导法则时，首先要分析所给函数由哪些函数复合而成，将函数由外向内分解成基本初等函数或简单函数的复合函数，再应用链式法则求所给函数的导数.

对复合函数的分解比较熟练后，就可以不写出中间变量，而直接应用链式法则求导.

例 10　$y = (2x^2 + 5)^4$，求 $\dfrac{\mathrm{d}y}{\mathrm{d}x}$.

解　$\dfrac{\mathrm{d}y}{\mathrm{d}x} = [(2x^2 + 5)^4]' = 4(2x^2 + 5)^3 \cdot (2x^2 + 5)'$

$$= 4(2x^2 + 5)^3 \cdot 4x = 16x \cdot (2x^2 + 5)^3.$$

例 11　$y = \arcsin\sqrt{1-x^2}$，求 $y'(x)$.

解　$y'(x) = (\arcsin\sqrt{1-x^2})' = \dfrac{1}{\sqrt{1 - (\sqrt{1-x^2})^2}} \cdot (\sqrt{1-x^2})'$

$$= \frac{1}{|x|} \cdot \frac{1}{2}(1-x^2)^{-\frac{1}{2}} \cdot (1-x^2)' = \frac{1}{2 \cdot |x|} \cdot \frac{1}{\sqrt{1-x^2}} \cdot (-2x)$$

$$= -\frac{x}{|x|\sqrt{1-x^2}}.$$

三、基本导数公式和求导法则

我们把基本导数公式和求导法则归纳如下.

1. 基本导数公式

(1) $(C)' = 0$;　　　　　　　　(2) $(x^\alpha)' = \alpha x^{\alpha-1}$　$(\alpha \in \mathbf{R})$;

(3) $(\sin x)' = \cos x$; 　　　　　(4) $(\cos x)' = -\sin x$;

(5) $(\tan x)' = \sec^2 x$; 　　　　(6) $(\cot x)' = -\csc^2 x$;

(7) $(\sec x)' = \sec x \cdot \tan x$; 　　(8) $(\csc x)' = -\csc x \cdot \cot x$;

(9) $(a^x)' = a^x \cdot \ln a$; 　　　(10) $(e^x)' = e^x$;

(11) $(\log_a x)' = \dfrac{1}{x\ln a}$; 　　　(12) $(\ln|x|)' = \dfrac{1}{x}$;

(13) $(\arcsin x)' = \dfrac{1}{\sqrt{1-x^2}}$; 　(14) $(\arccos x)' = -\dfrac{1}{\sqrt{1-x^2}}$;

(15) $(\arctan x)' = \dfrac{1}{1+x^2}$; 　(16) $(\operatorname{arccot} x)' = -\dfrac{1}{1+x^2}$.

公式(12)的证明如下：

因为 $\ln|x| = \begin{cases} \ln x, & x>0, \\ \ln(-x), & x<0, \end{cases}$ 所以,$x>0$ 时,$(\ln|x|)' = (\ln x)' = \dfrac{1}{x}$;

当 $x<0$ 时,$(\ln|x|)' = [\ln(-x)]' = -\dfrac{1}{x} \cdot (-x)' = \dfrac{1}{x}$,因此 $(\ln|x|)' = \dfrac{1}{x}$.

2. 函数和、差、积、商的求导法则

设 $f(x)$ 和 $g(x)$ 都可导,则它们的和、差、积、商都可导(商的情形要求 $g(x) \neq 0$),且

(1) $(f(x) \pm g(x))' = f'(x) \pm g'(x)$;

(2) $(C \cdot f(x))' = C \cdot f'(x)$　(C 为常数);

(3) $(f(x) \cdot g(x))' = f'(x) \cdot g(x) + f(x) \cdot g'(x)$;

(4) $\left(\dfrac{f(x)}{g(x)}\right)' = \dfrac{f'(x) \cdot g(x) - f(x) \cdot g'(x)}{g(x)^2}$　($g(x) \neq 0$).

3. 反函数的求导法则

设 $y = f(x)$ 是 $x = \varphi(y)$ 的反函数,且 $\varphi'(y) \neq 0$,则

$$y'(x) = \frac{1}{\varphi'(y)} \quad \text{或} \quad \frac{\mathrm{d}y}{\mathrm{d}x} = \frac{1}{\dfrac{\mathrm{d}x}{\mathrm{d}y}}.$$

4. 复合函数的求导法则

设 $y = f(u)$,$u = g(x)$ 且 $f(u)$ 及 $g(x)$ 都可导,则复合函数 $f[g(x)]$ 可导,且

$$\frac{\mathrm{d}y}{\mathrm{d}x} = \frac{\mathrm{d}y}{\mathrm{d}u} \cdot \frac{\mathrm{d}u}{\mathrm{d}x} \quad \text{或} \quad y'(x) = f'(u) \cdot g'(x).$$

四、求导举例

例 12 已知 $f(x)$ 为可导函数且 $y = e^{f^2(x)}$,求 y'.

解 $y' = (\mathrm{e}^{f^2(x)})' = \mathrm{e}^{f^2(x)} \cdot (f^2(x))' = \mathrm{e}^{f^2(x)} \cdot 2f(x) \cdot f'(x).$

例 13   设 $y = \ln|\sec x + \tan x|$,求 $\dfrac{\mathrm{d}y}{\mathrm{d}x}$.

解 $\dfrac{\mathrm{d}y}{\mathrm{d}x} = \dfrac{1}{\sec x + \tan x} \cdot (\sec x + \tan x)'$

$\qquad = \dfrac{\sec x \cdot \tan x + \sec^2 x}{\sec x + \tan x} = \sec x.$

例 14   设

$$f(x) = \begin{cases} \dfrac{1}{2}\ln(1+2x), & x > 0, \\[2mm] 0, & x = 0, \\[2mm] \dfrac{\sin^2 x}{x}, & x < 0, \end{cases}$$

求 $f'(x).$

解   当 $x > 0$ 时,$f'(x) = \dfrac{1}{1+2x}$;当 $x < 0$ 时,有

$$f'(x) = \dfrac{2x \cdot \sin x \cdot \cos x - \sin^2 x}{x^2} = \dfrac{x\sin 2x - \sin^2 x}{x^2}.$$

因为分段点 $x = 0$ 两侧 $f(x)$ 的表达式不同,故先分别求左、右导数:

$$f'_-(0) = \lim_{x \to 0^-} \dfrac{\dfrac{\sin^2 x}{x} - 0}{x} = \lim_{x \to 0^-} \dfrac{\sin^2 x}{x^2} = 1,$$

$$f'_+(0) = \lim_{x \to 0^+} \dfrac{\dfrac{1}{2}\ln(1+2x) - 0}{x} = \lim_{x \to 0^+} \ln(1+2x)^{\frac{1}{2x}} = \ln \mathrm{e} = 1.$$

所以 $f(x)$ 在 $x = 0$ 可导且 $f'(0) = 1.$ 因此有

$$f'(x) = \begin{cases} \dfrac{x\sin 2x - \sin^2 x}{x^2}, & x < 0, \\[3mm] \dfrac{1}{1+2x}, & x \geqslant 0. \end{cases}$$

例 15   求幂指函数 $y = u(x)^{v(x)}$ 的导数,其中 $u(x) > 0$ 且 $u(x) \not\equiv 1, u(x)$ 和 $v(x)$ 均可导.

解 $y' = (u(x)^{v(x)})' = (\mathrm{e}^{v(x)\ln u(x)})' = \mathrm{e}^{v(x) \cdot \ln u(x)} \cdot (v(x) \cdot \ln u(x))'$

$\qquad = u(x)^{v(x)} \cdot \left(v'(x) \cdot \ln u(x) + v(x) \cdot \dfrac{u'(x)}{u(x)}\right)$

$$= u(x)^{v(x)} \cdot v'(x) \cdot \ln u(x) + u(x)^{v(x)-1} \cdot u'(x) \cdot v(x).$$

五、高阶导数

在第一节讨论变速直线运动的瞬时速度时,速度函数 $v(t)$ 是路程函数 $s(t)$ 对时间 t 的导数,即 $v(t) = s'(t)$. 而速度在时刻 t 的变化率为

$$\lim_{\Delta t \to 0} \frac{v(t + \Delta t) - v(t)}{\Delta t},$$

亦即质点 M 在时刻 t 的加速度. 因此,加速度是速度函数 $v(t)$ 的导数,是路程函数 $s = s(t)$ 的导函数的导数,这就产生了高阶导数的概念.

定义 若函数 $f(x)$ 的导函数 $f'(x)$ 在点 x_0 可导,则称 $f'(x)$ 在点 x_0 的导数为 $f(x)$ 在点 x_0 的<u>二阶导数</u>,记为 $f''(x_0)$,即

$$f''(x_0) = \lim_{x \to x_0} \frac{f'(x) - f'(x_0)}{x - x_0}.$$

同时称 $f(x)$ 在点 x_0 处为<u>二阶可导</u>.

若 $f(x)$ 在区间 I 上每一点都二阶可导,则得到一个定义在 I 上的二阶导函数,记作 $f''(x), x \in I$ 或 $y''(x)$ 或 $\dfrac{\mathrm{d}^2 y}{\mathrm{d} x^2}$.

一般地,可由 $f(x)$ 的 $n-1$ 阶导函数定义 $f(x)$ 的 n <u>阶导函数</u>,简称 n <u>阶导数</u>,记为 $f^{(n)}(x), y^{(n)}$ 或 $\dfrac{\mathrm{d}^n y}{\mathrm{d} x^n}$:

$$f^{(n)}(x) = (f^{(n-1)}(x))' \quad \text{或} \quad \frac{\mathrm{d}^n y}{\mathrm{d} x^n} = \frac{\mathrm{d}}{\mathrm{d} x}\left(\frac{\mathrm{d}^{n-1} y}{\mathrm{d} x^{n-1}}\right).$$

二阶以及二阶以上的导数统称为高阶导数. 相应地把 $f'(x)$ 称为一阶导数,并且我们约定 $f^{(0)}(x) = f(x)$.

高阶导数具有下列简单性质:

(1) 线性性质

$$(\alpha f(x) + \beta g(x))^{(n)} = \alpha \cdot f^{(n)}(x) + \beta \cdot g^{(n)}(x), \quad \alpha, \beta \in \mathbf{R}.$$

(2) 乘积的高阶导数公式

$$(f(x) \cdot g(x))^{(n)} = \sum_{k=0}^{n} \mathrm{C}_n^k f^{(n-k)}(x) \cdot g^{(k)}(x).$$

不难看出,乘积的高阶导数公式与二项式 $(f(x) + g(x))^n$ 展开式在形式上十分相似,称之为莱布尼兹(Leibniz)公式. 如

$$(f(x) \cdot g(x))''' = f^{(3)}(x) \cdot g(x) + 3f''(x) \cdot g'(x) + 3f'(x) \cdot g''(x) + f(x) \cdot g'''(x).$$

例 16 求幂函数 $y = x^n$(n 为正整数)的各阶导数.

解 由幂函数求导公式,有

$$y' = nx^{n-1},$$

$$y'' = n \cdot (n-1)x^{n-2},$$

$$\cdots$$

$$y^{(n-1)} = (y^{(n-2)})' = n \cdot (n-1)\cdots 2x,$$

$$y^{(n)} = (y^{(n-1)})' = n!,$$

$$y^{(n+1)} = y^{(n+2)} = \cdots = 0.$$

由此可见,正整数幂函数 x^n 的 n 阶导数为 $n!$,高于 n 阶的导数都等于 0.

例 17 $y = \sin x$,求 $y^{(n)}$.

解

$$y' = \cos x = \sin\left(x + \frac{\pi}{2}\right),$$

$$y'' = \cos\left(x + \frac{\pi}{2}\right) = \sin\left(x + 2 \cdot \frac{\pi}{2}\right),$$

$$y''' = \cos\left(x + 2 \cdot \frac{\pi}{2}\right) = \sin\left(x + 3 \cdot \frac{\pi}{2}\right).$$

一般地

$$(\sin x)^{(n)} = \sin\left(x + \frac{n\pi}{2}\right).$$

类似地可得

$$(\cos x)^{(n)} = \cos\left(x + \frac{n\pi}{2}\right).$$

例 18 设 $y = \mathrm{e}^x \cdot \cos x$,求 $y^{(5)}$.

解 由 e^x 及 $\cos x$ 的高阶导数及莱布尼兹公式,有

$$y^{(5)} = \mathrm{e}^x \cdot \cos x + 5\mathrm{e}^x\cos\left(x + \frac{\pi}{2}\right) + 10 \cdot \mathrm{e}^x\cos\left(x + \frac{2\pi}{2}\right)$$

$$+ 10 \cdot \mathrm{e}^x\cos\left(x + \frac{3\pi}{2}\right) + 5\mathrm{e}^x\cos\left(x + \frac{4\pi}{2}\right) + \mathrm{e}^x\cos\left(x + \frac{5\pi}{2}\right)$$

$$= 4\mathrm{e}^x \cdot (\sin x - \cos x).$$

例 19 设 $f(x)$ 存在二阶导数,求函数 $y = f(\ln x)$ 的二阶导数.

解

$$y' = f'(\ln x) \cdot (\ln x)' = \frac{f'(\ln x)}{x},$$

$$y'' = \left(\frac{f'(\ln x)}{x}\right)' = \frac{\frac{1}{x}f''(\ln x) \cdot x - f'(\ln x)}{x^2}$$

$$= \frac{f''(\ln x) - f'(\ln x)}{x^2}.$$

习　题　2-2

（A）

1. 在括号内填入适当的函数.

(1) $(\mathrm{e}^{-\cos x})' = \mathrm{e}^{-\cos x}($ 　　　　$)' = ($ 　　　　$)$.

(2) 若 $f(x) = \ln\dfrac{x+3}{3x}$，则 $f'(x) = ($ 　　　　$)$.

(3) (　　　　$)' = 3\cos^2(2x) \cdot (\cos 2x)' = ($ 　　　　$)$.

(4) 设 $y = \ln(x + \sqrt{1+x^2})$，则 $y'' = ($ 　　　　$)$.

(5) 设 $f(u)$ 可导，则(　　　　$)' = 2f'(\tan x) \cdot (\tan x)'$.

2. 求下列函数的导数.

(1) $y = (x^2 - 2x - 1)^5$；

(2) $y = \mathrm{e}^{-x}\tan 3x$；

(3) $y = \sqrt{1 + \ln^2 x}$；

(4) $y = \sin(2^x)$；

(5) $y = \mathrm{e}^{\tan\frac{1}{x}}$；

(6) $y = \sin^2 x \cdot \sin(x^2)$；

(7) $y = \sqrt{x + \sqrt{x}}$；

(8) $y = \ln(1 + 2^x)$；

(9) $y = x\arcsin\dfrac{x}{2} + \sqrt{4 - x^2}$；

(10) $y = \sin^n x \cdot \cos(nx)$；

(11) $y = (\ln x^2)^3$；

(12) $y = \ln(\mathrm{e}^x + \sqrt{1 + \mathrm{e}^{2x}})$.

3. 求下列函数的高阶导数.

(1) $y = x^2 \cdot \sin x$，求 $f''(x)$；

(2) $f(x) = \mathrm{e}^{-x^2}$，求 $f'''(x)$；

(3) $y = \ln(1 - x^2)$，求 $y''(x)$.

4. 设 $y = \arctan x$，证明它满足方程：

$$(1 + x^2) \cdot y'' + 2xy' = 0.$$

（B）

1. 求下列函数的导数.

(1) $y = \ln(\ln x)$；

(2) $y = \sqrt{x\sqrt{x\sqrt{x}}}$；

(3) $y = \dfrac{\sin x}{x} + \dfrac{x}{\sin x}$；

(4) $y = \sqrt{\tan\dfrac{x}{2}}$；

(5) $y = \dfrac{\sqrt{1+x} - \sqrt{1-x}}{\sqrt{1+x} + \sqrt{1-x}}$；

(6) $y = \sin(\sin(\sin x))$.

2. 求下列函数的高阶导数.

(1) $f(x) = x^3 \cdot e^x$, 求 $f^{(10)}(x)$;

(2) 设 $f(x)$ 有二阶导数, 求 $y = f(x^n)$, $n \in \mathbf{N}^+$ 的二阶导数.

3. 对下列各函数计算 $f'(x)$, $f'(x+1)$, $f'(x-1)$:

(1) $f(x) = x^3$;　　(2) $f(x+1) = x^3$;　　(3) $f(x-1) = x^3$.

4. 质量为 m_0 的物质, 在化学分解中经过时间 t 后, 所剩的质量 m 与时间 t 的关系是 $m = m_0 \cdot e^{-kt}$ ($k > 0$ 是常数), 求出这个函数的变化率.

第三节　隐函数与参变量函数求导法则

一、隐函数求导法则

函数记号 $y = f(x)$ 表示两个变量 y 与 x 之间的某种对应关系, 这种对应关系可以用各种不同方式表达, 如公式法、图像法、语言描述法等. 前面遇到的函数关系, 大多是用自变量 x 的解析式子表达的, 如 $y = \sin^2 x$, $y = \ln x + \sqrt{1 - x^2}$ 等, 这种形式的函数叫做显函数.

一个二元方程 $F(x, y) = 0$ 也可以确定函数关系. 如果对于 x 的每个值, 有唯一确定的 y 的值和它一起满足方程. 这样也确定了 y 与 x 之间的某种函数关系. 这种由方程 $F(x, y) = 0$ 所确定的函数 $y = f(x)$ 称为隐函数. 例如, 方程 $x + \ln^3 y - 1 = 0$ 确定一个隐函数 $y = f(x)$, 并可从方程解出 $y = e^{\sqrt[3]{1-x}}$. 这个方程也可以确定隐函数 $x = \varphi(y)$. 但是一般情况下, 将隐函数化为显函数是很困难的, 甚至是不可能的. 例如, 方程 $xy - e^x + \sin y = 0$ 可以确定隐函数 $y = f(x)$, 也可确定隐函数 $x = \varphi(y)$, 但是都不能用显函数的形式把它们表示出来.

设由 $F(x, y) = 0$ 确定隐函数 $y = f(x)$, 将它代入方程, 得到恒等式 $F(x, f(x)) \equiv 0$, 应用复合函数求导法则对恒等式两端求导数, 即可求得隐函数的导数, 下面举例说明隐函数的求导方法.

例 1　求方程 $xy + 3x^2 - 5y - 7 = 0$ 确定的隐函数 $y = f(x)$ 的导数.

解　方程两端对 x 求导数, 由复合函数求导法则(注意 y 是 x 的函数), 有

$$(xy + 3x^2 - 5y - 7)' = 0,$$

$$(xy)' + 3(x^2)' - 5(y)' - (7)' = 0,$$

$$xy' + y + 6x - 5y' = 0.$$

解得隐函数的导数 $y' = \dfrac{6x + y}{5 - x}$.

例 2　求由方程 $y = xy + \ln xy$ 所确定的隐函数 y 在 $x = 1$ 处的导数 $y'|_{x=1}$.

解　将 y 看成 x 的函数, 方程两端对 x 求导, 得

$$y' = y + xy' + \frac{1}{xy}(y + xy'),$$

即

$$y' = \frac{xy^2 + y}{xy - x^2y - x},$$

将 $x = 1$ 代入方程 $y = xy + \ln xy$，得 $y = 1$，故 $y'\big|_{x=1} = y'\big|_{\substack{x=1 \\ y=1}} = -2.$

例3 求由方程 $xy - e^x + \sin y = 0$ 确定的隐函数 $y = y(x)$ 及 $x = x(y)$ 的导数.

解 将 y 看作 x 的函数,对方程

$$xy - e^x + \sin y = 0$$

两边求导,得

$$y + xy' - e^x + \cos y \cdot y' = 0.$$

从中解出

$$y'(x) = \frac{e^x - y}{x + \cos y}.$$

若将 x 看作 y 的函数,将方程两边同时对 y 求导,得

$$yx' + x - e^x \cdot x' + \cos y = 0,$$

解得

$$x'(y) = -\frac{x + \cos y}{y - e^x}.$$

注意 由方程 $F(x, y) = 0$ 确定的隐函数的导数 $y'(x)$(或 $x'(y)$),一般仍是含有两个变量 x 和 y 的表达式.

例4 证明抛物线 $\sqrt{x} + \sqrt{y} = \sqrt{a}$ $(0 < x < a)$ 上任意点的切线在两个坐标轴上截距的和等于 a.

证 在抛物线上任取一点 (x_0, y_0),则 $\sqrt{x_0} + \sqrt{y_0} = \sqrt{a}$,求抛物线在点 (x_0, y_0) 处的切线斜率 k. 由隐函数求导法有 $\frac{1}{2\sqrt{x}} + \frac{1}{2\sqrt{y}} \cdot y' = 0$,解得 $y' = -\sqrt{\frac{y}{x}}$,从而斜率 $k = -\sqrt{\frac{y_0}{x_0}}$,在点 (x_0, y_0) 的切线方程是

$$y - y_0 = -\sqrt{\frac{y_0}{x_0}} \cdot (x - x_0),$$

它在 x 轴与 y 轴上的截距分别是 $x_0 + \sqrt{x_0 y_0}$ 与 $y_0 + \sqrt{x_0 y_0}$. 于是,截距之和为

$$(y_0 + \sqrt{x_0 y_0}) + (x_0 + \sqrt{x_0 y_0}) = x_0 + 2\sqrt{x_0 y_0} + y_0$$

$$= (\sqrt{x_0} + \sqrt{y_0})^2 = (\sqrt{a})^2 = a.$$

某些显函数,直接求它的导数比较烦琐,而两边取对数将它化为隐函数,应用隐函数求导法则求其导数可能比较简便.这种方法称为对数求导法.

例 5　求函数 $y = \sqrt[3]{\dfrac{x^2}{x-a}}$ 的导数.

分析本例可以直接求导数 y',但计算比较复杂.我们采用下面的对数求导法.

解　等号两端取对数,有

$$\ln|y| = \ln\left|\sqrt[3]{\frac{x^2}{x-a}}\right| = \frac{2}{3}\ln|x| - \frac{1}{3}\ln|x-a|,$$

将方程两边同对 x 求导,有

$$\frac{y'}{y} = \frac{2}{3} \cdot \frac{1}{x} - \frac{1}{3}\frac{1}{x-a} = \frac{x-2a}{3x(x-a)},$$

解出 y' 并代入 y 的表达式,得到

$$y' = \frac{x-2a}{3x(x-a)} \cdot \sqrt[3]{\frac{x^2}{x-a}}.$$

对数求导法用于求用乘、除、幂或方根形式表现的函数的导数,往往比较简便.对于幂指函数 $y = u(x)^{v(x)}$,也可用对数求导法求导.

例 6　求幂指函数 $y = x^{\sin x} (x > 0)$ 的导数.

解　等号两端取对数,有 $\ln y = \sin x \cdot \ln x$,两边同对 x 求导,有

$$\frac{y'}{y} = \cos x \cdot \ln x + \frac{1}{x}\sin x,$$

于是　　$y' = y\left(\cos x \cdot \ln x + \frac{1}{x}\sin x\right) = x^{\sin x}\left(\cos x \cdot \ln x + \frac{\sin x}{x}\right).$

二、参变量函数求导法则

在解析几何中,我们曾经学习过曲线的参数方程:

$$\begin{cases} x = \varphi(t), \\ y = \psi(t), \end{cases} \alpha \leqslant t \leqslant \beta. \tag{1}$$

事实上,方程(1)通过参变量 t 将变量 x 与 y 连系起来,反映出 x 与 y 之间的某种函数关系.我们将由参数方程(1)所表示的函数 $y = y(x)$(或 $x = x(y)$)称为参变量函数.

若 $x = \varphi(t)$ 与 $y = \psi(t)$ 都可导,且 $\varphi'(t) \neq 0$,又 $x = \varphi(t)$ 存在反函数

$t = \varphi^{-1}(x)$，则 y 是 x 的复合函数，即 $y = \psi(t) = \psi[\varphi^{-1}(x)]$，由复合函数与反函数求导法则，有

$$\frac{\mathrm{d}y}{\mathrm{d}x} = \frac{\mathrm{d}y}{\mathrm{d}t} \cdot \frac{\mathrm{d}t}{\mathrm{d}x} = \psi'(t) \cdot [\varphi^{-1}(x)]' = \psi'(t) \cdot \frac{1}{\varphi'(t)} = \frac{\psi'(t)}{\varphi'(t)}.$$

于是得到参变量函数(1)的求导法则：

$$\frac{\mathrm{d}y}{\mathrm{d}x} = \frac{\psi'(t)}{\varphi'(t)}. \tag{2}$$

例7 设函数 $y = y(x)$ 由参数方程

$$\begin{cases} x = a\cos^3\varphi, \\ y = b\sin^3\varphi \end{cases}$$

所确定，求 $\dfrac{\mathrm{d}y}{\mathrm{d}x}$.

解 $\dfrac{\mathrm{d}y}{\mathrm{d}x} = \dfrac{y'(\varphi)}{x'(\varphi)} = \dfrac{3b\sin^2\varphi \cdot \cos\varphi}{3a\cos^2\varphi \cdot (-\sin\varphi)} = -\dfrac{b}{a}\tan\varphi.$

例8 求椭圆 $\dfrac{x^2}{a^2} + \dfrac{y^2}{b^2} = 1$ 上一点 $\left(\dfrac{a}{\sqrt{2}}, \dfrac{b}{\sqrt{2}}\right)$ 的切线斜率.

解 I 点 $\left(\dfrac{a}{\sqrt{2}}, \dfrac{b}{\sqrt{2}}\right)$ 在上半椭圆上，从椭圆方程中解出上半椭圆方程为

$y = \dfrac{b}{a} \cdot \sqrt{a^2 - x^2}$，其导数 $y' = \dfrac{-bx}{a\sqrt{a^2 - x^2}}$，则

$$k = y'\Big|_{x = \frac{a}{\sqrt{2}}} = -\frac{b}{a}.$$

解 II 由隐函数求导法则，有

$$\frac{2x}{a^2} + \frac{2y}{b^2} \cdot y' = 0 \quad \text{或} \quad y' = -\frac{b^2 x}{a^2 y},$$

则

$$k = y'\Big|_{\substack{x = \frac{a}{\sqrt{2}} \\ y = \frac{b}{\sqrt{2}}}} = -\frac{b}{a}.$$

解 III 将椭圆化为参数方程：

$$\begin{cases} x = a\cos t, \\ y = b\sin t, \end{cases} \quad 0 \leqslant t \leqslant 2\pi,$$

点 $\left(\dfrac{a}{\sqrt{2}}, \dfrac{b}{\sqrt{2}}\right)$ 对应的参数 $t = \dfrac{\pi}{4}$，由参数方程求导法则，有

$$y' = \frac{(b\sin t)'}{(a\cos t)'} = \frac{b\cos t}{-a\sin t} = -\frac{b}{a}\cot t.$$

则
$$k = y'\Big|_{t=\frac{\pi}{4}} = -\frac{b}{a}.$$

如果 $x = \varphi(t)$，$y = \psi(t)$ 二阶可导，由 $\dfrac{\mathrm{d}y}{\mathrm{d}x} = \dfrac{\psi'(t)}{\varphi'(t)}$ 又可以得到参变量函数的

二阶导数公式：
$$\frac{\mathrm{d}^2 y}{\mathrm{d}x^2} = \frac{\mathrm{d}}{\mathrm{d}x}\left(\frac{\mathrm{d}y}{\mathrm{d}x}\right) = \frac{\mathrm{d}}{\mathrm{d}t}\left(\frac{\psi'(t)}{\varphi'(t)}\right) \cdot \frac{\mathrm{d}t}{\mathrm{d}x} = \frac{\psi''(t)\varphi'(t) - \psi'(t)\varphi''(t)}{(\varphi'(t))^2} \cdot \frac{1}{\varphi'(t)},$$

即
$$\frac{\mathrm{d}^2 y}{\mathrm{d}x^2} = \frac{\psi''(t)\varphi'(t) - \psi'(t)\varphi''(t)}{(\varphi'(t))^3}.$$

例 9　计算由参数方程
$$\begin{cases} x = a(t - \sin t), \\ y = a(1 - \cos t) \end{cases}$$

所确定的函数 $y = f(x)$ 的二阶导数 $f''(x)$.

解
$$\frac{\mathrm{d}y}{\mathrm{d}x} = \frac{y'(t)}{x'(t)} = \frac{\sin t}{1 - \cos t} = \cot \frac{t}{2},$$

$$y''(x) = \frac{\mathrm{d}\left(\cot \dfrac{t}{2}\right)}{\mathrm{d}x} = \frac{\left[\cot \dfrac{t}{2}\right]'_t}{\dfrac{\mathrm{d}x}{\mathrm{d}t}} = \frac{-\dfrac{1}{2}\csc^2\left(\dfrac{t}{2}\right)}{a(1 - \cos t)} = -\frac{1}{a(1 - \cos t)^2}.$$

习　题　2-3

（A）

1. 求下列方程确定的隐函数的导数.

(1) $y^3 - 3y + 2ax = 0$；

(2) $2^x + 2y = 2^{x+y}$；

(3) $x + 2\sqrt{x - y} + 4y = 2$；

(4) $\sin(xy) = x$.

2. 应用对数求导法，求下列函数的导数.

(1) $y = x\sqrt{\dfrac{1-x}{1+x}}$；

(2) $y = (\sin x)^{\cos x}$，$x \in \left(0, \dfrac{\pi}{2}\right)$.

3. 求下列曲线在指定点的斜率 k.

(1) $x^3 - axy + 2ay^2 = 2a^3$ 在 (a, a) 处；

(2) 曲线 $y = x^{x^2}$ 在 $(1, 1)$ 处.

4. 求下列参变量函数的导数.

(1) $\begin{cases} x = \dfrac{1}{t+1}, \\ y = \left(\dfrac{t}{t+1}\right)^2, \end{cases}$ 求 $y'(x)$；

(2) $\begin{cases} x = 3e^{-t}, \\ y = 2e^t, \end{cases}$ 求 $y''(x)$.

1. 应用对数求导法,求下列函数的导数.

(1) $y = (1 + \cos x)^{1/x}$；　　　　　　　(2) $y = x^{x^x}$；

(3) $y = (x - a_1)^{\alpha_1}(x - a_2)^{\alpha_2} \cdots (x - a_n)^{\alpha_n}$　($a_1, a_2, \cdots, a_n, \alpha_1, \cdots, \alpha_n$ 都是常数).

2. 求下列参变量函数的导数.

(1) $\begin{cases} x = t - \arctan t, \\ y = \ln(1 + t^2), \end{cases}$ 求 $y'|_{t=1}$；　　(2) $\begin{cases} x = \mathrm{e}^t \cos t, \\ y = \mathrm{e}^t \sin t, \end{cases}$ 求 $y''(x)$；

(3) $\begin{cases} x = f'(t), \\ y = t f'(t) - f(t), \end{cases}$ 设 $f''(x)$ 存在且不为 0, 求 $y''(x)$.

第四节　　微　　分

一、微分的概念

先看一个具体问题. 设一边长为 x 的正方形, 它的面积 $S = x^2$ 是 x 的函数, 若边长增加 Δx, 相应地正方形面积的增量为

$$\Delta S = (x_0 + \Delta x)^2 - x_0^2 = 2x_0 \cdot \Delta x + (\Delta x)^2.$$

ΔS 由两部分组成:第一部分 $2x_0 \cdot \Delta x$(即图 2-4 中阴影部分);第二部分 $(\Delta x)^2$ 是关于 Δx 的高阶无穷小. 由此可见, 当给边长一个微小增量 Δx 时, 正方形面积增量 ΔS 可以近似地用 Δx 的线性部分 $2x_0 \cdot \Delta x$ 来代替, 其误差仅是一个关于 Δx 的高阶无穷小(即以 Δx 为边长的小正方形面积). 由此引导出函数微分的概念.

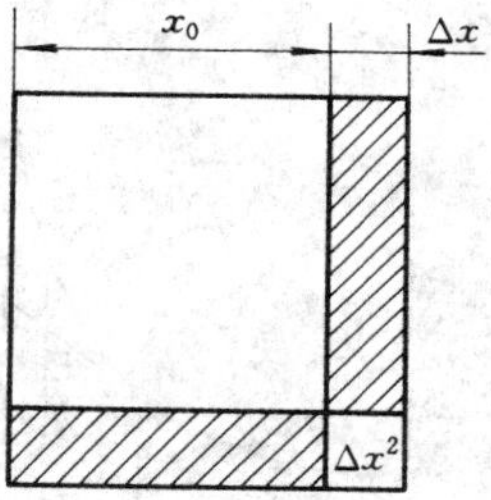

定义　设函数 $y = f(x)$ 定义在点 x_0 的某个邻域 $U(x_0, \delta)$ 内有定义, 给 x_0 以增量 $\Delta x(x_0 + \Delta x \in U(x_0, \delta))$, 相应地得到函数的增量 $\Delta y = f(x_0 + \Delta x) - f(x_0)$. 如果存在不依赖于 Δx 的常数 A, 使 Δy 能表示成

图 2-4

$$\Delta y = A \cdot \Delta x + o(\Delta x), \tag{1}$$

就称 $y = f(x)$ 在点 x_0 可微, 并称 $A \cdot \Delta x$ 为函数 $y = f(x)$ 在点 x_0 的微分, 记为 $\mathrm{d}y|_{x=x_0}$ 或 $\mathrm{d}f(x)|_{x=x_0}$ 或 $\mathrm{d}f(x_0)$.

由于函数的微分 $\mathrm{d}y$ 和函数的增量 Δy 仅相差一个关于 Δx 的高阶无穷小, 而且 $\mathrm{d}y$ 是 Δx 的线性函数, 所以微分 $\mathrm{d}y$ 是函数增量 Δy 的线性主部.

上面例子中正方形面积 S 的微分为 $\mathrm{d}S = 2x \cdot \Delta x$, 这里, 常数 $A = 2x = (x^2)' = S'(x)$, 即面积函数 $S(x)$ 在点 x 处的导数. 下面证明这个结论对一般可微函数也是正确的.

定理　函数 $f(x)$ 在点 x_0 可微的充分必要条件是函数 $f(x)$ 在点 x_0 可导，而且式(1)中的 A 等于 $f'(x_0)$，即有微分公式

$$\mathrm{d}y \bigg|_{x=x_0} = f'(x_0) \cdot \Delta x. \tag{2}$$

证　必要性　设函数 $y = f(x)$ 在 x_0 处可微，则由定义可知，$\Delta y = A \cdot \Delta x + o(\Delta x)$，两边除以 Δx，有

$$\frac{\Delta y}{\Delta x} = A + \frac{o(\Delta x)}{\Delta x}.$$

两边令 $\Delta x \to 0$，得

$$\lim_{\Delta x \to 0} \frac{\Delta y}{\Delta x} = \lim_{\Delta x \to 0} A + \lim_{\Delta x \to 0} \frac{o(\Delta x)}{\Delta x} = A.$$

故 $y = f(x)$ 在点 x_0 可导，且 $\mathrm{d}y = f'(x_0) \cdot \Delta x$.

充分性　设 $y = f(x)$ 在点 x_0 可导，则 $\lim\limits_{\Delta x \to 0} \dfrac{\Delta y}{\Delta x} = f'(x_0)$，从而有

$$\frac{\Delta y}{\Delta x} = f'(x_0) + \alpha.$$

其中，当 $\Delta x \to 0$ 时，$\alpha \to 0$，所以，$\alpha \cdot \Delta x = o(\Delta x)$，于是

$$\Delta y = f'(x_0) \cdot \Delta x + \alpha \cdot \Delta x.$$

故函数 $y = f(x)$ 在点 x_0 处可微，且 $f'(x_0) \cdot \Delta x$ 就是它的微分.

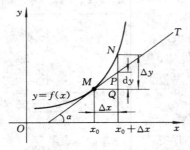

图 2-5

微分的几何解释如图 2-5 所示. 当自变量 x 由 x_0 增加到 $x_0 + \Delta x$ 时，函数增量 $\Delta y = f(x_0 + \Delta x) - f(x_0) = QN$（即曲线纵坐标增量），而微分则是在点 M 处的切线纵坐标的增量：

$$\mathrm{d}y = f'(x_0) \cdot \Delta x = QP,$$

并且

$$\lim_{x \to x_0} \frac{\Delta y - \mathrm{d}y}{\Delta x} = \lim_{x \to x_0} \frac{PN}{MQ} = 0,$$

所以，用 $\mathrm{d}y$ 代替 Δy，就相当于在计算函数增量时用切线纵坐标的增量近似代替曲线纵坐标的增量.

若函数 $y = f(x)$ 在区间 I 上每一点都可微，则称 $f(x)$ 为 I 上的可微函数. 于是，函数 $y = f(x)$ 在 I 上任一点 x 处的微分为

$$\mathrm{d}y = f'(x) \cdot \Delta x,$$

它不仅依赖于 Δx，而且也依赖于 x.

当 $y = x$ 时，$\mathrm{d}y = \mathrm{d}x = \Delta x$，这表明自变量的微分 $\mathrm{d}x$ 就是自变量的增量，于是，式(2)可记为

$$\mathrm{d}y = f'(x)\mathrm{d}x. \tag{3}$$

即函数的微分等于函数的导数与自变量微分的积. 比如

$$\mathrm{d}(x^a) = ax^{a-1}\mathrm{d}x, \quad \mathrm{d}\sin x = \cos x\mathrm{d}x, \quad \mathrm{d}\ln x = \frac{1}{x}\mathrm{d}x.$$

由式(3)得到
$$f'(x) = \frac{\mathrm{d}y}{\mathrm{d}x},$$

即函数的导数等于函数微分与自变量微分的商. 因此,导数也称为微商. 在这之前,我们总把 $\dfrac{\mathrm{d}y}{\mathrm{d}x}$ 作为一个运算记号的整体来看待,有了微分概念之后,也可以把它看作一个商式了.

二、微分公式与运算法则

由导数与微分的关系,立即得出下面的微分公式与运算法则.

1. 微分公式

(1) $\mathrm{d}(C) = 0(C$ 为常数$)$;

(2) $\mathrm{d}(x^n) = nx^{n-1}\mathrm{d}x$;

(3) $\mathrm{d}\sin x = \cos x\mathrm{d}x$;

(4) $\mathrm{d}\cos x = -\sin x\mathrm{d}x$;

(5) $\mathrm{d}\tan x = \sec^2 x\mathrm{d}x$;

(6) $\mathrm{d}\cot x = -\csc^2 x\mathrm{d}x$;

(7) $\mathrm{d}\sec x = \sec x \cdot \tan x\mathrm{d}x$;

(8) $\mathrm{d}\csc x = -\csc x \cdot \cot x\mathrm{d}x$;

(9) $\mathrm{d}a^x = a^x\ln a\mathrm{d}x$;

(10) $\mathrm{d}e^x = e^x\mathrm{d}x$;

(11) $\mathrm{d}\log_a x = \dfrac{1}{x\ln a}\mathrm{d}x$;

(12) $\mathrm{d}\ln x = \dfrac{1}{x}\mathrm{d}x$;

(13) $\mathrm{d}\arcsin x = \dfrac{1}{\sqrt{1-x^2}}\mathrm{d}x$;

(14) $\mathrm{d}\arccos x = -\dfrac{1}{\sqrt{1-x^2}}\mathrm{d}x$;

(15) $\mathrm{d}\arctan x = \dfrac{1}{1+x^2}\mathrm{d}x$;

(16) $\mathrm{d}\operatorname{arccot} x = -\dfrac{1}{1+x^2}\mathrm{d}x$.

2. 微分运算法则

(1) $\mathrm{d}(u(x) \pm v(x)) = \mathrm{d}u(x) \pm \mathrm{d}v(x)$;

(2) $\mathrm{d}(u(x) \cdot v(x)) = v(x) \cdot \mathrm{d}u(x) + u(x) \cdot \mathrm{d}v(x)$;

(3) $\mathrm{d}\left(\dfrac{u(x)}{v(x)}\right) = \dfrac{v(x) \cdot \mathrm{d}u(x) - u(x) \cdot \mathrm{d}v(x)}{v^2(x)} \quad (v(x) \neq 0)$;

(4) $\mathrm{d}(f[g(x)]) = f'(u) \cdot g'(x)\mathrm{d}x$,其中 $y = f(u)$,$u = g(x)$.

在复合函数的微分运算法则中,由于 $\mathrm{d}u = g'(x)\mathrm{d}x$,所以也可写为
$$\mathrm{d}y = f'(u)\mathrm{d}u,$$

这说明,无论 u 是自变量还是中间变量,微分的形式 $\mathrm{d}y = f'(u)\mathrm{d}u$ 均保持不变,这一性质称为一阶微分形式的不变性.

例 1　求 $y = x^2\ln x + \cos x^2$ 的微分.

解
$$\mathrm{d}y = \mathrm{d}(x^2\ln x + \cos x^2) = \mathrm{d}(x^2\ln x) + \mathrm{d}(\cos x^2)$$
$$= \ln x\mathrm{d}x^2 + x^2\mathrm{d}\ln x + \mathrm{d}\cos x^2$$
$$= x(2\ln x + 1 - 2\sin x^2)\mathrm{d}x.$$

例 2　求 $y = \mathrm{e}^{\sin(ax+b)}$ 的微分.

解　由一阶微分形式的不变性,可得
$$\mathrm{d}y = \mathrm{e}^{\sin(ax+b)}\mathrm{d}(\sin(ax+b)) = \mathrm{e}^{\sin(ax+b)} \cdot \cos(ax+b) \cdot \mathrm{d}(ax+b)$$
$$= a\mathrm{e}^{\sin(ax+b)} \cdot \cos(ax+b)\mathrm{d}x.$$

例 3　设 $y = \mathrm{e}^{1-3x} \cdot \cos x$,求 $\mathrm{d}y$.

解 Ⅰ
$$\mathrm{d}y = \mathrm{d}(\mathrm{e}^{1-3x} \cdot \cos x) = \cos x\mathrm{d}\mathrm{e}^{1-3x} + \mathrm{e}^{1-3x}\mathrm{d}\cos x$$
$$= \cos x \cdot \mathrm{e}^{1-3x}\mathrm{d}(1-3x) + \mathrm{e}^{1-3x} \cdot (-\sin x)\mathrm{d}x$$
$$= \cos x \cdot \mathrm{e}^{1-3x} \cdot (-3) \cdot \mathrm{d}x - \mathrm{e}^{1-3x} \cdot \sin x\mathrm{d}x$$
$$= -\mathrm{e}^{1-3x} \cdot (3\cos x + \sin x)\mathrm{d}x.$$

解 Ⅱ　利用 $\mathrm{d}y = y'\mathrm{d}x$,先求 y'.
$$y' = (\mathrm{e}^{1-3x} \cdot \cos x)' = -3\mathrm{e}^{1-3x} \cdot \cos x - \mathrm{e}^{1-3x} \cdot \sin x$$
$$= -\mathrm{e}^{1-3x} \cdot (3\cos x + \sin x).$$

故
$$\mathrm{d}y = -\mathrm{e}^{1-3x} \cdot (3\cos x + \sin x)\mathrm{d}x.$$

例 4　求由方程 $\mathrm{e}^y = xy$ 所确定的隐函数的微分.

解　类似于隐函数的求导方法,在方程两边微分,注意 y 是 x 的函数. 原方程可变为 $\mathrm{e}^y - xy = 0$,因此
$$\mathrm{d}(\mathrm{e}^y - xy) = \mathrm{d}\mathrm{e}^y - \mathrm{d}(xy) = \mathrm{e}^y\mathrm{d}y - x\mathrm{d}y - y\mathrm{d}x$$
$$= (\mathrm{e}^y - x)\mathrm{d}y - y\mathrm{d}x = 0,$$

故
$$\mathrm{d}y = \frac{y}{\mathrm{e}^y - x} \cdot \mathrm{d}x.$$

三、微分的应用

计算函数 $y = f(x)$ 的增量 $\Delta y = f(x + \Delta x) - f(x)$ 往往十分困难,那怕 $f(x)$ 是一个十分简单的函数(例如是基本初等函数中的超越函数). 但是用微分 $\mathrm{d}y$ 代替 Δy,不仅计算非常简便,而且精确程度很高(误差是比 Δx 高阶的无穷小),因此,微分在近似计算中有着广泛的应用.

1. 函数的近似计算

由函数增量与微分的关系:

$$\Delta y = f'(x_0) \cdot \Delta x + o(\Delta x) = \mathrm{d}y + o(\Delta x),$$

当 Δx 很小时,有 $\Delta y \approx \mathrm{d}y$,由此即得近似计算公式:

$$f(x_0 + \Delta x) \approx f(x_0) + f'(x_0) \cdot \Delta x \tag{4}$$

或

$$f(x) \approx f(x_0) + f'(x_0) \cdot (x - x_0). \tag{5}$$

由于曲线 $y = f(x)$ 在点 $(x_0, f(x_0))$ 的切线方程是

$$y = f(x_0) + f'(x_0) \cdot (x - x_0). \tag{6}$$

公式(4)的几何意义就是,当 x 充分接近 x_0 时,可用切线近似替代曲线("以直代曲"),常用这种线性近似的思想简化问题的讨论.

设 $f(x)$ 分别是 $\sin x, \tan x, \ln(1+x), e^x, \sqrt[n]{1+x}$,令 $x_0 = 0$,则这些函数在原点附近的近似计算公式分别为

$$\sin x \approx x; \qquad \tan x \approx x; \quad (x \text{ 是弧度数})$$

$$\ln(1+x) \approx x; \qquad e^x \approx 1 + x; \qquad \sqrt[n]{1+x} \approx 1 + \frac{x}{n}.$$

一般地,为求得 $f(x)$ 的近似值,可在 x 附近找一个特殊点 x_0,使 $f(x_0)$ 和 $f'(x_0)$ 易于计算,即可由式(4)求得 $f(x)$ 的近似值.

例 5 求 $\sin 33°$ 的近似值.

解 由于 $\sin 33° = \sin\left(\dfrac{\pi}{6} + \dfrac{\pi}{60}\right)$,因此取 $f(x) = \sin x, x_0 = \dfrac{\pi}{6}, \Delta x = \dfrac{\pi}{60}$,

由式(4)可得 $\sin 33° \approx \sin\dfrac{\pi}{6} + \cos\dfrac{\pi}{6} \cdot \dfrac{\pi}{60} = \dfrac{1}{2} + \dfrac{\sqrt{3}}{2} \cdot \dfrac{\pi}{60} \approx 0.545.$

(它与 $\sin 33°$ 的值 $0.544639\cdots$ 非常接近):

例 6 求 $\sqrt[3]{131}$ 与 $\sqrt[5]{34}$ 的近似值.

解 对 $f(x) = \sqrt[n]{1+x}$ 应用公式(4),则当 $x_0 = 0, |x|$ 很小时,有 $\sqrt[n]{1+x} \approx 1 + \dfrac{x}{n}$,从而

$$\sqrt[3]{131} = \sqrt[3]{5^3 + 6} = \sqrt[3]{5^3\left(1 + \frac{6}{5^3}\right)} = 5 \times \left(1 + \frac{6}{5^3}\right)^{\frac{1}{3}} \approx 5 \times \left(1 + \frac{1}{3} \times \frac{6}{5^3}\right) = 5.08,$$

$$\sqrt[5]{34} = \sqrt[5]{2^5 + 2} = \sqrt[5]{2^5\left(1 + \frac{1}{2^4}\right)} = 2 \times \left(1 + \frac{1}{2^4}\right)^{\frac{1}{5}} \approx 2 \times \left(1 + \frac{1}{5} \times \frac{1}{16}\right) = 2.025.$$

例 7 有一批半径为 1cm 的球,为了提高球面的光洁度,要镀上一层铜,厚度定为 0.01cm. 估计每只球需用铜多少克($1cm^3$ 铜的质量为 8.9g)?

解 先求出镀层的体积,再乘以 $8.9g/cm^3$ 就得到每只球需用铜的质量.

因为镀层的体积等于两个球体体积之差,所以它就是球体体积 $V = \dfrac{4}{3}\pi R^3$.

当 R 取得增量 ΔR 时的体积增量 ΔV. 求 V 对 R 的导数:

$$V'\Big|_{R=R_0} = \left(\frac{4}{3}\pi R^3\right)'\Big|_{R=R_0} = 4\pi R_0^2,$$

从而

$$\Delta V \approx 4\pi R_0^2 \cdot \Delta R,$$

将 $R_0 = 1, \Delta R = 0.01$ 代入上式,有

$$\Delta V \approx 4 \times 3.14 \times 1 \times 0.01 = 0.13 (cm^3).$$

于是,镀每只球需用的铜为

$$0.13 \times 8.9 \approx 1.16 (g).$$

2. 误差估计

设量 x 是由测量得到,量 y 由函数 $y = f(x)$ 经过计算得到. 在测量时,由于存在测量误差,实际测得的只是 x 的某一近似值 x_0,因此,由 x_0 算得的 $y_0 = f(x_0)$ 也只是 $y = f(x)$ 的一个近似值. 记 $\Delta y = f(x) - f(x_0)$,称 $|\Delta y|$ 为绝对误差,称 $\left|\dfrac{\Delta y}{y_0}\right|$ 为相对误差. 若已知测量值 x_0 的绝对误差限为 δ_x(它与测量工具的精度有关),即

$$|\Delta x| = |x - x_0| \leqslant \delta_x,$$

则 y 所产生的误差为

$$|\Delta y| = |f(x) - f(x_0)| \approx |f'(x_0) \cdot \Delta x| \leqslant |f'(x_0)| \cdot \delta_x.$$

而相对误差为

$$\left|\frac{\Delta y}{y_0}\right| \leqslant \left|\frac{f'(x_0)}{f(x_0)}\right| \cdot \delta_x.$$

例 8 设测得的球罐的直径 D 为 10.1m,已知测量的绝对误差不超过 0.5cm,利用公式 $V = \dfrac{\pi}{6}D^3$ 计算球罐的体积,试估计求得的体积的绝对误差和相对误差.

解 $V = \dfrac{\pi}{6}D^3 = \dfrac{\pi}{6} \times (10.1)^3 \approx 539.46 (m^3),$

绝对误差为

$$|\Delta V| \approx |\,\mathrm{d}V\,| = \frac{\pi}{2}D^2 \cdot \delta_D \leqslant \frac{\pi}{2} \times (10.1)^2 \times 0.005 \approx 0.8012(\mathrm{m}^3),$$

相对误差为
$$\frac{|\Delta V|}{V} = \frac{\frac{\pi}{2}D^2 \cdot \delta_D}{\frac{\pi}{6}D^3} \leqslant \frac{3\delta_D}{D} \approx 0.15\%.$$

故球罐的体积约为 $539.46\mathrm{m}^3$,其绝对误差不超过 $0.8012\mathrm{m}^3$,相对误差不超过 0.15%.

习　题　2-4

（A）

1. 若 $x = 1$ 而 $\Delta x = 0.1, 0.01$,问对于 $y = x^2$, $\mathrm{d}y$ 分别是多少?

2. 在下列各等式的括号内填上适当的函数.

(1) $\mathrm{d}(\quad) = \sqrt{x}\mathrm{d}x$;　　　　　　(2) $\mathrm{d}(\quad) = \mathrm{e}^{-2x}\mathrm{d}x$;

(3) $\mathrm{d}(\quad) = \dfrac{\mathrm{d}x}{2x^2}$;　　　　　　(4) $\mathrm{d}(\quad) = \cos 2x\mathrm{d}x$.

3. 求下列函数的微分.

(1) $y = \dfrac{1}{x^2} + \ln x$;　　　　　　(2) $y = x^2 \cdot \cos^2 x$;

(3) $y = \arcsin\sqrt{1 - x^2}$;　　　　　(4) $y = \mathrm{e}^{-x} \cdot \cos(3 - x)$.

4. 计算下列函数的近似值.

(1) $\tan 31°$;　　　　　　　　　(2) $\sqrt[5]{270}$;

(3) $\mathrm{e}^{1.01}$;　　　　　　　　　(4) $\sqrt[3]{1.02}$.

5. 有一个内径为 $1\mathrm{cm}$ 的空心球,球壳厚度为 $0.01\mathrm{cm}$,试求球壳体积的近似值.

（B）

1. 求下列函数的微分.

(1) $y^2 + \ln y = x^4$;　　(2) $\mathrm{e}^{x+y} - xy = 0$.

2. 当 $|x|$ 很小时,证明下列近似公式:

(1) $\dfrac{1}{1+x} \approx 1 - x$;　　(2) $\sqrt[n]{a^n + x} \approx a + \dfrac{x}{na^{n-1}}$　($a > 0$, n 为自然数).

3. 设测得一球体的直径为 $42\mathrm{cm}$,测量工具的精度为 $0.05\mathrm{cm}$,试估计以此直径计算球体体积时所引起的误差.

第二章总练习题

1. 设曲线 $f(x) = x^n$ 在点 $(1, 1)$ 处的切线与 x 轴的交点为 $(\xi_n, 0)$,则 $\lim\limits_{n \to \infty} f(\xi_n) =$ _____.

2. 设 $f'(x_0) = 2$,则 $\lim\limits_{n \to 0} \dfrac{f(x_0 - 2h) - f(x_0 + 3h)}{h} =$ _____.

3. 设周期函数 $f(x)$ 在 $(-\infty, +\infty)$ 内可导,周期为 4,又 $\lim\limits_{x \to 0} \dfrac{f(1) - f(1-x)}{2x} = -1$,则曲线 $y = f(x)$ 在点 $(5, f(5))$ 处的切线的斜率为(   ).

  (A) $\dfrac{1}{2}$;   (B) 0;   (C) -1;   (D) -2;

4. 设在 x_0 处 $f(x)$ 可导,$g(x)$ 不可导,则在 x_0 处(   ).

(A) $f(x) + g(x)$ 必不可导,而 $f(x) \cdot g(x)$ 未必不可导;

(B) $f(x) + g(x)$ 与 $f(x) \cdot g(x)$ 都可导;

(C) $f(x) + g(x)$ 未必不可导,而 $f(x) \cdot g(x)$ 必不可导;

(D) $f(x) + g(x)$ 与 $f(x) \cdot g(x)$ 都不可导.

5. 若 $y = x^n + n^x + n^n (n \in \mathbf{N}^+)$,求 $\dfrac{\mathrm{d}y}{\mathrm{d}x}$.

6. 设 $y = \cos^2 x \cdot \ln x$,求 $\dfrac{\mathrm{d}^2 y}{\mathrm{d}x^2}$.

7. 设 $y = y(x)$ 由方程 $\ln \sqrt{x^2 + y^2} = \arctan \dfrac{y}{x}$ 所确定 $(x \neq 0, y \neq 0)$,求 $\mathrm{d}y$.

8. 设 $y = f(x + y)$,其中,f 具有二阶导数,且其一阶导数不为 1,求 $\dfrac{\mathrm{d}^2 y}{\mathrm{d}x^2}$.

9. 讨论函数

$$f(x) = \begin{cases} \dfrac{\sqrt{1+x} - 1}{\sqrt{x}}, & x > 0, \\ 0, & x \leqslant 0 \end{cases}$$

在点 $x = 0$ 处的连续性与可导性.

10. 设

$$f(x) = \begin{cases} x^\alpha \sin \dfrac{1}{x}, & x > 0, \\ \mathrm{e}^x + \beta, & x \leqslant 0, \end{cases}$$

试根据 α 和 β 的不同情况,讨论 $f(x)$ 在 $x = 0$ 处的连续性,并指出何时 $f(x)$ 在 $x = 0$ 处可导.

第三章　微分中值定理和导数的应用

本章首先建立微分中值定理,它们是微分学的基本定理,然后在微分中值定理的基础上研究求不定式极限的洛必达法则,讨论函数的单调性、极值以及函数图像的一些特征.

第一节　微分中值定理

本节将介绍罗尔定理、拉格朗日定理与柯西定理这三大微分中值定理.

一、罗尔(Rolle)定理

定理 1(罗尔定理)　若函数 $f(x)$ 满足如下条件:

(1) $f(x)$ 在闭区间 $[a,b]$ 上连续;

(2) $f(x)$ 在开区间 (a,b) 内可导;

(3) $f(a) = f(b)$.

则在 (a,b) 内至少存在一点 ξ,使得 $f'(\xi) = 0$.

罗尔定理的几何意义是:在每一点都有切线的一段连续曲线上,如果曲线的两端点高度相等,则至少存在一条水平切线(图 3-1).

证　由于 $f(x)$ 在闭区间 $[a,b]$ 上连续,所以能取得最大值 M 和最小值 m.

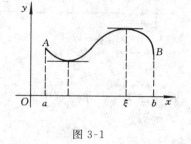

图 3-1

(1) 如果 $M = m$,则 $f(x)$ 在 $[a,b]$ 上为常数,所以,在 (a,b) 内任意一点 ξ,都有 $f'(\xi) = 0$.

(2) 如果 $M > m$,因为 $f(a) = f(b)$,所以,M 和 m 这两个数中至少有一个不等于 $f(a)$.不妨设 $M \neq f(a)$(如果设 $m \neq f(a)$,证法完全类似),那么,必定在 (a,b) 内某点 ξ 取得最大值,下面证明 $f'(\xi) = 0$.

因为 $\xi \in (a,b)$,根据假设,导数

$$f'(\xi) = \lim_{\Delta x \to 0} \frac{f(\xi + \Delta x) - f(\xi)}{\Delta x}$$

存在,从而在点 ξ 的左、右极限都存在且相等,因此

$$f'(\xi) = \lim_{\Delta x \to 0^+} \frac{f(\xi + \Delta x) - f(\xi)}{\Delta x} = \lim_{\Delta x \to 0^-} \frac{f(\xi + \Delta x) - f(\xi)}{\Delta x}.$$

由于 $f(\xi) = M$ 是 $f(x)$ 在 $[a,b]$ 上的最大值,因此,不论 Δx 是正的还是负的,只要 $\xi + \Delta x \in [a,b]$,总有 $f(\xi + \Delta x) \leqslant f(\xi)$,即 $f(\xi + \Delta x) - f(\xi) \leqslant 0$.

当 $\Delta x > 0$ 时,$\dfrac{f(\xi + \Delta x) - f(\xi)}{\Delta x} \leqslant 0$,根据极限的保号性,有

$$f'(\xi) = \lim_{\Delta x \to 0^+} \frac{f(\xi + \Delta x) - f(\xi)}{\Delta x} \leqslant 0.$$

同理,当 $\Delta x < 0$ 时,有

$$f'(\xi) = \lim_{\Delta x \to 0^-} \frac{f(\xi + \Delta x) - f(\xi)}{\Delta x} \geqslant 0,$$

从而必有 $f'(\xi) = 0$.

导数等于零的点称为函数的稳定点或驻点.

注 1 罗尔定理中三个条件缺少任何一个,结论将不一定成立,如图 3-2 所示.

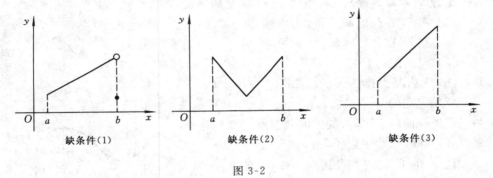

缺条件(1)   缺条件(2)   缺条件(3)

图 3-2

注 2 罗尔定理中的三个条件是使结论成立的充分条件,但不是必要条件,如函数

$$y = \begin{cases} x^2, & -1 \leqslant x \leqslant 1, \\ 2x, & 1 < x \leqslant 2 \end{cases}$$

在闭区间 $[-1,2]$ 上有定义,在 $x = 1$ 处不连续,从而也不可导,又,$f(-1) \neq f(2)$,即罗尔定理的三个条件都不满足,但存在 $0 \in (-1,2)$,使 $f'(0) = 0$.

作为罗尔定理的应用,请看下面的例子.

例 1 设 $f(x)$ 为 **R** 上可导函数,证明:若方程 $f'(x) = 0$ 没有实根,则方程 $f(x) = 0$ 至多只有一个实根.

证 可反证如下.倘若 $f(x) = 0$ 有两个实根 x_1 和 x_2(设 $x_1 < x_2$),则函数 $f(x)$ 在 $[x_1, x_2]$ 上满足罗尔定理的三个条件,从而存在 $\xi \in (x_1, x_2)$,使

$f'(\xi)=0$，这与 $f'(x)\neq0$ 的条件相矛盾，命题得证.

例 2 验证函数 $f(x)=x^2-x-6=(x+2)(x-3)$ 在 $[-2,3]$ 上满足罗尔定理，并求出稳定点.

解 因为 $f(x)$ 在 $[-2,3]$ 上可导且 $f(-2)=f(3)=0$，所以，$f(x)$ 在 $[-2,3]$ 上满足罗尔定理的三个条件. 解方程 $f'(x)=2x-1=0$，得到稳定点 $x=\dfrac{1}{2}\in(-2,3)$.

例 3 不求函数 $f(x)=(x-1)(x-2)(x-3)$ 的导数，分别说明方程 $f'(x)=0,f''(x)=0$ 有几个实根.

解 函数 $f(x)$ 在 **R** 上可导，由于 $f(x)$ 有 3 个零点：$x_1=1,x_2=2,x_3=3$，因此，方程 $f'(x)=0$ 至少有两个实根；又，$f'(x)=0$ 是二次方程，至多有两个实根. 所以，方程 $f'(x)=0$ 有且仅有两个实根 ξ_1,ξ_2 分别落在区间 $(1,2)$ 与 $(2,3)$ 内. 因 $f'(\xi_1)=f'(\xi_2)=0$，而导函数 $f'(x)$ 是二次函数，故 $f'(x)$ 在 $[\xi_1,\xi_2]$ 上满足罗尔定理的条件，从而方程 $f''(x)=0$ 在 (ξ_1,ξ_2) 内至少有一个根；又，$f''(x)=0$ 是一次方程，只能有一个根，所以，方程 $f''(x)=0$ 有且仅有一个实根落在区间 $(1,3)$ 内.

二、拉格朗日(Lagrange) 定理

定理 2(拉格朗日定理) 若函数 $f(x)$ 满足条件：

(1) $f(x)$ 在闭区间 $[a,b]$ 上连续；

(2) $f(x)$ 在开区间 (a,b) 内可导.

则在 (a,b) 内至少存在一点 ξ，使得

$$f'(\xi)=\frac{f(b)-f(a)}{b-a}.\qquad(1)$$

注 特别，当 $f(a)=f(b)$ 时，本定理即为罗尔定理，所以，罗尔定理是拉格朗日定理的特例.

分析 式(1)等价于

$$f'(\xi)-\frac{f(b)-f(a)}{b-a}=0.\qquad(2)$$

对照罗尔定理，只需将式(2)的左端化成某个函数在 ξ 处的导数. 事实上，因为

$$\left[f(x)-\frac{f(b)-f(a)}{b-a}x\right]'\bigg|_{x=\xi}=f'(\xi)-\frac{f(b)-f(a)}{b-a},$$

所以应作辅助函数

$$\varphi(x) = f(x) - \frac{f(b) - f(a)}{b - a} x. \tag{3}$$

再验证 $\varphi(x)$ 在 $[a,b]$ 上满足罗尔定理即可.

证　取辅助函数为(3)式中的 $\varphi(x)$，则 $\varphi(x)$ 在区间 $[a,b]$ 上满足罗尔定理条件(1)、(2)且 $\varphi(a) = \varphi(b) = \dfrac{bf(a) - af(b)}{b - a}$，故在 (a,b) 内至少有一点 ξ，使

$$\varphi'(\xi) = f'(\xi) - \frac{f(b) - f(a)}{b - a} = 0,$$

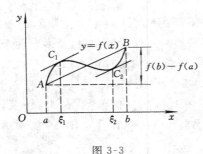

图 3-3

从而式(1)成立.

拉格朗日定理的几何意义：在满足定理条件的曲线 $y = f(x)$ 上至少存在一点 $P(\xi, f(\xi))$，使曲线在该点处的切线平行于连接曲线两端点的弦 AB，如图 3-3 所示.

注 1　拉格朗日中值定理的两个条件也是使结论成立的充分而非必要条件.

注 2　定理 2 中的公式(1)称为拉格朗日公式. 该公式还有下面几种表示形式：

$$f(b) - f(a) = f'(\xi)(b - a), \quad a < \xi < b, \tag{4}$$

$$f(b) - f(a) = f'(a + \theta(b - a))(b - a), \quad 0 < \theta < 1, \tag{5}$$

$$f(x + \Delta x) - f(x) = f'(x + \theta \Delta x) \cdot \Delta x, \quad 0 < \theta < 1, x, x + \Delta x \in [a,b] \tag{6}$$

或

$$\Delta y = f'(\xi) \cdot \Delta x, \quad \xi 介于 x 与 x + \Delta x 之间. \tag{7}$$

值得注意的是，拉格朗日公式无论对于 $a < b$ 还是 $a > b$ 都成立，而 ξ 则是介于 a 与 b 之间的某一定数. (5)、(6) 两式的特点在于把中值点 ξ 表示成了 $a + \theta(b - a), x + \theta \cdot \Delta x$，使得无论 $\Delta x > 0$ 或 $\Delta x < 0, \theta$ 总小于 1 的某一正数.

我们知道，函数的微分 $\mathrm{d}y = f'(x) \cdot \Delta x$ 是函数的增量 Δy 的近似表达式，一般来说，以 $\mathrm{d}y$ 近似代替 Δy 时所产生的误差只有当 $\Delta x \to 0$ 时才趋于零；而式(6)则表示 $f'(x + \theta \cdot \Delta x) \cdot \Delta x$ 在 Δx 为有限时就是增量 Δy 的准确表达式，它精确地表达了函数在一个区间上的增量与函数在这区间内某点处导数之间的关系. 在某些问题中，当自变量 x 取得有限增量 Δx 而要求函数增量的准确表达式时，拉格朗日中值定理就显出了它的价值.

拉格朗日定理是微分学最主要定理之一，也称微分中值定理，它是沟通函数

与其导数之间的桥梁,是应用导数的局部性研究函数整体性的重要工具.

从拉格朗日中值定理可以得出今后在积分学中有着重要应用的推论.

推论 1　若函数 $f(x)$ 在区间 I 可导,且任意 $x \in I$ 有 $f'(x) = 0$,则 $f(x) = C$(常数)(即 $f(x)$ 是常函数).

证　在区间 I 上取定一点 x_0,则对任意 $x \in I$,函数 $f(x)$ 在 $[x_0, x]$ 或 $[x, x_0]$ 上满足拉格朗日定理的条件,故有

$$f(x) - f(x_0) = f'(\xi)(x - x_0), \quad \xi \text{ 在 } x \text{ 与 } x_0 \text{ 之间}.$$

已知 $f'(\xi) = 0$,从而

$$f(x) - f(x_0) = 0 \quad \text{或} \quad f(x) = f(x_0).$$

设 $f(x_0) = C$,则对任意 $x \in I$,有 $f(x) = C$.

已知常函数的导数是零.结合推论 1 可得:

推论 2　函数是常函数的充要条件是其导数恒为零.

推论 3　设 $f(x)$ 和 $g(x)$ 在区间 I 上可导,若对任意 $x \in I$,有 $f'(x) = g'(x)$,则在 I 成立

$$f(x) = g(x) + C,$$

其中 C 是常数.

证　任给 $x \in I$,有

$$[f(x) - g(x)]' = f'(x) - g'(x) = 0,$$

由推论 1,有

$$f(x) - g(x) = C \quad \text{或} \quad f(x) = g(x) + C.$$

例 4　证明 $\arcsin x + \arccos x = \dfrac{\pi}{2}$, $x \in (-1, 1)$.

证　已知对任意 $x \in (-1, 1)$,有

$$(\arcsin x + \arccos x)' = \frac{1}{\sqrt{1-x^2}} - \frac{1}{\sqrt{1-x^2}} = 0,$$

故

$$\arcsin x + \arccos x = C, \quad C \text{ 为常数}.$$

为了确定常数 C,令 $x = 0$,有

$$C = \arcsin 0 + \arccos 0 = \frac{\pi}{2},$$

即

$$\arcsin x + \arccos x = \frac{\pi}{2}.$$

例 5 证明:当 $x > 0$ 时,$\dfrac{x}{1+x} < \ln(1+x) < x$.

证 设 $f(x) = \ln(1+x)$,则 $f(x)$ 在区间 $[0,x]$ 上满足微分中值定理的条件,故有

$$f(x) - f(0) = f'(\xi) \cdot (x-0), \quad 0 < \xi < x.$$

由于 $f(0) = 0$,$f'(x) = \dfrac{1}{1+x}$,因此,上式即为

$$\ln(1+x) = \frac{1}{1+\xi} \cdot x,$$

因为 $0 < \xi < x$,所以

$$\frac{x}{1+x} < \ln(1+x) < x.$$

三、柯西(Cauchy)定理

定理 3(柯西定理) 设函数 $f(x)$ 和 $g(x)$ 满足:

(1) 在 $[a,b]$ 上都连续;

(2) 在 (a,b) 内都可导;

(3) 在 (a,b) 内 $g'(x) \neq 0$.

则在 (a,b) 内至少存在一点 ξ,使

$$\frac{f'(\xi)}{g'(\xi)} = \frac{f(b) - f(a)}{g(b) - g(a)}. \tag{8}$$

证 作辅助函数

$$\varphi(x) = f(x) - \frac{f(b) - f(a)}{g(b) - g(a)} \cdot g(x),$$

易见 $\varphi(x)$ 在 $[a,b]$ 上满足罗尔定理的条件,故在 (a,b) 内至少存在一点 ξ,使得

$$\varphi'(\xi) = f'(\xi) - \frac{f(b) - f(a)}{g(b) - g(a)} g'(\xi) = 0,$$

因 $g'(\xi) \neq 0$,所以,可把上式改写为式(8).

柯西中值定理有着与前两个中值定理相类似的几何意义. 只是现在要把 $f(x),g(x)$ 这两个函数写作以 x 为参变量的参数方程:

$$\begin{cases} u = g(x), \\ v = f(x). \end{cases}$$

它在 uOv 平面上表示一段曲线(图3-4). 由于式(1) 右边的 $\dfrac{f(b) - f(a)}{g(b) - g(a)}$ 表示连

接该曲线两端的弦 AB 的斜率,而式(8)左边的 $\dfrac{f'(\xi)}{g'(\xi)} = \dfrac{\mathrm{d}v}{\mathrm{d}u}\Big|_{x=\xi}$ 则表示该曲线上与 $x = \xi$ 相对应的一点 $C(g(\xi), f(\xi))$ 处切线的斜率,因此,式(8)即表示上述切线与弦 AB 互相平行.

必须指出:在柯西中值定理中,$f'(\xi)$ 与 $g'(\xi)$ 是在同一点 ξ 处 $f(x)$ 与 $g(x)$ 的导数.

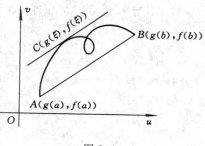

图 3-4

罗尔定理、拉格朗日定理与柯西定理统称为微分中值定理,它们建立了函数与其导数之间的联系,是微分学的基本定理,有着广泛的应用. 在柯西定理中,若 $g(x) = x$,就是拉格朗日定理;在拉格朗日定理中,若特别有 $f(a) = f(b)$,则得到罗尔定理.

例 6 设函数 $f(x)$ 在 $[a, b]$ $(a > 0)$ 上连续,在 (a, b) 内可导,则存在一点 $\xi \in (a, b)$,使得

$$f(b) - f(a) = \xi \cdot f'(\xi) \cdot \ln \frac{b}{a}. \tag{9}$$

证 设 $g(x) = \ln x$,显然,它在 $[a, b]$ 上与 $f(x)$ 一起满足柯西中值定理的条件,于是存在 $\xi \in (a, b)$,使得

$$\frac{f(b) - f(a)}{\ln b - \ln a} = \frac{f'(\xi)}{\dfrac{1}{\xi}}.$$

整理便得到式(9).

习 题 3-1

(A)

1. 试讨论下列函数在指定区间内是否存在稳定点:

(1) $f(x) = \begin{cases} x \cdot \sin \dfrac{1}{x}, & 0 < x < \dfrac{1}{\pi}, \\ 0, & x = 0; \end{cases}$ (2) $f(x) = |x|, \quad -1 \leqslant x \leqslant 1.$

2. 对函数 $y = \ln(\sin x)$,在区间 $\left[\dfrac{\pi}{6}, \dfrac{5\pi}{6}\right]$ 上验证罗尔定理.

3. 不求导数,判断函数 $f(x) = (x-2)(x-3)(x-4)(x-5)$ 的导数有几个实根,并确定其所在范围.

4. 证明方程 $x^3 - 3x + C = 0$(C 为常数)在区间 $[0, 1]$ 内不可能有两个不同的实根.

5. 应用拉格朗日中值定理证明下列不等式:

(1) 若函数 $f(x)$ 在 $[a,b]$ 上可导,且 $f'(x) \geqslant M$,则

$$f(b) \geqslant f(a) + M \cdot (b-a), \quad M \text{ 为常数}.$$

(2) 对任意实数 x_1, x_2,都有 $|\sin x_1 - \sin x_2| \leqslant |x_2 - x_1|$.

6. 试问函数 $f(x) = x^2$,$g(x) = x^3$ 在区间 $[-1,1]$ 上能否应用柯西中值定理得到相应的结论?为什么?

(B)

1. 应用拉格朗日中值定理证明下列不等式:

(1) $\dfrac{b-a}{b} < \ln \dfrac{b}{a} < \dfrac{b-a}{a}$, 其中,$0 < a < b$.

(2) 当 $0 < a < b$ 时,有

$$\frac{b-a}{1+b^2} < \arctan b - \arctan a < \frac{b-a}{1+a^2}.$$

2. 证明下列各式:

(1) $\arctan x + \operatorname{arccot} x = \dfrac{\pi}{2}$;   (2) $2\arctan x + \arcsin \dfrac{2x}{1+x^2} = \pi \cdot \operatorname{sgn} x$, $|x| \geqslant 1$.

第二节   不定式极限

我们在第一章中研究两个无穷小(大)量的阶时遇到过两个无穷小(大)量之比的极限,知道如果当 $x \to a$(或 $x \to \infty$)时,函数 $f(x)$ 与 $g(x)$ 都趋于零或都趋于无穷大,极限 $\lim\limits_{\substack{x \to a \\ (x \to \infty)}} \dfrac{f(x)}{g(x)}$ 可能存在,也可能不存在,通常称这种极限为不定式极限,分别记为 $\dfrac{0}{0}$ 型或 $\dfrac{\infty}{\infty}$ 型不定式.本节我们将以导数为工具研究不定式极限,称为洛必达法则.

一、$\dfrac{0}{0}$ 型不定式

定理 1   若函数 $f(x)$ 和 $g(x)$ 满足:

(1) $\lim\limits_{x \to x_0} f(x) = \lim\limits_{x \to x_0} g(x) = 0$;

(2) 在点 x_0 的某个去心邻域 $\mathring{U}(x_0, \delta)$ 内,$f'(x)$ 及 $g'(x)$ 都存在且 $g'(x) \neq 0$;

(3) $\lim\limits_{x \to x_0} \dfrac{f'(x)}{g'(x)}$ 存在(或为无穷大).

则

$$\lim_{x \to x_0} \frac{f(x)}{g(x)} = \lim_{x \to x_0} \frac{f'(x)}{g'(x)}.$$

证 补充定义 $f(x_0) = g(x_0) = 0$，使得 $f(x)$ 与 $g(x)$ 在点 x_0 处连续. 任取 $x \in \mathring{U}(x_0, \delta)$，在区间 $[x_0, x]$（或 $[x, x_0]$）上应用柯西中值定理，有

$$\frac{f(x) - f(x_0)}{g(x) - g(x_0)} = \frac{f'(\xi)}{g'(\xi)},$$

即

$$\frac{f(x)}{g(x)} = \frac{f'(\xi)}{g'(\xi)} \quad (\xi \text{ 介于 } x_0 \text{ 与 } x \text{ 之间}).$$

令 $x \to x_0$，此时也有 $\xi \to x_0$，故得

$$\lim_{x \to x_0} \frac{f(x)}{g(x)} = \lim_{x \to x_0} \frac{f'(x)}{g'(x)}.$$

这就是说，当 $\lim\limits_{x \to x_0} \dfrac{f'(x)}{g'(x)}$ 存在时，$\lim\limits_{x \to x_0} \dfrac{f(x)}{g(x)}$ 也存在，且二者相等；当 $\lim\limits_{x \to x_0} \dfrac{f'(x)}{g'(x)}$ 为无穷大时，$\lim\limits_{x \to x_0} \dfrac{f(x)}{g(x)}$ 也是无穷大.

注 若将定理 2 中的 $x \to x_0$ 换成 $x \to x_0^+$，$x \to x_0^-$，$x \to +\infty$，$x \to -\infty$ 或 $x \to \infty$，只要相应地修正条件（2）中的邻域，得到同样的结论.

例 1 求 $\lim\limits_{x \to \pi} \dfrac{1 + \cos x}{\tan^2 x}$. $\left(\dfrac{0}{0} \right)$

解 $\lim\limits_{x \to \pi} \dfrac{1 + \cos x}{\tan^2 x} = \lim\limits_{x \to \pi} \dfrac{-\sin x}{2\tan x \cdot \sec^2 x} = -\lim\limits_{x \to \pi} \dfrac{\cos^3 x}{2} = \dfrac{1}{2}$.

例 2 求 $\lim\limits_{x \to +\infty} \dfrac{\dfrac{\pi}{2} - \arctan x}{\dfrac{1}{x}}$. $\left(\dfrac{0}{0} \right)$

解 $\lim\limits_{x \to +\infty} \dfrac{\dfrac{\pi}{2} - \arctan x}{\dfrac{1}{x}} = \lim\limits_{x \to +\infty} \dfrac{-\dfrac{1}{1+x^2}}{-\dfrac{1}{x^2}} = \lim\limits_{x \to +\infty} \dfrac{x^2}{1+x^2} = 1$.

如果 $\lim\limits_{x \to x_0} \dfrac{f'(x)}{g'(x)}$ 仍是 $\dfrac{0}{0}$ 型不定式，只要有可能，可以再次用洛必达法则. 即

$$\lim_{x \to x_0} \frac{f(x)}{g(x)} = \lim_{x \to x_0} \frac{f'(x)}{g'(x)} = \lim_{x \to x_0} \frac{f''(x)}{g''(x)}.$$

且可以依次类推.

例 3 求 $\lim\limits_{x\to 0}\dfrac{x-\sin x}{x^3}$. $\left(\dfrac{0}{0}\right)$

解 $\lim\limits_{x\to 0}\dfrac{x-\sin x}{x^3}=\lim\limits_{x\to 0}\dfrac{1-\cos x}{3x^2}\left(\dfrac{0}{0}\right)=\lim\limits_{x\to 0}\dfrac{\sin x}{6x}=\dfrac{1}{6}$.

例 4 求 $\lim\limits_{x\to 0}\dfrac{e^x-e^{\sin x}}{x-\sin x}$. $\left(\dfrac{0}{0}\right)$

解 $\lim\limits_{x\to 0}\dfrac{e^x-e^{\sin x}}{x-\sin x}=\lim\limits_{x\to 0}\dfrac{e^x-e^{\sin x}\cdot\cos x}{1-\cos x}$ $\left(\dfrac{0}{0}\right)$

$$=\lim\limits_{x\to 0}\dfrac{e^x-e^{\sin x}\cdot\cos^2 x+e^{\sin x}\cdot\sin x}{\sin x}\quad\left(\dfrac{0}{0}\right)$$

$$=\lim\limits_{x\to 0}\dfrac{e^x-e^{\sin x}\cdot\cos^2 x}{\sin x}+\lim\limits_{x\to 0}e^{\sin x}$$

$$=\lim\limits_{x\to 0}\dfrac{e^x-e^{\sin x}\cdot\cos^3 x+e^{\sin x}\cdot\sin 2x}{\cos x}+1=1.$$

二、$\dfrac{\infty}{\infty}$ 型不定式

定理 2 若函数 $f(x)$ 和 $g(x)$ 满足：

(1) $\lim\limits_{x\to x_0}f(x)=\lim\limits_{x\to x_0}g(x)=\infty$;

(2) 在 x_0 的某个去心邻域 $\overset{\circ}{U}(x_0,\delta)$ 内 $f'(x)$ 与 $g'(x)$ 都存在且 $g'(x)\neq 0$;

(3) $\lim\limits_{x\to x_0}\dfrac{f'(x)}{g'(x)}$ 存在(或无穷大).

则
$$\lim\limits_{x\to x_0}\dfrac{f(x)}{g(x)}=\lim\limits_{x\to x_0}\dfrac{f'(x)}{g'(x)}.$$

本定理的证明从略.

定理 2 对于 $x\to x_0^+$, $x\to x_0^-$, $x\to+\infty$, $x\to-\infty$ 或 $x\to\infty$ 等情形也有相同的结论.

如果 $f'(x),g'(x)$ 与 $f''(x),g''(x)$ 满足定理 2 的条件,则可连续应用定理 2.

例 5 求 $\lim\limits_{x\to+\infty}\dfrac{\ln x}{x}$. $\left(\dfrac{\infty}{\infty}\right)$

解 $\lim\limits_{x\to+\infty}\dfrac{\ln x}{x}=\lim\limits_{x\to+\infty}\dfrac{(\ln x)'}{x'}=\lim\limits_{x\to+\infty}\dfrac{1}{x}=0$.

例 6 求 $\lim\limits_{x\to+\infty}\dfrac{e^x}{x^3}$. $\left(\dfrac{\infty}{\infty}\right)$

解 $$\lim_{x\to+\infty}\frac{e^x}{x^3}=\lim_{x\to+\infty}\frac{e^x}{3x^2}\left(\frac{\infty}{\infty}\right)=\lim_{x\to+\infty}\frac{e^x}{6x}\quad\left(\frac{\infty}{\infty}\right)$$

$$=\lim_{x\to+\infty}\frac{e^x}{6}=+\infty.$$

例 7 求 $\lim\limits_{n\to\infty}n^2e^{-n}$.

解 这是数列极限的不定式,应先将 n 换成连续变量 x,再用洛必达法则.

由于 $\lim\limits_{x\to+\infty}x^2e^{-x}=\lim\limits_{x\to+\infty}\dfrac{2x}{e^x}=\lim\limits_{x\to+\infty}\dfrac{2}{e^x}=0$,故特别有 $\lim\limits_{n\to\infty}n^2e^{-n}=0$.

注意 (1) 不能在数列形式下直接用洛必达法则,因为对于离散变量 $n\in\mathbf{N}^+$,不能求导数;

(2) 若 $\lim\limits_{x\to x_0}\dfrac{f'(x)}{g'(x)}$ 不存在,表明洛必达法则不适用,但不能说明 $\lim\limits_{x\to x_0}\dfrac{f(x)}{g(x)}$ 不存在.

例 8 计算 $\lim\limits_{x\to\infty}\dfrac{x+\cos x}{x}$,并说明不能用洛必达法则求极限.

解 $$\lim_{x\to\infty}\frac{x+\cos x}{x}=\lim_{x\to\infty}\left(1+\frac{1}{x}\cos x\right)=1+0=1.$$

由于 $\lim\limits_{x\to\infty}\dfrac{(x+\cos x)'}{x'}=\lim\limits_{x\to\infty}(1-\sin x)$ 不存在,不满足洛必达则的条件,所以不能用洛必达法则求此极限.

三、其他类型不定式极限

不定式极限还有 $0\cdot\infty,\infty-\infty,1^\infty,0^0,\infty^0$ 等类型,经过简单变换,它们均可化为 $\dfrac{0}{0}$ 型或 $\dfrac{\infty}{\infty}$ 型的极限.

1. $0\cdot\infty$ 型不定式

例 9 求 $\lim\limits_{x\to0^+}x\cdot\ln x$.

解 这是 $0\cdot\infty$ 型不定式,用恒等变形 $x\ln x=\dfrac{\ln x}{\dfrac{1}{x}}$ 将它转化为 $\dfrac{\infty}{\infty}$ 型不定式,得到

$$\lim_{x\to0^+}x\ln x=\lim_{x\to0^+}\frac{\ln x}{\dfrac{1}{x}}=\lim_{x\to0^+}\frac{\dfrac{1}{x}}{-\dfrac{1}{x^2}}=\lim_{x\to0^+}(-x)=0.$$

2. $\infty - \infty$ 型不定式

例 10　求 $\lim\limits_{x \to \frac{\pi}{2}} (\sec x - \tan x)$．　$(\infty - \infty)$

解　$\lim\limits_{x \to \frac{\pi}{2}} (\sec x - \tan x) = \lim\limits_{x \to \frac{\pi}{2}} \dfrac{1 - \sin x}{\cos x} = \lim\limits_{x \to \frac{\pi}{2}} \dfrac{-\cos x}{-\sin x} = 0.$

3. 幂指形式不定式 $1^{\infty}, 0^{0}$ 及 ∞^{0}

例 11　求 $\lim\limits_{x \to +\infty} (x + \sqrt{1 + x^2})^{\frac{1}{\ln x}}$．　(∞^0)

解　这是 ∞^0 型不定式. 作恒等变形:

$$(x + \sqrt{1 + x^2})^{\frac{1}{\ln x}} = e^{\frac{1}{\ln x} \cdot \ln(x + \sqrt{1+x^2})},$$

其指数部分的极限 $\lim\limits_{x \to +\infty} \dfrac{\ln(x + \sqrt{1+x^2})}{\ln x}$ 是 $\dfrac{\infty}{\infty}$ 型不定式, 可先求得

$$\lim\limits_{x \to +\infty} \dfrac{\ln(x + \sqrt{1+x^2})}{\ln x} = \lim\limits_{x \to +\infty} \dfrac{\dfrac{1}{\sqrt{1+x^2}}}{\dfrac{1}{x}} = 1,$$

再由指数函数的连续性得到

$$\lim\limits_{x \to +\infty} (x + \sqrt{1+x^2})^{\frac{1}{\ln x}} = e^1 = e.$$

例 12　求数列极限 $\lim\limits_{n \to \infty} \left(1 + \dfrac{1}{n} + \dfrac{1}{n^2}\right)^n$．

解　先求函数极限 $\lim\limits_{x \to +\infty} \left(1 + \dfrac{1}{x} + \dfrac{1}{x^2}\right)^x$ (1^∞ 型), 类似于例 11 先化为指数函数, 其指数的极限为

$$\lim\limits_{x \to +\infty} x \ln\left(1 + \dfrac{1}{x} + \dfrac{1}{x^2}\right) = \lim\limits_{x \to +\infty} \dfrac{\ln(1 + x + x^2) - \ln x^2}{\dfrac{1}{x}}$$

$$= \lim\limits_{x \to +\infty} \dfrac{\dfrac{2x+1}{1+x+x^2} - \dfrac{2}{x}}{-\dfrac{1}{x^2}} = \lim\limits_{x \to +\infty} \dfrac{x^2 + 2x}{x^2 + x + 1} = 1,$$

所以

$$\lim\limits_{x \to +\infty} \left(1 + \dfrac{1}{x} + \dfrac{1}{x^2}\right)^x = e^1 = e.$$

特别, 有

$$\lim\limits_{n \to \infty} \left(1 + \dfrac{1}{n} + \dfrac{1}{n^2}\right)^n = e.$$

小结 对于幂指形式 $u(x)^{v(x)}$ 型不定式 ∞^0, 0^0 和 1^∞, 可以应用对数恒等式 $u^v = e^{v\ln u}$, 转化为先求指数的极限（通常是 $0 \cdot \infty$ 型），再应用指数函数的连续性得出所要求的极限.

习 题 3-2

（A）

1. 求极限 $\lim\limits_{x\to 1}\dfrac{x^3+1}{x^2+x}$ 时, 应用洛必达法则, 有

$$\lim_{x\to 1}\frac{x^3+1}{x^2+x} = \lim_{x\to 1}\frac{3x^2}{2x+1} = \lim_{x\to 1}\frac{6x}{2} = 3.$$

以上解法对吗？为什么？

2. 求下列不定式极限.

(1) $\lim\limits_{x\to 0}\dfrac{e^x-e^{-x}}{\sin x}$;

(2) $\lim\limits_{x\to 0}\dfrac{x-\arcsin x}{\sin^3 x}$;

(3) $\lim\limits_{x\to +\infty}\dfrac{\ln x}{x^\alpha}$ ($\alpha > 0$);

(4) $\lim\limits_{x\to +\infty}\dfrac{x^3}{a^x}$ ($a > 1$);

(5) $\lim\limits_{x\to \infty} x\ln\left(\dfrac{x+a}{x-a}\right)$ ($a \neq 0$);

(6) $\lim\limits_{x\to \infty} x^{\frac{1}{x}}$;

(7) $\lim\limits_{x\to 1}\left(\dfrac{1}{\ln x} - \dfrac{1}{x-1}\right)$;

(8) $\lim\limits_{x\to 0^+} x^x$.

3. 验证 $\lim\limits_{x\to +\infty}\dfrac{x-\sin x}{x+\sin x}$ 存在, 但不能应用洛必达法则计算该极限.

（B）

1. 利用洛必达法则, 证明 $\lim\limits_{n\to \infty}\sqrt[n]{n} = 1$.

2. 求下列不定式极限.

(1) $\lim\limits_{x\to 0^+} x^m \cdot \ln x$ ($m > 0$);

(2) $\lim\limits_{x\to 0^+}\left(\ln\dfrac{1}{x}\right)^x$.

3. 设函数 $f(x)$ 在 $[a,b]$ 上可导, 证明存在 $\xi \in (a,b)$, 使得

$$2\xi \cdot [f(b)-f(a)] = (b^2-a^2) \cdot f'(\xi).$$

第三节 泰勒定理

多项式是性质最好的一种函数, 用多项式近似表示函数是近似计算和逼近理论的重要内容.

我们由微分定义知道, 如果函数 $f(x)$ 在点 x_0 可导, 则

· 111 ·

$$f(x) \approx f(x_0) + f'(x_0) \cdot (x - x_0),$$

即在点 x_0 附近,用一次多项式 $f(x_0) + f'(x_0) \cdot (x - x_0)$ 近似表示函数 $f(x)$ 时,其误差为 $(x - x_0)$ 的高阶无穷小(当 $x \to x_0$ 时).如果要提高精确度,可以用高次多项式来近似表示函数.例如,用 n 次多项式近似表示 $f(x)$,可以要求误差为 $o((x - x_0)^n)$(当 $x \to x_0$ 时).这就是泰勒定理研究的内容.

一、泰勒(Taylor)定理

设函数 $f(x)$ 在含有 x_0 的某开区间 I 内有直到 $n+1$ 阶导数,$T_n(x)$ 是 $(x - x_0)$ 的 n 次多项式.即

$$T_n(x) = a_0 + a_1(x - x_0) + a_2(x - x_0)^2 + \cdots + a_n(x - x_0)^n. \tag{1}$$

我们设想用多项式 $T_n(x)$ 近似表示函数 $f(x)$,故不妨假设 $T_n(x)$ 满足:

$$T_n(x_0) = f(x_0),$$
$$T_n'(x_0) = f'(x_0),$$
$$T_n''(x_0) = f''(x_0),$$
$$\cdots$$
$$T_n^{(n)}(x_0) = f^{(n)}(x_0),$$

由于 $T_n^{(k)}(x_0) = k! \cdot a_k$,得到 $T_n(x)$ 的系数为

$$a_k = \frac{f^{(k)}(x_0)}{k!} \quad (k = 0, 1, 2, \cdots, n), \tag{2}$$

于是

$$T_n(x) = f(x_0) + f'(x_0)(x - x_0) + \frac{f''(x_0)}{2!}(x - x_0)^2$$
$$+ \cdots + \frac{f^{(n)}(x_0)}{n!}(x - x_0)^n. \tag{3}$$

由式(3)确定的多项式 $T_n(x)$,称为 $f(x)$ 在点 x_0 的 n 次泰勒多项式,由式(2)确定的系数称为泰勒系数.

定理(泰勒定理) 设函数 $f(x)$ 在含有 x_0 的某个开区间 I 内有直到 $n+1$ 阶的导数,则在 I 内的任意一点 x,成立泰勒公式:

$$f(x) = f(x_0) + f'(x_0)(x - x_0) + \frac{f''(x_0)}{2!}(x - x_0)^2$$
$$+ \cdots + \frac{f^{(n)}(x_0)}{n!}(x - x_0)^n + R_n(x), \tag{4}$$

其中，$R_n(x)$ 称为余项，它可以表示为

$$R_n(x) = \frac{f^{(n+1)}(\xi)}{(n+1)!}(x-x_0)^{n+1}, \quad \xi \text{ 在 } x \text{ 与 } x_0 \text{ 之间,}$$

故 ξ 也可表示为

$$\xi = x_0 + \theta(x - x_0), \quad 0 < \theta < 1.$$

证　令

$$R_n(x) = f(x) - T_n(x),$$

则　　　$$R_n(x_0) = R'_n(x_0) = \cdots = R_n^{(n-1)}(x_0) = R_n^{(n)}(x_0) = 0,$$

应用柯西中值定理，有

$$\frac{R_n(x)}{(x-x_0)^{n+1}} = \frac{R_n(x) - R_n(x_0)}{(x-x_0)^{n+1} - 0} = \frac{R'_n(\xi_1)}{(n+1)\cdot(\xi_1-x_0)^n}, \quad \xi_1 \text{ 在 } x \text{ 与 } x_0 \text{ 之间.}$$

再次应用柯西中值定理，得

$$\frac{R_n(x)}{(x-x_0)^{n+1}} = \frac{R'_n(\xi_1) - R'_n(x_0)}{(n+1)(\xi_1-x_0)^n} = \frac{R''_n(\xi_2)}{(n+1)\cdot n\cdot(\xi_2-x_0)^{n-1}}, \quad \xi_2 \text{ 在 } \xi_1 \text{ 与 } x_0 \text{ 之间.}$$

连续 $n+1$ 次应用柯西中值定理，得

$$\frac{R_n(x)}{(x-x_0)^{n+1}} = \frac{R_n^{(n+1)}(\xi)}{(n+1)!}, \quad \xi \text{ 在 } x \text{ 与 } x_0 \text{ 之间.} \tag{5}$$

因为 $T_n^{(n+1)}(x) = 0$，所以

$$R_n^{(n+1)}(x) = f^{(n+1)}(x).$$

代入式(5)，得

$$R_n(x) = \frac{f^{(n+1)}(\xi)}{(n+1)!}(x-x_0)^{n+1}. \tag{6}$$

公式(4) 称为 $f(x)$ 在点 x_0 的泰勒公式. 由式(6) 表示的余项称为拉格朗日型余项. 显然，当 $n = 0$ 时，式(4) 就是拉格朗日公式.

如果把定理的条件减弱为函数 $f(x)$ 在点 x_0 存在 n 阶导数，泰勒公式(4) 的余项可写为 $R_n(x) = o((x-x_0)^n)$，称为皮亚诺(Peano) 型余项. 当不需要对误差进行估值时，用皮亚诺余项的泰勒公式是方便的.

如果对于某个固定的 n, $f^{(n+1)}(x)$ 在区间 I 内有界，则用拉格朗日型余项可以估计误差.

以后用得较多的是泰勒公式(4) 在 $x_0 = 0$ 时的特殊情形：

$$f(x) = f(0) + f'(0)x + \frac{f''(0)}{2!}x^2 + \cdots + \frac{f^{(n)}(0)}{n!}x^n + \frac{f^{(n+1)}(\theta x)}{(n+1)!}x^{n+1}, \quad 0 < \theta < 1,$$

$$\tag{7}$$

上式称为麦克劳林(Maclaurin)公式.

二、几个常用的麦克劳林公式

应用式(7),不难得出下列函数带皮亚诺型余项的麦克劳林公式:

(1) $e^x = 1 + x + \frac{x^2}{2!} + \cdots + \frac{x^n}{n!} + o(x^n)$;

(2) $\sin x = x - \frac{x^3}{3!} + \frac{x^5}{5!} - \cdots + (-1)^{m-1}\frac{x^{2m-1}}{(2m-1)!} + o(x^{2m})$;

(3) $\cos x = 1 - \frac{x^2}{2!} + \frac{x^4}{4!} - \cdots + (-1)^m\frac{x^{2m}}{(2m)!} + o(x^{2m+1})$;

(4) $\ln(1+x) = x - \frac{x^2}{2} + \frac{x^3}{3} - \cdots + (-1)^{n-1}\frac{x^n}{n} + o(x^n)$;

(5) $(1+x)^\alpha = 1 + \alpha x + \frac{\alpha(\alpha-1)}{2!}x^2 + \cdots + \frac{\alpha(\alpha-1)\cdots(\alpha-n+1)}{n!}x^n + o(x^n)$.

特别地,当 $\alpha = -1$ 时,

$$\frac{1}{1-x} = 1 + x + x^2 + \cdots + x^n + o(x^n),$$

$$\frac{1}{1+x} = 1 - x + x^2 - x^3 + \cdots + (-1)^n x^n + 0(x^n).$$

证 1 设 $f(x) = e^x$,因为

$$f'(x) = f''(x) = \cdots = f^{(n)}(x) = e^x,$$

所以

$$f'(0) = f''(0) = \cdots = f^{(n)}(0) = e^0 = 1,$$

代入式(7),即得

$$e^x = 1 + x + \frac{x^2}{2!} + \cdots + \frac{x^n}{n!} + o(x^n).$$

证 4 设 $f(x) = \ln(1+x)$,由于

$$f'(x) = \frac{1}{1+x}, \; f''(x) = -\frac{1}{1+x}, \; \cdots, \; f^{(k)}(x) = (-1)^{k-1} \cdot \frac{(k-1)!}{(1+x)^k},$$

$$k = 1, 2, \cdots, n,$$

因此 $\qquad f^{(k)}(0) = (-1)^{k-1} \cdot (k-1)! \quad (k = 1, 2, \cdots, n)$,

代入式(7),便得

$$\ln(1+x) = x - \frac{x^2}{2} + \frac{x^3}{3} - \cdots + (-1)^{n-1} \cdot \frac{x^n}{n} + o(x^n).$$

利用上述几个函数的麦克劳林公式,应用变量代换的方法,可以间接求得其他一些函数的麦克劳林公式或泰勒公式,也可以用泰勒公式求某些类型的极限.

例 1 写出 $f(x) = \mathrm{e}^{-\frac{x^2}{2}}$ 的麦克劳林公式.

解 用 $\left(-\dfrac{x^2}{2}\right)$ 替换式(1)中的 x,便得

$$\mathrm{e}^{-\frac{x^2}{2}} = 1 - \frac{x^2}{2} + \frac{x^4}{2^2 \cdot 2!} + \cdots + (-1)^n \frac{x^{2n}}{2^n \cdot n!} + o(x^{2n}).$$

例 2 求 $\ln x$ 在 $x = 2$ 处的泰勒公式.

解 由于

$$\ln x = \ln[2 + (x-2)] = \ln 2 + \ln\left(1 + \frac{x-2}{2}\right),$$

因此,用 $\dfrac{x-2}{2}$ 替换式(4)中的 x,得到

$$\ln x = \ln 2 + \frac{1}{2}(x-2) - \frac{1}{2 \cdot 2^2}(x-2)^2$$

$$+ \cdots + (-1)^{n-1} \frac{1}{n \cdot 2^n}(x-2)^n + o((x-2)^n).$$

例 3 试按 $(x+1)$ 的升幂展开函数
$$f(x) = x^3 + 3x^2 - 2x + 4.$$

解 由于 $f(-1) = 8$, $f'(-1) = -5$, $f''(-1) = 0$, $f'''(-1) = 6$, $n > 3$ 时,$f^{(n)}(x) = 0$,因此

$$f(x) = f(-1) + f'(-1) \cdot (x+1) + \frac{f''(-1)}{2!} \cdot (x+1)^2 + \frac{f'''(-1)}{3!}(x+1)^3 + 0$$

$$= 8 - 5(x+1) + (x+1)^3.$$

例 4 求极限 $\lim\limits_{x \to 0} \dfrac{\cos x - \mathrm{e}^{-\frac{x^2}{2}}}{x^4}$.

解 本题可以用洛必达法则求解,但是较烦.下面应用泰勒公式求解.考虑到极限式的分母为 x^4,我们用麦克劳林公式表示极限式中的分子(取 $n = 4$,并利用例1).

$$\cos x = 1 - \frac{x^2}{2} + \frac{x^4}{24} + o(x^5),$$

$$e^{-\frac{x^2}{2}} = 1 - \frac{x^2}{2} + \frac{x^4}{8} + o(x^5),$$

因而求得 $\quad \lim\limits_{x \to 0} \dfrac{\cos x - e^{-\frac{x^2}{2}}}{x^4} = \lim\limits_{x \to 0} \dfrac{-\frac{1}{12}x^4 + o(x^5)}{x^4} = -\dfrac{1}{12}.$

习 题 3-3

(A)

1. 函数 $\sin x$ 的麦克劳林公式

$$\sin x = x - \frac{x^3}{3!} + \cdots + (-1)^{n-1} \frac{x^{2n-1}}{(2n-1)!} + R_{2n}(x)$$

中,为什么余项可以写成 $R_{2n}(x)$?

2. 求下列函数带皮亚诺型余项的麦克劳林公式.

(1) $f(x) = \dfrac{1}{\sqrt{1+x}}$;   (2) $f(x) = \sin^2 x$;

(3) $f(x) = x e^{-x}$.

3. 求函数 $f(x) = x^3 + 4x^2 + 5$ 在 $x = 1$ 处带拉格朗日型余项的泰勒公式.

4. 应用泰勒公式求下列极限.

(1) $\lim\limits_{x \to 0} \dfrac{\sin x - x}{x^3}$;   (2) $\lim\limits_{x \to 0} \dfrac{e^{\frac{x^2}{2}} - \cos x}{x(x - \sin x)}$.

(B)

1. 求函数 $f(x) = \arctan x$ 到含有 x^5 项的带皮亚诺型余项的麦克劳林公式.

2. 求下列函数在指定点处带指定余项的泰勒公式.

(1) $f(x) = \ln(2 + x)$ 在 $x = 1$ 处的 3 阶带皮亚诺型余项的泰勒公式;

(2) $f(x) = \tan x$ 在 $x = 0$ 处的 2 阶带拉格朗日型余项的泰勒公式.

3. 用泰勒公式求下列极限.

(1) $\lim\limits_{x \to \infty} \left[x - x^2 \ln\left(1 + \dfrac{1}{x}\right) \right]$;   (2) $\lim\limits_{x \to 0} \dfrac{1}{x} \left(\dfrac{1}{x} - \cot x\right)$.

4. 当 $x \to 0$ 时,确定下列无穷小关于 x 的阶.

(1) $x - \sin x$; (2) $\sin(x^2) + \ln(1 - x^2)$; (3) $e^{-\frac{x^2}{2}} - \cos x$.

第四节　函数的单调性与极值

一、函数的单调性

由拉格朗日中值定理,可以应用导数判断函数单调性.

定理1　设函数 $f(x)$ 在区间 I 上可导,则 $f(x)$ 在区间 I 上单调增加(单调减少)的充分必要条件是对任意 $x \in I$,有 $f'(x) \geqslant 0(f'(x) \leqslant 0)$.

证　只给出单调增加情况的证明,同法可证单调减少情况.

必要性　对任意 $x \in I$,取 $x + \Delta x \in I(\Delta x \neq 0)$(若 x 是区间 I 的端点,则只讨论 $\Delta x > 0$ 或 $\Delta x < 0$.),已知函数 $f(x)$ 在区间 I 单调增加,当 $\Delta x > 0$ 时,$f(x + \Delta x) - f(x) \geqslant 0$;当 $\Delta x < 0$ 时,$f(x + \Delta x) - f(x) \leqslant 0$,从而总有

$$\frac{f(x + \Delta x) - f(x)}{\Delta x} \geqslant 0.$$

已知函数 $f(x)$ 在 x 可导,由极限保号性,有

$$f'(x) = \lim_{\Delta x \to 0} \frac{f(x + \Delta x) - f(x)}{\Delta x} \geqslant 0.$$

充分性　对任意 $x_1, x_2 \in I$,且 $x_1 < x_2$,函数 $f(x)$ 在区间 $[x_1, x_2]$ 上满足拉格朗日定理的条件,有

$$f(x_2) - f(x_1) = f'(\xi) \cdot (x_2 - x_1), \quad x_1 < \xi < x_2.$$

因 $f'(\xi) \geqslant 0$, $x_2 - x_1 > 0$,所以

$$f(x_2) - f(x_1) \geqslant 0 \quad 即 \quad f(x_1) \leqslant f(x_2),$$

从而函数 $f(x)$ 在区间 I 上单调增加.

定理2(严格单调的充分条件)　若函数 $f(x)$ 在区间 I 可导,对任意 $x \in I$,有 $f'(x) > 0(f'(x) < 0)$,则函数 $f(x)$ 在区间 I 上严格增加(严格减少).

证　只给出严格增加情形的证明,同法可证严格减少的情形.

对任意 $x_1, x_2 \in I$,且 $x_1 < x_2$,由

$$f(x_2) - f(x_1) = f'(\xi) \cdot (x_2 - x_1), \quad x_1 < \xi < x_2,$$

及 $f'(\xi) > 0$, $x_2 - x_1 > 0$,有

$$f(x_1) < f(x_2),$$

即函数 $f(x)$ 在区间 I 上严格增加.

注　定理4只是函数严格单调的充分条件,但不是必要条件.例如 $y = x^3$,对任意 $x \in \mathbf{R}$,$f'(x) = 3x^2 \geqslant 0$,但函数 $f(x) = x^3$ 在 $\mathbf{R}$ 上严格增加.

例1 设 $f(x) = x^3 - x$,试讨论函数 $f(x)$ 的单调区间.

解 由于 $f'(x) = 3x^2 - 1 = (\sqrt{3}x + 1) \cdot (\sqrt{3}x - 1)$,令 $f'(x) = 0$,其根为 $-\dfrac{1}{\sqrt{3}}, \dfrac{1}{\sqrt{3}}$. 因此,当 $x \in \left(-\infty, -\dfrac{1}{\sqrt{3}}\right)$ 及 $x \in \left[\dfrac{1}{\sqrt{3}}, +\infty\right)$ 时,$f'(x) \geqslant 0$,$f(x)$ 单调增加;当 $x \in \left[-\dfrac{1}{\sqrt{3}}, \dfrac{1}{\sqrt{3}}\right]$ 时,$f'(x) \leqslant 0$,$f(x)$ 单调减少.

例2 讨论函数 $f(x) = e^{-x^2}$ 的严格单调性.

解 函数 $f(x)$ 的定义域是 **R**,$f'(x) = -2xe^{-x^2}$,令 $f'(x) = 0$,解得 $x = 0$,它将定义域 **R** 分成两个区间 $(-\infty, 0)$ 与 $(0, +\infty)$,作表如下:

x	$(-\infty, 0)$	0	$(0, +\infty)$
$f'(x)$	$+$	0	$-$
$f(x)$	$\cdot$ ↗	1	↘

其中,符号"↗"表示严格增加,"↘"表示严格减少. 由上表可见,函数 $f(x) = e^{-x^2}$ 在 $(-\infty, 0)$ 内严格增加,在 $(0, +\infty)$ 内严格减少.

应用定理 4 讨论函数 $f(x)$ 的单调性可按下列步骤进行:

(1) 确定函数 $f(x)$ 的定义域;

(2) 求导函数 $f'(x)$ 的零点,它将定义域分成若干个开区间;

(3) 判别导函数 $f'(x)$ 在每个开区间内的符号,由此,确定 $f(x)$ 的严格增加区间或严格减少区间.

例3 求函数 $y = (2x - 5) \cdot x^{\frac{2}{3}}$ 的单调区间.

解 函数的定义域为 $(-\infty, +\infty)$,令

$$y' = \left(2x^{\frac{5}{3}} - 5x^{\frac{2}{3}}\right)' = \frac{10 \cdot (x - 1)}{3 \cdot x^{\frac{1}{3}}} = 0,$$

解得稳定点 $x = 1$. 又,函数 y 在 $x = 0$ 处不可导,列表如下:

x	$(-\infty, 0)$	0	$(0, 1)$	1	$(1, +\infty)$
y'	$+$	不存在	$-$	0	$+$
y	↗	0	↘	-3	↗

可见,$(-\infty, 0]$,$[1, +\infty)$ 是函数的单调增加区间,$[0, 1]$ 是函数的单调减少区间.

例4 确定方程 $2x^3 - 3x^2 - 12x + 25 = 0$ 的实根个数.

解 设 $y = 2x^3 - 3x^2 - 12x + 25$,令 $y'(x) = 6(x^2 - x - 2) = 6(x + 1)$

$\cdot (x-2)=0$,解得稳定点 $x=-1$ 及 $x=2$,没有不可导点,列表如下:

x	$(-\infty,-1)$	-1	$(-1,2)$	2	$(2,+\infty)$
y'	$+$	0	$-$	0	$+$
y	↗	32	↘	5	↗

可见,函数在 $(-\infty,-1)$ 和 $(2,+\infty)$ 上分别严格增加,在 $[-1,2]$ 上严格减少. 由于 $y(2)=5>0$,因此,在区间 $[-1,2]$,$[-1,+\infty)$ 上,方程都没有根;又,

$$y(-1)=32>0,\ \lim_{x\to-\infty}y=\lim_{x\to-\infty}x^3\left(2-\frac{3}{x}-\frac{12}{x^2}+\frac{25}{x^3}\right)=-\infty,\ \text{因此,在区间}$$

$(-\infty,-1)$ 内,方程有一个根.

综上所述,原方程有且仅有一个实根.

应用函数单调性,可以证明不等式.

例 5 证明:当 $x>1$ 时,$4\sqrt{x}>5-\dfrac{1}{x}$.

证 令 $f(x)=4\sqrt{x}-\left(5-\dfrac{1}{x}\right)$,则 $f'(x)=\dfrac{2}{\sqrt{x}}-\dfrac{1}{x^2}=\dfrac{1}{x^2}\cdot(2x\sqrt{x}-1)$.

又 $f(x)$ 在 $[1,+\infty)$ 上连续,在 $(1,+\infty)$ 内,$f'(x)>0$,因此,$f(x)$ 严格增加,从而,当 $x>1$ 时,$f(x)>f(1)=0$,此即 $4\sqrt{x}-\left(5-\dfrac{1}{x}\right)>0$,从而

$$4\sqrt{x}>5-\frac{1}{x}\quad(x>1).$$

二、函数的极值

函数的极值不仅在实际问题中有着重要应用,而且也是函数性态的一个重要特征.

1. 极值定义

定义 设函数 $y=f(x)$ 在点 x_0 的某邻域 $U(x_0)$ 内有定义,若对一切 $x\in U(x_0)$,有

$$f(x_0)\geqslant f(x)\quad(f(x_0)\leqslant f(x)),\tag{1}$$

则称函数 $f(x)$ 在点 x_0 处取得极大(小)值,称点 x_0 为极大(小)值点. 极大值、极小值统称为极值,极大值点、极小值点统称为极值点.

图 3-5 所示的函数 $f(x)$ 在点 $x=x_1,x_3$ 处取得极大值,在点 $x=x_2$ 处取得极小值.

由于 $f(x)$ 在点 x 是否取得极值只在 x 的某个邻域内考虑,因此,它是函数的一个局部性质. 对同一个函数来说,有时,它在某一点的极大值可能会小于另

一点的极小值. 从图 3-5 中我们可以看到,在函数的极值点(图中的 A,B,C 点),曲线的切线是水平的;但是图 3-6 中的曲线在原点有水平切线,函数却没有取得极值. 下面我们给出可导函数在一点取得极值的必要条件和充分条件.

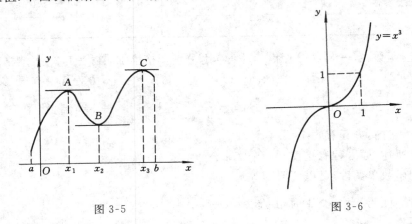

图 3-5   图 3-6

2. 极值的判定

定理 3(极值的必要条件)　若函数 $f(x)$ 在点 x_0 可导,并且在点 x_0 处取得极值,则 $f'(x_0) = 0$.

证　不妨假设 x_0 点是函数 $f(x)$ 的极小值点.

首先给 x_0 以改变量 Δx,根据极值定义,当 $|\Delta x|$ 足够小时,有 $f(x_0+\Delta x) \geqslant f(x_0)$,即 $f(x_0 + \Delta x) - f(x_0) \geqslant 0$, 于是,当 $\Delta x > 0$ 时,有

$$\frac{f(x_0 + \Delta x) - f(x_0)}{\Delta x} \geqslant 0.$$

根据极限的保号性,有

$$f'_+(x_0) = \lim_{\Delta x \to 0^+} \frac{f(x_0 + \Delta x) - f(x_0)}{\Delta x} \geqslant 0.$$

同理,当 $\Delta x < 0$ 时,有

$$f'_-(x_0) = \lim_{\Delta x \to 0^-} \frac{f(x_0 + \Delta x) - f(x_0)}{\Delta x} \leqslant 0.$$

由函数 $f(x)$ 在点 x_0 可导,得 $f'_+(x_0) = f'_-(x_0)$,从而 $f'(x_0) = 0$.

这个定理称为费马(Fermat)定理. 它的几何意义非常明确:若函数 $f(x)$ 在极值点 $x = x_0$ 处可导,则在该点有水平切线.

前面讲过使方程 $f'(x) = 0$ 的点称为稳定点(驻点),因此,费马定理告诉我们:可导函数 $f(x)$ 的极值点必是稳定点. 但是图 3-6 所示的例子表明稳定点不一定是极值点,另外,上述定理假定了函数在所讨论点处是具有导数的,但是函

数在不可导点也有可能取得极值,例如函数 $y=|x|$ 在 $x=0$ 处取得极小值,但它在该点处没有导数.

定理 4(极值的第一充分条件) 设函数 $f(x)$ 在 $\overset{\circ}{U}(x_0)$ 内可导,在 x_0 连续.

(1) 若当 $x\in(x_0-\delta,x_0)$ 时,$f'(x)\leqslant 0$,当 $x\in(x_0,x_0+\delta)$ 时,$f'(x)\geqslant 0$,则 $f(x)$ 在点 x_0 处取得极小值;

(2) 若当 $x\in(x_0-\delta,x_0)$ 时,$f'(x)\geqslant 0$,当 $x\in(x_0,x_0+\delta)$ 时,$f'(x)\leqslant 0$,则 $f(x)$ 在点 x_0 处取得极大值.

证 下面只证(2),(1)的证明可类似进行.

由 $f'(x)$ 的符号知函数 $f(x)$ 在 $(x_0-\delta,x_0)$ 内单调增加,在 $(x_0,x_0+\delta)$ 内单调减少,又由 $f(x)$ 在 x_0 处连续,故对任意 $x\in U(x_0)$,恒有 $f(x)\leqslant f(x_0)$,即 $f(x)$ 在 x_0 处取得极大值.

例 6 求 $f(x)=(2x-5)\sqrt[3]{x^2}$ 的极值点与极值.

解 $f(x)=(2x-5)\sqrt[3]{x^2}=2x^{\frac{5}{3}}-5x^{\frac{2}{3}}$ 在 $(-\infty,+\infty)$ 上连续,且当 $x\neq 0$ 时,有

$$f'(x)=\frac{10}{3}x^{\frac{2}{3}}-\frac{10}{3}x^{-\frac{1}{3}}=\frac{10}{3}\cdot\frac{x-1}{\sqrt[3]{x}}.$$

易见 $x=1$ 为 $f(x)$ 的稳定点,$x=0$ 为 $f(x)$ 的不可导点,这两个点是可能的极值点.

由于在 $(-\infty,0)$ 内,$f'(x)>0$,在 $(0,1)$ 内,$f'(x)<0$,在 $(1,+\infty)$ 内,$f'(x)>0$,所以,点 $x=0$ 为 $f(x)$ 的极大值点,极大值 $f(0)=0$;$x=1$ 为 $f(x)$ 的极小值点,极小值 $f(1)=-3$.

当函数 $f(x)$ 在稳定点处的二阶导数存在时,可以应用下面的判定法则.

定理 5(极值的第二充分条件) 设 $f(x)$ 在 x_0 的某邻域 $U(x_0)$ 内一阶可导,在 $x=x_0$ 处二阶可导,且 $f'(x_0)=0$,$f''(x_0)\neq 0$.

(1) 若 $f''(x_0)<0$,则 $f(x)$ 在 x_0 处取得极大值;

(2) 若 $f''(x_0)>0$,则 $f(x)$ 在 x_0 处取得极小值.

证 只证(1),(2)的证明可类似给出.

由 $f''(x_0)<0$,即

$$\lim_{x\to x_0}\frac{f'(x)-f'(x_0)}{x-x_0}<0.$$

由极限保号性可知,在 $U(x_0)$ 内有

$$\frac{f'(x) - f'(x_0)}{x - x_0} < 0 \quad (x \neq x_0).$$

又由于 $f'(x_0) = 0$，所以

$$\frac{f'(x)}{x - x_0} < 0.$$

由此可见，当 $x \in (x_0 - \delta, x_0)$ 时，$f'(x) > 0$，而当 $x \in (x_0, x_0 + \delta)$ 时，$f'(x) < 0$，故函数 $f(x)$ 在点 x_0 取得极大值.

定理表明，如果函数在稳定点 x_0 处的二阶导数 $f''(x_0) \neq 0$，那么，该稳定点一定是极值点. 但当 $f''(x_0) = 0$ 时，$f(x)$ 在点 x_0 处可能有极值，也可能没有极值. 如 $f(x) = x^3$，有 $f'(0) = f''(0) = 0$，$f(x) = x^3$ 在 $x = 0$ 处没有极值；而函数 $f(x) = x^4$，有 $f'(0) = f''(0) = 0$，但 $f(x) = x^4$ 在 $x = 0$ 处取得极小值. 此时仍可用第一充分条件判断.

例 7 求 $y = x^3 - 9x^2 + 15x + 3$ 的极值.

解 由于 $y'(x) = 3x^2 - 18x + 15 = 3(x-1)(x-5)$，故稳定点为 $x = 1$ 与 $x = 5$，而 $y''(x) = 6x - 18 = 6(x-3)$，且 $y''(1) = -12 < 0$，$y''(5) = 12 > 0$，因此，$x = 1$ 是函数的极大值点，极大值 $y(1) = 10$；$x = 5$ 是函数的极小值点，极小值 $y(5) = -22$.

三、最大值与最小值

在生产实践和经济核算中，常常需要对一个具体问题作出最优选择，例如，在一定条件下如何使投入最少、产出最多、成本最低、利润最高等，反映到数学上，就是函数的最大值与最小值问题.

我们在第一章第十节定义了函数在区间 I 上的最大值和最小值，并且知道闭区间 $[a,b]$ 上的连续函数必在区间上取得最大值和最小值. 函数的最大值、最小值统称为最值，取得最值的点称为最值点. 如果函数的最值是在区间内部取得，则此最值点必是极值点，此外最值点有可能是区间的端点. 因此，求函数 $f(x)$ 在闭区间 I 上最值的方法如下：

（1）求出函数的一切稳定点和不可导点；

（2）求出函数在上述各点及区间端点处的函数值；

（3）比较以上各值，其中最大的就是函数的最大值，最小的就是最小值.

例 8 求例 3 中函数在区间 $[-1,2]$ 上的最大值和最小值.

解 因 $f'(1) = 0$，又 $f(x)$ 在 $x = 0$ 不可导，故

$$y_{\max} = \max\{y(-1), y(2), y(0), y(1)\}$$

$$= \max\{-7, -2\tfrac{2}{3}, 0, -3\} = 0.$$

$$y_{\min} = \min\{-7, -2\tfrac{2}{3}, 0, -3\} = -7.$$

例 9 设有一长 8cm、宽 5cm 的矩形铁片，如图 3-7 所示，在每个角上剪去同样大小的正方形，问剪去正方形的边长多大，才能使剩下的铁片折起来做成开口盒子的容积最大？

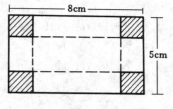

图 3-7

解 设剪去的小正方形的边长为 x，于是，做成开口盒子的容积 $V(x)$ 是 x 的函数，即

$$V(x) = x(5 - 2x)(8 - 2x),$$

其中，$0 < x < \dfrac{5}{2}$，令

$$V'(x) = (5 - 2x)(8 - 2x) - 2x(5 - 2x) - 2x(8 - 2x)$$
$$= 4(x - 1)(3x - 10) = 0,$$

解得稳定点 $x = 1$ 与 $\dfrac{10}{3}$，其中，$\dfrac{10}{3}$ 不在 $\left[0, \dfrac{5}{2}\right]$ 之中，去掉. 因此，只有一个稳定点 $x = 1$. 由问题的实际定义知，这个唯一的稳定点就是最大值点，盒子的最大容积为

$$V_{\max} = V(1) = 18(\text{cm}^3).$$

例 10 证明对任意 $x > 0$，成立不等式

$$x^\alpha - \alpha x + \alpha - 1 \leqslant 0, \quad 0 < \alpha < 1.$$

证 讨论函数

$$f(x) = x^\alpha - \alpha x + \alpha - 1$$

在区间 $(0, +\infty)$ 上的最大值. 令

$$f'(x) = \alpha x^{\alpha-1} - \alpha = \alpha(x^{\alpha-1} - 1) = 0,$$

解得唯一稳定点 $x = 1$，它将区间 $(0, +\infty)$ 分成 $(0, 1)$ 与 $(1, +\infty)$ 两个区间，列表如下：

x	$(0, 1)$	1	$(1, +\infty)$
$f'(x)$	+	0	−
$f(x)$	↗	极大点	↘

稳定点 $x = 1$ 是函数 $f(x)$ 的极大值点，极大值 $f(1) = 0$，由此表可见，极大值 $f(1) = 0$ 就是函数 $f(x)$ 在区间 $(0, +\infty)$ 的最大值，即对任意 $x > 0$，有

$$f(x) \leqslant f(1)$$

或
$$x^{\alpha} - \alpha x + \alpha - 1 \leqslant 0, \quad 0 < \alpha < 1.$$

习 题 3-4

(A)

1. 求下列函数的单调区间.

(1) $y = e^x - x - 1$;　　　　　　(2) $y = 2 - (x-1)^{2/3}$.

2. 求下列函数的极值.

(1) $f(x) = x^2 + \dfrac{54}{x}$;　　　　　　(2) $f(x) = x^3 \cdot (x-5)^2$;

(3) $f(x) = x - 3 \cdot \sqrt[3]{x}$;　　　　　　(4) $f(x) = x^3 - 3x^2 - 9x + 5$.

3. 证明若函数 $f(x)$ 在点 x_0 连续,且 $f'_+(x_0) < 0 \; (>0)$, $f'_-(x_0) > 0 \, (<0)$,则 x_0 为 $f(x)$ 的极大(小)值点.

4. 求下列函数在给定区间上的最大值和最小值.

(1) $f(x) = x^4 - 2x^2 + 5$, $[-2,2]$;　　(2) $f(x) = x + (1-x)^{2/3}$, $[0,2]$;

(3) $f(x) = \sqrt{x} \cdot \ln x$, $(0, +\infty)$.

5. 一艘轮船在航行中的燃料费与它的速度的立方成正比,已知当速度为 10km/h 时,燃料费为 6 元 /h,而其他与速度无关的费用为 96 元 /h,问轮船的速度为多少时,每航行 1km 所消耗的费用最少?

(B)

1. 应用函数的单调性证明下列不等式.

(1) $e^x > 1 + x$, $x \neq 0$;　　　　　　(2) $\dfrac{2x}{\pi} < \sin x < x$, $x \in \left(0, \dfrac{\pi}{2}\right)$.

2. 求下列函数的单调区间.

(1) $y = \sqrt[5]{x^4}$;　　　　　　(2) $y = 2x^3 - 9x^2$.

3. 设

$$f(x) = \begin{cases} x^4 \sin^2\left(\dfrac{1}{x}\right), & x \neq 0, \\ 0, & x = 0. \end{cases}$$

(1) 证明 $x = 0$ 是极小值点;

(2) 说明 $f(x)$ 的极小值点 $x = 0$ 处是否满足极值的第一充分条件或第二充分条件.

4. 求一正数 a, 使它与其倒数之和最小.

5. 测量某个量 A, 由于仪器的精度和测量的技术等原因,对量 A 做了 n 次测量,测量的数值分别是 $a_1, a_2, \cdots, a_n$. 取数 x 作为量 A 的近似值,问 x 取何值时才能使 x 与 $a_i (i=1,2,\cdots,n)$ 之差的平方和为最小?

6. 对任意 $x \in \mathbf{R}$, 证明 $x^4 + (1-x)^4 \geqslant \dfrac{1}{8}$.

第五节　曲线的凹凸性、拐点与图形描绘

一、曲线的凹凸性与拐点

比较函数 $f(x) = x^2$ 和 $f(x) = \sqrt{x}$ 的图像,我们发现它们具有不同的弯曲方向:曲线 $y = x^2$ 上任意两点间的弧段总是在这两点连线的下方;而曲线 $y = \sqrt{x}$ 则相反,任意两点间的弧段总在这两点连线的上方.这种性质就是曲线的凹凸性.

定义 1　设函数 $f(x)$ 在区间 I 内连续.如果对区间 I 内任意两点 x_1, x_2,总有

$$f\left(\frac{x_1 + x_2}{2}\right) < \frac{f(x_1) + f(x_2)}{2},$$

那么,称函数 $f(x)$ 在区间 I 上的图形是(向上)凹的(或凹弧),如图 3-8 所示.

如果总有

$$f\left(\frac{x_1 + x_2}{2}\right) > \frac{f(x_1) + f(x_2)}{2},$$

那么,称函数 $f(x)$ 在区间 I 上的图形是(向上)凸的(或凸弧),如图 3-9 所示.

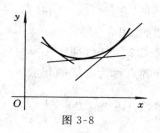

图 3-8

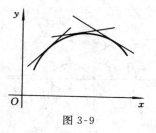

图 3-9

我们可以利用切线判别曲线在某一区间上的凹凸性.如图 3-8 所示,对于上凹的曲线,如果它处处有切线,那么,每一点的切线都在弧的下方,于是,随着 x 的增大,切线的倾斜角也增大,从而导数 $f'(x)$ 单调增加.对于如图 3-9 所示的上凸曲线,如果它处处有切线的话,切线位于曲线上方,并且切线的倾斜角随 x 的增大而减小,从而导数 $f'(x)$ 是单调减少的.

由此得到根据 $f(x)$ 的二阶导数的符号判别曲线凹凸性的法则.

定理 1　设函数 $f(x)$ 在区间 I 内具有二阶导数,则曲线 $y = f(x)$ 上凹(上凸)的充要条件是 $f''(x) > 0 (f''(x) < 0)$, $\forall x \in I$.

例 1　判定曲线 $y = x^3$ 的凹凸性.

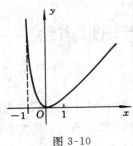

图 3-10

解 因为 $y' = 3x^2$，$y'' = 6x$，当 $x < 0$ 时，$y'' < 0$，所以，曲线在 $(-\infty, 0]$ 上是上凸的；当 $x > 0$ 时，$y'' > 0$，所以，曲线在 $[0, +\infty)$ 上是上凹的. 点 $(0,0)$ 是曲线由凸变凹的分界点(图 3-6).

例 2 判别曲线 $y = x - \ln(x+1)$ 的凹凸性.

解 因为 $y' = 1 - \dfrac{1}{x+1}$，$y'' = \dfrac{1}{(x+1)^2} > 0$，所以函数在定义域 $(-1, +\infty)$ 内为上凹的(图 3-10).

例 3 求曲线 $y = \dfrac{x}{1+x^2}$ 的凹凸区间.

解 $y' = \dfrac{1-x^2}{(1+x^2)^2}$，$y'' = \dfrac{2x(x^2-3)}{(1+x^2)^3}$，令 $y'' = 0$，得 $x = 0$ 或 $x = \pm\sqrt{3}$.

注意到函数是奇函数，列表讨论如下：

x	0	$(0, \sqrt{3})$	$\sqrt{3}$	$(\sqrt{3}, +\infty)$
y''	0	$-$	0	$+$
$y = f(x)$	0	上凸	$\dfrac{\sqrt{3}}{4}$	上凹

故曲线在区间 $(-\infty, -\sqrt{3})$ 和 $(0, \sqrt{3})$ 内是上凸的，在 $(-\sqrt{3}, 0)$ 和 $(\sqrt{3}, +\infty)$ 内是上凹的(图 3-11).

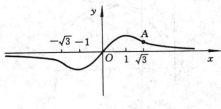

图 3-11

定义 2 连续曲线 $y = f(x)$ 凸和凹的分界点称为曲线的拐点.

例 3 中的点 $O(0,0)$ 与 $A\left(\sqrt{3}, \dfrac{\sqrt{3}}{4}\right)$ 都是曲线 $y = \dfrac{x}{1+x^2}$ 的拐点.

因为拐点是曲线凹和凸的分界点，所以拐点左、右两侧 $f''(x)$ 必异号，因而在拐点处，$f''(x) = 0$ 或 $f''(x)$ 不存在.

例 4 判定曲线 $y = xe^{-x}$ 的凹凸性及拐点.

解 (1) $y' = e^{-x}(1-x)$，$y'' = e^{-x}(x-2)$；

(2) 令 $y'' = 0$，解得 $x = 2$；

(3) 以点 $x = 2$ 把函数定义域 $(-\infty, +\infty)$ 分成两个区间，其讨论结果列表如下：

x	$(-\infty, 2)$	2	$(2, +\infty)$
y''	$-$	0	$+$
$y = f(x)$	上凸	拐点	上凹

因 $y(2) = 2e^{-2}$，故拐点为 $(2, 2e^{-2})$（图 3-12）.

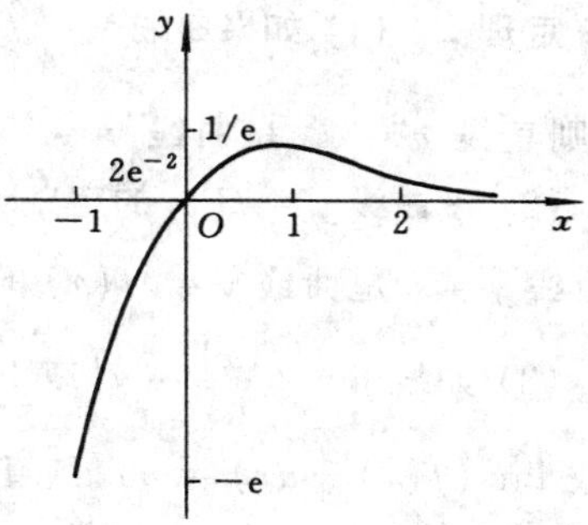

图 3-12

例 5 求曲线 $y = (x-1)\sqrt[3]{x^5}$ 的凹凸区间及拐点.

解 $y' = \dfrac{8}{3}x^{\frac{5}{3}} - \dfrac{5}{3}x^{\frac{2}{3}}$，

$$y'' = \frac{40}{9}x^{\frac{2}{3}} - \frac{10}{9}x^{-\frac{1}{3}} = \frac{10}{9} \cdot \frac{4x-1}{\sqrt[3]{x}}.$$

令 $y'' = 0$，得 $x = \dfrac{1}{4}$；$x = 0$ 时，y'' 不存在.

列表讨论如下：

x	$(-\infty, 0)$	0	$\left(0, \dfrac{1}{4}\right)$	$\dfrac{1}{4}$	$\left(\dfrac{1}{4}, +\infty\right)$
y''	$+$	不存在	$-$	0	$+$
$y = f(x)$	上凹	拐点	上凸	拐点	上凹

曲线的拐点为 $(0, 0)$ 和 $\left(\dfrac{1}{4}, \dfrac{-3}{32\sqrt[3]{2}}\right)$，上凹区间为 $(-\infty, 0]$ 及 $\left[\dfrac{1}{4}, +\infty\right)$，

上凸区间为 $\left[0, \dfrac{1}{4}\right]$.

二、曲线的渐近线与函数图形的描绘

当函数的定义域和值域都有界时，其图形仅局限于一定范围内，比如在一个圆或矩形内部. 而有些函数的定义域或值域是无限区间，此时，函数的图形向无穷远处延伸，如函数 $y = \dfrac{1}{x}$，当曲线 $y = \dfrac{1}{x}$ 上的点沿曲线趋于无穷远时，该曲线与直线 $y = 0$ 无限地靠近，这样的直线叫做曲线的渐近线.

定义 3 如果点 M 沿曲线 $y = f(x)$ 离坐标原点无限远移时，M 与某一条直线 l 的距离趋近于零，则称直线 l 为曲线 $y = f(x)$ 的一条渐近线.

关于函数图像 $y = f(x)$ 的渐近线，有如下判别法则：

定理 2　(1) 如果曲线 $y = f(x)$ 在 x_0 处间断,且 $\lim\limits_{x \to x_0^+} f(x) = \infty$ 或 $\lim\limits_{x \to x_0^-} f(x) = \infty$,则直线 $x = x_0$ 是曲线 $y = f(x)$ 的垂直渐近线;

(2) 设曲线 $y = f(x)$ 的定义域为无限区间,如果 $\lim\limits_{x \to +\infty} f(x) = b$ 或 $\lim\limits_{x \to -\infty} f(x) = b$,则直线 $y = b$ 是曲线 $y = f(x)$ 的一条水平渐近线;

(3) 如果 $\lim\limits_{x \to +\infty} \dfrac{f(x)}{x} = a \left(\text{或} \lim\limits_{x \to -\infty} \dfrac{f(x)}{x} = a \right)$ 且 $a \neq 0$,并且 $\lim\limits_{x \to +\infty} (f(x) - ax) = b$ (或 $\lim\limits_{x \to -\infty} (f(x) - ax) = b$),则直线 $y = ax + b$ 为曲线 $y = f(x)$ 的一条斜渐近线.

例 6　求曲线 $y = \dfrac{x^2}{x + 1}$ 的渐近线.

解　(1) 因为 $x = -1$ 是曲线 $y = \dfrac{x^2}{x + 1}$ 的间断点,且

$$\lim_{x \to -1^+} \frac{x^2}{x + 1} = +\infty, \qquad \lim_{x \to -1^-} \frac{x^2}{x + 1} = -\infty,$$

所以,$x = -1$ 是曲线 $y = \dfrac{x^2}{x + 1}$ 的垂直渐近线;

(2) 又 $$\lim_{x \to \infty} \frac{f(x)}{x} = \lim_{x \to \infty} \frac{x}{x + 1} = 1,$$

$$\lim_{x \to \infty} (f(x) - ax) = \lim_{x \to \infty} \left[\frac{x^2}{x + 1} - x \right] = \lim_{x \to \infty} \frac{-x}{x + 1} = -1,$$

所以,$y = x - 1$ 是曲线 $y = \dfrac{x^2}{x + 1}$ 的斜渐近线.

例 7　求曲线 $y = x + \arctan x$ 的渐近线.

解　由于

$$a = \lim_{x \to \infty} \frac{f(x)}{x} = \lim_{x \to \infty} \left(1 + \frac{1}{x} \arctan x \right) = 1,$$

而 $$f(x) - ax = x + \arctan x - x = \arctan x,$$

且 $$\lim_{x \to +\infty} (f(x) - ax) = \lim_{x \to +\infty} \arctan x = \frac{\pi}{2},$$

$$\lim_{x \to -\infty} (f(x) - ax) = \lim_{x \to -\infty} \arctan x = -\frac{\pi}{2}.$$

因此,曲线 $y = x + \arctan x$ 有两条斜渐近线(图 3-13),分别如下:

当 $x \to +\infty$ 时,斜渐近线为 $y = x + \dfrac{\pi}{2}$;

当 $x \to -\infty$ 时,斜渐近线为 $y = x - \dfrac{\pi}{2}$.

在中学里,我们主要依赖描点作图法画出一些简单函数的图像. 一般来说,这样得到的图像比较粗糙,不能准确地反映函数的性态(如单调区间、极值点、凹凸性、拐点等)和变化趋势,下面我们将综合应用前面几节学过的方法,再结合周期性、奇偶性、渐近线等知识,较完善地作出函数的图像.

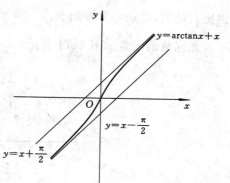

图 3-13

作函数图像的一般步骤如下:

(1) 确定函数的定义域;

(2) 考虑函数的奇偶性、周期性;

(3) 求函数的某些特殊点,如与两个坐标轴的交点、不连续点、不可导点等;

(4) 确定函数的单调区间、极值点、凹凸性及拐点;

(5) 考察渐近线;

(6) 综合以上讨论结果画出函数图像.

例 8 描绘函数 $y = \mathrm{e}^{-x^2}$ 的图像.

解 (1) 定义域为 $(-\infty, +\infty)$,值域为 $(0,1)$,是偶函数,因此只需讨论区间 $[0, +\infty)$ 上的图形;

(2) 有水平渐近线 $y = 0$,没有垂直渐近线与斜渐近线;

(3) $y' = -2x\mathrm{e}^{-x^2}$,$y'' = 2(2x^2 - 1)\mathrm{e}^{-x^2}$,令 $y' = 0$,得 $x = 0$;令 $y'' = 0$,得 $x = \pm\dfrac{\sqrt{2}}{2}$;

(4) 点 $x = \dfrac{\sqrt{2}}{2}$ 把 $(0, +\infty)$ 分成 $\left(0, \dfrac{\sqrt{2}}{2}\right)$ 与 $\left(\dfrac{\sqrt{2}}{2}, +\infty\right)$ 两个开区间,分别讨论 y' 与 y'' 的符号,列表讨论如下:

x	0	$\left(0, \dfrac{\sqrt{2}}{2}\right)$	$\dfrac{\sqrt{2}}{2}$	$\left(\dfrac{\sqrt{2}}{2}, +\infty\right)$
y'	0	$-$	$-$	$-$
y''	$-$	$-$	0	$+$
y	1	$\searrow$	0.6	$\searrow$
	极大	上凸	拐	上凹

(5) 求点的坐标. $x = 0$ 时,$y = 1$,$x = \dfrac{\sqrt{2}}{2} = 0.7$ 时,$y = \dfrac{1}{\sqrt{\mathrm{e}}} \approx 0.6$;为了绘

图更有把握,增加一个辅助点:$x = 1$ 时,$y = \dfrac{1}{e} \approx 0.37$.

此函数的图像如图 3-14 所示.

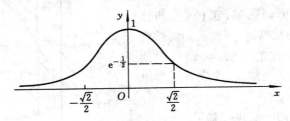

图 3-14

例 9 描绘函数 $f(x) = \dfrac{(x-3)^2}{4(x-1)}$ 的图像.

解 函数定义域是 $(-\infty, 1) \bigcup (1, +\infty)$;其中,$f'(x) = \dfrac{(x+1)(x-3)}{4(x-1)^2}$,

$f''(x) = \dfrac{2}{(x-1)^3}$;令 $f'(x) = 0$,解得稳定点为 $x = -1$, $x = 3$,它们将定义域分为 $(-\infty, -1)$,$(-1, 1)$,$(1, 3)$ 和 $(3, +\infty)$ 四个区间;又,方程 $f''(x) = 0$ 无解,$x = 1$ 时,$f''(x)$ 不存在,但函数在 $x = 1$ 处无定义,故没有拐点.

列表如下:

x	$(-\infty, -1)$	-1	$(-1, 1)$	$(1, 3)$	3	$(3, +\infty)$
$f'(x)$	$+$	0	$-$	$-$	0	$+$
$f''(x)$	$-$	$-$	$-$	$+$	$+$	$+$
$f(x)$	↗ 上凸	极大点 极大值 -2	↘ 上凸	↘ 上凹	极小点 极小值 0	↗ 上凹

注意到 $f(0) = -\dfrac{9}{4}$, $f(3) = 0$ 即曲线与 y 轴交于点 $\left(0, -\dfrac{9}{4}\right)$,与 x 轴交于点 $(3, 0)$. 由于

$$\lim_{x \to 1^+} \frac{(x-3)^2}{4(x-1)} = +\infty, \quad \lim_{x \to 1^-} \frac{(x-3)^2}{4(x-1)} = -\infty,$$

则 $x = 1$ 是曲线的垂直渐近线. 又有

$$a = \lim_{x \to \infty} \frac{f(x)}{x} = \lim_{x \to \infty} \frac{(x-3)^2}{4x(x-1)} = \frac{1}{4},$$

$$b = \lim_{x \to \infty} (f(x) - ax)$$

$$= \lim_{x \to \infty} \left(\frac{(x-3)^2}{4(x-1)} - \frac{x}{4} \right)$$

$$= \lim_{x \to \infty} \frac{x^2 - 6x + 9 - x^2 + x}{4(x-1)}$$

$$= \lim_{x \to \infty} \frac{-5x + 9}{4(x-1)} = -\frac{5}{4}.$$

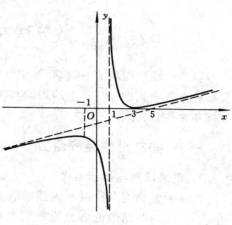

图 3-15

这表明直线 $y = \frac{1}{4}x - \frac{5}{4}$，即 $x - 4y = 5$

是曲线 $f(x) = \dfrac{(x-3)^2}{4(x-1)}$ 的斜渐近浅.

综合以上讨论，作出函数的图像如图 3-15 所示.

习 题 3-5

（A）

1. 讨论下列函数的凹凸性及拐点.

(1) $y = x^4$；

(2) $y = \arctan x$；

(3) $y = 3x^4 - 4x^3 + 1$；

(4) $y = \sqrt[3]{x}$.

2. 求下列曲线的渐近线.

(1) $y = \dfrac{x^2}{x^2 - 1}$；

(2) $y = x e^{\frac{1}{x^2}}$.

3. 作函数 $y = x \arctan x$ 的图像.

（B）

1. 求曲线 $y = x\ln\left(e + \dfrac{1}{x}\right)$ 的渐近线.

2. 问 a 和 b 为何值时，点 $(1,3)$ 为曲线 $y = ax^3 + bx^2$ 的拐点？

3. 应用凹性证明不等式：

$$e^{\frac{a+b}{2}} \leqslant \frac{1}{2}(e^a + e^b) \quad (\text{任意 } a, b \in \mathbf{R}).$$

4. 证明曲线 $y = \dfrac{x+1}{x^2+1}$ 有三个拐点，且位于一条直线上.

5. 作下列函数的图像.

(1) $y = \dfrac{1}{\sqrt{2\pi}} e^{-\frac{x^2}{2}}$；

(2) $y = \dfrac{x^2}{1 + x^2}$.

第六节　微分法在经济问题中的应用

数学与经济问题关系密切.数学不仅是研究经济问题的有力工具,数学原理也是建立各种先进经济理念的理论基础.本节应用导数研究经济理论中的边际分析和弹性分析.

一、一些常见的经济函数

1. 需求函数与供给函数

需求量是指在某个时间内预期消费者能够购买的某种商品的数量,用符号 Q_d 表示,它与商品的价格 P 有密切关系.如果暂不考虑其他因素的影响,则 Q_d 是 P 的函数,记为

$$Q_d = f(P).$$

上式称为<u>需求函数</u>.由于价格上涨将导致需求量下降,因此,Q_d 是 P 的递减函数,常见的表现形式有线性函数:

$$Q_d = a - bP \quad (a,b > 0)$$

和幂函数:

$$Q_d = aP^{-b} \quad (a,b > 0).$$

供给函数是指在某个时间内,生产商能够提供的某种商品的数量,用 Q_s 表示,它同样受商品价格影响.如果我们也不考虑其他因素的影响,则 Q_s 是价格 P 的函数,记为

$$Q_s = g(P).$$

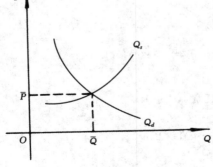

图 3-16

上式称为<u>供给函数</u>.它一般是价格 P 的增函数.供给函数的常见表现形式有

$$Q_s = -a + bP \quad (a,b > 0)$$

和

$$Q_s = aP^b \quad (a,b > 0).$$

当 $Q_d = Q_s$ 时,市场的供需处于平衡状态,此时的价格 $\overline{P}$ 称为<u>均衡价格</u>.需求(或供给)量 $\overline{Q}$ 称为<u>均衡量</u>(图 3-16).

例 1　已知某种商品的需求函数为 $Q_d = 14 - 1.5P$,供给函数为 $Q_s = -5 + 4P$,求该商品的均衡价格和均衡量.

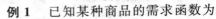

· 132 ·

解 根据供需平衡条件,有

$$14 - 1.5P = -5 + 4P,$$

解得均衡价格为

$$\bar{P} = \frac{19}{5.5} \approx 3.45.$$

将均衡价格代入需求函数(或供给函数),求得均衡量为

$$\bar{Q} \approx 8.82.$$

2. 总成本函数、总收入函数和总利润函数

在商品生产和营销活动中,如果投入的各要素价格不变,则成本 C 是产量或销售量 Q 的函数 $C = C(Q)$,称为**总成本函数**. 一般,总成本由两部分组成,即固定成本 C_0 和可变成本 C_1. 其中固定成本 C_0 包括厂房和设备的折旧费、企业管理费、各项固定支出等,它与产量 Q 无关. 可变成本 C_1 包括原材料和动力的消耗、工人工资奖金、上交企业税等,它是产量 Q 的函数,记为 $C_1 = C_1(Q)$,于是,总成本函数为

$$C(Q) = C_0 + C_1(Q).$$

以总成本除以总产量 Q,得到平均成本函数:

$$\bar{C}(Q) = \frac{C(Q)}{Q} = \frac{C_0}{Q} + \frac{C_1(Q)}{Q} = \bar{C}_0 + \bar{C}_1(Q),$$

其中,$\bar{C}_0 = \dfrac{C_0}{Q}$ 和 $\bar{C}_1(Q) = \dfrac{C_1(Q)}{Q}$ 分别称为平均固定成本与平均可变成本.

厂商销售 Q 单位的商品所得收入为 $R = R(Q)$,称为**总收入函数**. 设商品的价格为 P,则总收入函数为

$$R(Q) = PQ.$$

若商品的需求函数为 $Q = f(P)$,则价格 P 可以表示为

$$P = f^{-1}(Q),$$

其中,f^{-1} 是 f 的反函数. 当产销均衡时,总收入函数为

$$R(Q) = PQ = Qf^{-1}(Q).$$

总利润函数 $L = L(Q)$ 也是产量 Q 的函数,它是总收入 R 与总成本 C 之差,即

$$L(Q) = R(Q) - C(Q).$$

二、边际与边际分析

我们知道,若函数 $y = f(x)$ 可导,则导数 $f'(x)$ 表示函数的变化率.在经济学中,将导函数称为边际函数,$f'(x_0)$ 称为 $f(x)$ 在点 x_0 处的边际函数值,它表示 $f(x)$ 在 x_0 处的变化速度.当 x 改变 1 个单位(在经济学中一个单位往往就是最小改变量)即 $|\Delta x| = 1$ 时,函数相应的改变量为

$$\Delta y \Big|_{\substack{x=x_0 \\ \Delta x=1}} \approx \mathrm{d}y \Big|_{\substack{x=x_0 \\ \Delta x=1}} = f'(x_0) \cdot \Delta x \Big|_{\substack{x=x_0 \\ \Delta x=1}} = f'(x_0).$$

因此,$f(x)$ 在 x_0 处的边际函数值 $f'(x_0)$ 表示 $y = f(x)$ 在 x_0 处当 x 改变 1 个单位时函数 y 的改变量就是边际值 $f'(x_0)$.

于是,在经济学中有如下定义:

定义 1 设函数 $y = f(x)$ 可导,则称导函数 $f'(x)$ 为 $f(x)$ 的边际函数,称 $f'(x_0)$ 为 $f(x)$ 在 x_0 处的边际函数值,简称边际.

成本函数 $C(Q)$ 的边际 $C'(Q)$ 称为边际成本,其经济意义是当产量为 Q 时再生产 1 个单位产品(即 $\Delta Q = 1$)所需的成本,或者生产第 Q 个产品(此时,$\Delta x = -1$)所耗费的成本,即

$$C(Q+1) - C(Q) = \Delta C(Q) \approx C'(Q).$$

边际成本有时用 MC 表示,即 $MC = C'(Q)$.

例 2 一企业生产某种产品的日生产能力为 500 台,每日耗费的总成本 C(单位:千元)是日产量 Q(单位:台)的函数:

$$C(Q) = 400 + 2Q + 5\sqrt{Q}, \quad Q \in [0, 500].$$

求:(1) 当产量为 400 台时的总成本;

(2) 当产量为 400 台时的平均成本;

(3) 当产量由 400 台增加到 484 台时总成本的平均变化率;

(4) 当产量为 400 台时的边际成本.

解 总成本函数为

$$C(Q) = 400 + 2Q + 5\sqrt{Q}, \quad Q \in [0, 500].$$

(1) 当产量为 400 台时,总成本为

$$C(400) = 400 + 2 \times 400 + 5 \times \sqrt{400} = 1300(千元).$$

(2) 当产量为 400 台时,平均成本为

$$\frac{C(400)}{400} = \frac{1300}{400} = 3.25(千元 / 台).$$

(3) 当产量由 400 台增加到 484 台时,总成本的平均变化率为

$$\frac{\Delta C}{\Delta x} = \frac{C(484) - C(400)}{484 - 400} = \frac{1478 - 1300}{84} \approx 2.119(千元 / 台).$$

（4）该产品的边际成本为

$$C'(Q) = (400 + 2Q + 5\sqrt{Q})' = 2 + \frac{5}{2\sqrt{Q}}.$$

当产量为 400 台时，其边际成本为

$$C'(400) = 2 + \frac{5}{2\sqrt{400}} = 2.125（千元／台）.$$

上式中，$C'(400) = 2.125$，表示当产量为 400 台时，再多生产 1 台，将耗费成本 2.125 千元.

收益函数 $R(Q)$ 的边际 $R'(Q)$ 称为边际收益. 它表示销量为 Q 时再多销售 1 个单位产品所得的收入. 边际收益有时用 MR 表示，即 $MR = R'(Q)$.

例 3　设某产品的价格 p 与销售量 Q 的函数关系为 $Q = 60 - 3p$，求销售量为 30 个单位时的总收入、平均收入与边际收入.

解　总收入函数为

$$R(Q) = p \cdot Q = \frac{60 - Q}{3} \cdot Q = 20Q - \frac{Q^2}{3},$$

则

$$R(30) = 30 \times \left(20 - \frac{30}{3}\right) = 300;$$

平均收入为

$$\frac{R(Q)}{Q}\bigg|_{Q=30} = \frac{R(30)}{30} = \frac{300}{30} = 10;$$

边际收入为

$$R'(Q)\bigg|_{Q=30} = 20 - \frac{2}{3}Q\bigg|_{Q=30} = 0.$$

上例中，$Q = 30$ 时边际收入为 0，表明再增加销售量，总收入将不会增加，即当 $Q = 30$ 时，总收入函数 $R(Q)$ 达到最大值. 而当销售量为 45 个单位时的边际收入为

$$R'(45) = 20 - \frac{2}{3} \times 45 = 20 - 30 = -10 < 0,$$

说明总收入函数 $R(Q)$ 在 45 附近是减少的，而且再多销售一个单位，总收入将减少 10 元. 但当销售量为 15 个单位时，其边际收入为

$$R'(15) = 20 - \frac{2}{3} \times 15 = 20 - 10 = 10 > 0,$$

说明总收入函数 $R(Q)$ 在 $Q = 15$ 附近是增加的，即销售量增加可使总收入增加，而且再多销售一个单位，总收入将增加 10 元.

利润函数 $L(Q)$ 的导数 $L'(Q)$ 称为边际利润，它表示销量为 Q 时再多销售 1 个单位产品所得的利润，且 $L'(Q) = R'(Q) - C'(Q)$，即边际利润为边际收入与

边际成本之差.

例 4 某企业生产一种产品,每天的利润 $L(Q)$(元)与产量 $Q(t)$ 之间的关系为
$$L(Q) = 250Q - 5Q^2.$$
求 $Q = 10, 25, 30$ 时的边际利润,并解释所得结果的经济意义.

解 边际利润为
$$L'(Q) = 250 - 10Q.$$
于是 $\quad L'(10) = 150, \quad L'(25) = 0, \quad L'(30) = -50.$
这表示在每天生产 10t 的基础上再多生产 1t,利润增加 150 元;在每天生产 25t 的基础上再多生产 1 吨,利润没有增加;而在每天生产 30t 的基础上再多生产 1t,总利润反而减少 50 元.

此例说明,并非产量越多,利润就越高. 当供大于求时,总利润反而要下降. 由于 $L'(25) = 0, L''(25) = -10 < 0$,所以,在每天生产 25t 时,利润达到最大值.

三、弹性与弹性分析

对于经济函数 $y = f(x)$,Δx 和 Δy 分别称为自变量的绝对改变量和函数的绝对改变量. $f'(x)$ 称为函数的绝对变化率. 在实际中,仅仅研究函数的绝对改变量与绝对变化率是不够的. 例如,单价为 30 元的商品甲涨价 3 元,单价为 600 元的商品乙涨价 3 元,虽然两种商品单价的绝对改变量相同,但是它们各自与原价相比涨价的幅度不一样,商品甲的涨幅为 $\frac{3}{30} = 10\%$,而商品乙的涨幅为 $\frac{3}{600} = 0.5\%$,商品甲的涨幅是商品乙的 20 倍. 为此,我们引进相对变化率的概念.

定义 2 设函数 $y = f(x)$ 在 x_0 点可导,函数的相对改变量
$$\frac{\Delta y}{y_0} = \frac{f(x_0 + \Delta x) - f(x_0)}{f(x_0)}$$
与自变量的相对改变量 $\frac{\Delta x}{x_0}$ 之比
$$\frac{\dfrac{\Delta y}{y_0}}{\dfrac{\Delta x}{x_0}},$$
称为函数 $f(x)$ 从 x_0 到 $x_0 + \Delta x$ 两点间的平均相对变化率,或称为两点间的弹性.

当 $\Delta x \to 0$ 时,因 $f(x)$ 在点 x_0 可导,且
$$\frac{\dfrac{\Delta y}{y_0}}{\dfrac{\Delta x}{x_0}} = \frac{x_0}{y_0} \cdot \frac{\Delta y}{\Delta x}$$

的极限存在,称此极限为函数 $f(x)$ 在点 x_0 处对 x 的弹性,记为

$$\left.\frac{Ey}{Ex}\right|_{x=x_0} \quad \text{或} \quad \frac{E}{Ex}f(x_0).$$

即

$$\left.\frac{Ey}{Ex}\right|_{x=x_0} = \lim_{\Delta x \to 0}\frac{\dfrac{\Delta y}{y_0}}{\dfrac{\Delta x}{x_0}} = \lim_{\Delta x \to 0}\frac{\Delta y}{\Delta x} \cdot \frac{x_0}{y_0} = f'(x_0) \cdot \frac{x_0}{f(x_0)}.$$

若 $f(x)$ 在每点都可导,则

$$\frac{Ey}{Ex} = \lim_{\Delta x \to 0}\frac{\dfrac{\Delta y}{y}}{\dfrac{\Delta x}{x}} = \lim_{\Delta x \to 0}\frac{\Delta y}{\Delta x} \cdot \frac{x}{y} = y' \cdot \frac{x}{y}.$$

称为函数 $y = f(x)$ 的弹性函数,也可记为 $\dfrac{E}{Ex}f(x)$.

函数 $y = f(x)$ 在点 x 处的弹性 $\dfrac{Ey}{Ex}$ 反映随着自变量 x 的变化函数 $f(x)$ 变化幅度的大小,也就是 $f(x)$ 对 x 变化反应的灵敏度.

$\left.\dfrac{Ey}{Ex}\right|_{x=x_0}$ 反映了当 x 在 x_0 产生 1% 的改变量时,$f(x)$ 的相对改变量约为 $\left.\dfrac{Ey}{Ex}\right|_{x=x_0}$ %.如函数 $y = f(x)$ 在 x_0 处的弹性为2,它近似地表示当 x 增加 x_0 的 1% 时,函数值增加 $f(x_0)$ 的 2%;如函数 $y = f(x)$ 在 x_0 处的弹性为 -0.4,说明 x 在 x_0 处增加 1% 时,相应的函数值约减少 $f(x_0)$ 的 0.4%.

值得说明的是,弹性的数值前的符号,表示自变量与函数变化的方向是否一致.例如,市场需求量对收益水平的弹性一般是正的,表示市场需求量与收益水平变化方向一致;而市场需求量对价格的弹性一般是负的,表示市场需求量与价格变化方向相反.

弹性概念在经济学中应用非常广泛,下面主要介绍需求对价格的弹性.

定义 3 设某种商品的市场需求量为 Q,价格为 p,需求函数 $Q = Q(p)$ 可导,则

$$\frac{EQ}{Ep} = \left|\frac{p}{Q(p)} \cdot Q'(p)\right|$$

称为该商品的需求价格弹性,简称需求弹性,记为 $\eta(p)$.

由于在通常情况下,价格上升(下降)时,需求一般总是减少(增加),因此,需求弹性为

$$\eta(p) = \frac{EQ}{Ep} = \frac{-p}{Q(p)} \cdot Q'(p).$$

需求弹性 $\eta(p)$ 表示某商品的需求量 Q 对价格 p 变动反应的强弱程度.

当 $\eta(p) < 1$ 时,表示需求变动的幅度小于价格变动的幅度,这时,商品价格的变动对需求的影响不大,称为低弹性;当 $\eta(p) > 1$ 时,称为高弹性.

在市场经济中,商品经营者十分关心价格的变动对收入的影响.下面用需求弹性分析价格变动时引起收入(或市场销售总额)的变化规律.

收入函数 R 是商品价格 p 与销量 Q 的乘积,即 $R = p \cdot Q(p)$,于是

$$R' = Q(p) + p \cdot Q'(p) = Q(p)\left[1 + \frac{p}{Q(p)} \cdot Q'(p)\right]$$

$$= Q(p)[1 - \eta(p)].$$

由上式可知:当 $\eta(p) > 1$ 即高弹性时,有 $R' < 0$,所以,降价可使收入增加,这便是薄利多销多收入的道理.反之,提价将使收入下降.当 $\eta < 1$ 即低弹性时,有 $R' > 0$,所以,降价使收入下降,而提价使收入增加.

定义 2 之前提及的甲、乙两种商品,$p_甲 = 30$ 元,$p_乙 = 600$ 元.设市场需求量 $Q_甲 = 100$(件),$Q_乙 = 200$(件),且它们各涨价 $\Delta p_甲 = \Delta p_乙 = 3$ 元,现甲、乙两种商品需求分别下降 6 件和 3 件,即 $\Delta Q_甲 = -6$(件),$\Delta Q_乙 = -3$(件),又

$$\frac{\Delta p_甲}{p_甲} = \frac{3}{30} = 10\%, \quad \frac{\Delta p_乙}{p_乙} = \frac{3}{600} = 0.5\%, \quad \frac{\Delta Q_甲}{Q_甲} = \frac{-6}{100} = -6\%,$$

即商品甲的需求下降了 6%;$\dfrac{\Delta Q_乙}{Q_乙} = \dfrac{-3}{200} = -1.5\%$,即商品乙的需求下降了 1.5%,于是,它们的需求对价格的弹性分别为

$$\eta_甲(30) = -\frac{\dfrac{\Delta Q_甲}{Q_甲}}{\dfrac{\Delta p_甲}{p_甲}} = 0.6,$$

$$\eta_乙(600) = -\frac{\dfrac{\Delta Q_乙}{Q_乙}}{\dfrac{\Delta p_乙}{p_乙}} = 3.$$

可见,商品甲的需求对价格弹性是低弹性,提价将使收入增加,而商品乙的需求对价格的弹性是高弹性,提价将使收入下降.

例 5 已知某商品的需求函数为

$$Q = e^{-\frac{p}{10}}.$$

求 $p = 5, 10, 15$ 时的需求弹性,并说明其意义.

解 由于
$$Q'(p) = -\frac{1}{10}e^{-\frac{p}{10}}.$$

需求弹性函数为
$$\eta(p) = -\frac{EQ}{Ep} = -Q'(p) \cdot \frac{p}{Q} = \frac{1}{10}e^{-\frac{p}{10}} \cdot \frac{p}{e^{-\frac{p}{10}}} = \frac{p}{10},$$

因此

$\eta(5) = 0.5$,说明当 $p = 5$ 时,价格上涨 1%,需求只减少 0.5%;

$\eta(10) = 1$,说明当 $p = 10$ 时,价格与需求的变化幅度相同;

$\eta(15) = 1.5$,说明当 $p = 15$ 时,价格上涨 1%,需求减少 1.5%.

由上例可以看出:当 $\eta(p) < 1$ 时,需求的变动幅度小于价格的变动幅度;当 $\eta(p) = 1$ 时,需求的变动幅度与价格的变动幅度相同;当 $\eta(p) > 1$ 时,说明需求的变动幅度大于价格的变动幅度.

例 6 一工厂生产某产品,年产量为 x(单位:百台),总成本为 $C(x)$(单位:万元)其中固定成本为 2 万元,每生产 1 百台成本增加 1 万元,市场上每年可销售此种商品 4 百台,其总收入 $R(x)$ 为

$$R(x) = \begin{cases} 4x - \dfrac{1}{2}x^2, & 0 \leqslant x \leqslant 4, \\ 8, & x > 4. \end{cases}$$

问每年生产多少台,能使利润 $L(x)$ 最大?

解 总成本 $C(x) = 2 + x$,则总利润函数为

$$L(x) = R(x) - C(x) = \begin{cases} 3x - \dfrac{1}{2}x^2 - 2, & 0 \leqslant x \leqslant 4, \\ 6 - x, & x > 4. \end{cases}$$

求导数,得
$$L'(x) = \begin{cases} 3 - x, & 0 \leqslant x \leqslant 4, \\ -1, & x > 4. \end{cases}$$

令 $L'(x) = 0$,得 $x = 3$,又因 $L''(3) < 0$,所以,$L(3) = 2.5$ 为极大值,也是最大值.即每年生产 3 百台时,总利润最大,此时,最大总利润为 2.5 万元.

例 7 某商店每年销售某种商品 10 000kg,每次订货的手续费为 40 元,商品的进价为 2 元 /kg,存储费是平均库存商品价格的 10%,平均库存量是批量的一半,求最优订货批量.

解 设最优订货批量为 $x$kg,则年订货费为 $40 \cdot \dfrac{10\,000}{x}$,年存储费为

$2 \cdot \dfrac{x}{2} \cdot 0.1 = 0.1x$，商品成本为 $20\,000$，因此，全年总费用为

$$C(x) = 40 \cdot \frac{10\,000}{x} + 0.1x + 20\,000,$$

$$C'(x) = -\frac{400\,000}{x^2} + 0.1.$$

令 $C'(x) = 0$，得 $x = 2000$，而 $C''(x) = \dfrac{800\,000}{x^3} > 0$，所以，当 $x = 2000$ 时，

总费用为

$$C(2000) = 20\,400(元).$$

此时成本最小.

习　题　3-6

1. 已知某商品的总成本函数为

$$C(x) = 0.001x^3 - 0.3x^2 + 40x + 1000,$$

求：(1) 当 $x = 10$ 时的总成本和平均成本；

(2) $x = 10$ 到 $x = 50$ 时的总成本的平均变化率；

(3) 当 $x = 50$ 时的边际成本并解释其经济意义.

2. 某酸乳酪商行生产 $x(\mathrm{L})$ 产品时 $(0 \leqslant x \leqslant 5000)$，收入函数 $R(x)$（元）与成本函数 $C(x)$（元）分别为

$$R(x) = 1200 \cdot \left(\frac{x}{10}\right)^{1/2} - \left(\frac{x}{10}\right)^{3/2},$$

$$C(x) = 300 \cdot \left(\frac{x}{10}\right)^{1/2} + 4000.$$

利用边际成本、边际收入和边际利润分析该商行的产品成本、收入利润的变化规律.

3. 某企业生产某种产品，每天的总利润 L（单位：元）与产量 x（单位：t）的函数关系为 $L(x) = 160x - 4x^2$，求当每天生产量为 10t，20t，25t 时的边际利润，并说明其经济意义.

4. 设某种家具的需求函数为 $x = 1200 - 3p$，其中，p（单位：元）为家具的销售价格，x（单位：件）为需求量. 求销售该家俱的需求函数 $x = 1200 - 3p$ 的边际收入函数以及当销售量为 $x = 450, 600$ 和 750 件时的边际收入，并说明其经济意义.

5. 某煤炭公司每天产煤 x（单位：t）的总成本函数为

$$C(x) = 2000 + 450x + 0.02x^2.$$

如果煤的销售价为 490 元 /t，求：

(1) 边际成本函数 $C'(x)$；

(2) 利润函数 $L(x)$ 及边际利润函数 $L'(x)$；

（3）边际利润为 0 时的产量.

6. 设某商品的需求函数为 $Q = 12 - \dfrac{P}{2}$.

（1）在 $P = 6$ 时，若价格上涨 1%，收入是增加还是减少？将变化百分之几？

（2）P 为何值时，收入最大？最大的收入是多少？

7. 设成本函数为 $C(x) = 54 + 18x + 6x^2$，求平均成本最小时的产量水平.

8. 某公司销售某商品 5 000 台，每次进货费用为 40 元，单价为 200 元，年保管费用率为 20%，求最优订购批量.

9. 某种商品的需求量 q（单位：百件）与价格 P（单位：千元）的关系为

$$q(P) = 15\mathrm{e}^{-\frac{P}{3}}, \quad P \in [0,10].$$

求当价格为 9 000 元时的需求弹性，并说明意义.

10. 已知某公司生产经营的某种电器的需求弹性在 $1.5 \sim 3.5$ 之间，如果该公司计划在一年度内将价格降低 10%，试问这种电器的销售量将会增加多少？总收入将会增加多少？

第三章总练习题

1. 方程 $x^3 - 3x + 1 = 0$ 在区间 $(0,1)$ 内（　　）.

（A）无实根；　　（B）有唯一实根；　　（C）有两个实根；　　（D）有三个实根.

2. 设

$$f(x) = \begin{cases} 3 - x^2, & 0 \leqslant x \leqslant 1, \\ \dfrac{2}{x}, & 1 < x \leqslant 2, \end{cases}$$

则在 $(0,2)$ 内适合 $f(2) - f(0) = f'(\xi) \cdot 2$ 的 ξ 值（　　）.

（A）只有一个；　　（B）不存在；　　（C）只有两个；　　（D）有三个.

3. 设 $f(x)$ 的导数在 $x = a$ 处连续，又 $\lim\limits_{x \to a} \dfrac{f'(x)}{x - a} = -1$，则（　　）.

（A）$x = a$ 是 $f(x)$ 的极小值点；

（B）$x = a$ 是 $f(x)$ 的极大值点；

（C）$(a, f(a))$ 是曲线 $y = f(x)$ 的拐点；

（D）$x = a$ 不是 $f(x)$ 的极值点，$(a, f(a))$ 也不是曲线 $y = f(x)$ 的拐点.

（2001 年，数学三、四）

4. 设 $f(x), g(x)$ 在 x_0 的某去心邻域内可导，$g'(x_0) \neq 0$，且适合 $\lim\limits_{x \to x_0} f(x) = 0$，$\lim\limits_{x \to x_0} g(x) = 0$，则（Ⅰ）$\lim\limits_{x \to x_0} \dfrac{f(x)}{g(x)} = \lambda$；（Ⅱ）$\lim\limits_{x \to x_0} \dfrac{f'(x)}{g'(x)} = \lambda$ 的关系是（　　）.

（A）（Ⅰ）是（Ⅱ）的充分但非必要条件；

（B）（Ⅰ）是（Ⅱ）的必要但非充分条件；

（C）（Ⅰ）是（Ⅱ）的充分必要条件；

（D）（Ⅰ）不是（Ⅱ）的充分条件，也不是（Ⅱ）的必要条件.

5. 设 $g(x)$ 在 $(-\infty, +\infty)$ 严格单调减少,又,$f(x)$ 在 $x = x_0$ 处有极大值,则必有 ( ).

(A) $g[f(x)]$ 在 $x = x_0$ 处有极大值;

(B) $g[f(x)]$ 在 $x = x_0$ 处有极小值;

(C) $g[f(x)]$ 在 $x = x_0$ 处有最小值;

(D) $g[f(x)]$ 在 $x = x_0$ 处既无极大值,也无最小值.

6. 设 $f(x)$ 三阶连续可导于 $[-\delta, \delta]$ 上,且 $f'(0) = f''(0) = 0$,$\lim\limits_{x \to 0} \dfrac{f'''(x)}{|x|} = 2$,则 ( ).

(A) $f(0)$ 是 $f(x)$ 的极大值;

(B) $f(0)$ 是 $f(x)$ 的极小值;

(C) $(0, f(0))$ 是曲线 $y = f(x)$ 的拐点;

(D) $(0, f(0))$ 不是曲线 $y = f(x)$ 的拐点.

7. 证明方程 $x^n + x^{n-1} + \cdots + x^2 + x = 1$ 在 $(0,1)$ 内必有唯一实根 x_n,并求 $\lim\limits_{n \to \infty} x_n$ $(n = 2,3,4,\cdots)$.

8. 设 $f(x)$ 在 $[0, +\infty)$ 上连续,在 $(0, +\infty)$ 内可导,且 $f'(x) < k < 0$,又 $f(0) > 0$,证明方程 $f(x) = 0$ 在 $(0, +\infty)$ 内必有唯一实根.

9. 已知 $f(x)$ 在 $(-\infty, +\infty)$ 内可导,且

$$\lim_{x \to \infty} f'(x) = e, \quad \lim_{x \to \infty} \left(\frac{x+c}{x-c}\right)^x = \lim_{x \to \infty} [f(x) - f(x-1)],$$

求 C 的值.

10. 设函数 $f(x)$ 在 $[a,b]$ 上连续,在 (a,b) 内可导,且 $f'(x) \neq 0$,试证存在 $\xi, \eta \in (a,b)$,使得

$$\frac{f'(\xi)}{f'(\eta)} = \frac{e^b - e^a}{b-a} \cdot e^{-\eta}.$$

11. 设 $f(x)$ 在 $[a,b]$ 上连续 $(a > 0)$,在 (a,b) 内可导,则存在 $\xi, \eta \in (a,b)$,使

$$f'(\xi) = \frac{a+b}{2\eta} \cdot f'(\eta).$$

12. 设 $f(x), g(x)$ 都是可导函数,且 $|f'(x)| < g'(x)$,试证当 $x > a$ 时,

$$|f(x) - f(a)| < g(x) - g(a).$$

13. 试证:当 $x \geqslant 0$ 时,有不等式

$$x e^{-x} \leqslant \ln(1+x).$$

14. 设可导函数 $y = f(x)$ 由方程 $x^3 - 3xy^2 + 2y^3 = 32$ 所确定,试讨论并求出 $f(x)$ 的极值.

15. 讨论 $f(x) = e^{2x} \cdot (x-2)^2$ 在 $(-\infty, +\infty)$ 内的最大值与最小值.

16. 求函数 $f(x) = \dfrac{2x-1}{(x-1)^2}$ 的单调区间、极值、拐点和渐近线,并描绘 $y = f(x)$ 的草图.

17. 设某产品的成本函数为 $C = aq^2 + bq + c$,需求函数为 $q = \dfrac{1}{e}(d-p)$,其中,C 为成本,q 为需求量(即产量),p 为单价,b, c, d, e 都是正的常数,且 $d > b$,求:

(1) 利润最大时的产量及最大利润;

(2) 需求对价格的弹性;

(3) 需求对价格弹性的绝对值为 1 的产量.

18. 设

$$f(x) = \frac{1}{\sin\pi x} - \frac{1}{\pi x} - \frac{1}{\pi(1-x)}, \quad x \in \left(0, \frac{1}{2}\right],$$

试补充定义 $f(0)$,使得 $f(x)$ 在 $\left[0, \frac{1}{2}\right]$ 上连续.

考研试题选讲(二、三)

以下是 2009—2013 年全国硕士研究生入学统一考试数学(三)试卷中有关导数及其应用与微分中值定理的试题及其解析

1. (2009 年第(2)题)

当 $x \to 0$ 时,$f(x) = x - \sin ax$ 与 $g(x) = x^2\ln(1-bx)$ 是等价无穷小,则(　　).

(A) $a = 1, b = -\frac{1}{6}$;　　　　(B) $a = 1, b = \frac{1}{6}$;

(C) $a = -1, b = -\frac{1}{6}$;　　　　(D) $a = -1, b = -\frac{1}{6}$.

分析　本题就是验证当 $\lim\limits_{x \to 0}\frac{f(x)}{g(x)} = 1$ 时,a, b 应满足的条件. 显然,$b \neq 0$,否则将有 $g(x) \equiv 0$. 注意到,当 $x \to 0$ 时,$\ln(1-bx) \sim -bx$,于是

$$\lim_{x \to 0}\frac{f(x)}{g(x)} = \lim_{x \to 0}\frac{x - \sin ax}{x^2 \cdot (-bx)} = -\frac{1}{3b}\lim_{x \to 0}\frac{1 - a\cos ax}{x^2}$$

$$= \begin{cases} \infty, & \text{当 } a \neq 1, \\ -\dfrac{1}{3b}\lim\limits_{x=0}\dfrac{1 - \cos x}{x^2} = -\dfrac{1}{6b}, & \text{当 } a = 1. \end{cases}$$

由 $\lim\limits_{x \to 0}\frac{f(x)}{g(x)} = 1$ 得

$$\begin{cases} a = 1, \\ -\dfrac{1}{6b} = 1 \end{cases} \quad \text{即} \quad \begin{cases} a = 1, \\ b = -\dfrac{1}{6}. \end{cases}$$

故选(A).

2. (2009 年第(12)题)

设某产品的需求函数为 $Q = Q(p)$,其对价格 p 的弹性 $\varepsilon_p = 0.2$,则当需求量为 10000 件时,价格增加 1 元会使产品收益增加 _____元.

分析　根据边际函数的经济意义,就是求收益 R 对价格的边际函数 $\frac{\mathrm{d}R}{\mathrm{d}p}$ 当 $Q = 10000$ 时的值. 由于需求函数 $Q = Q(p)$ 是价格 p 的减函数,从而 $\frac{\mathrm{d}Q}{\mathrm{d}p} < 0$,于是也有 $\frac{p}{Q}\frac{\mathrm{d}Q}{\mathrm{d}p} < 0$. 由 $\varepsilon_p = 0.2$ 得

$$\varepsilon_p = -\frac{p}{Q}\frac{\mathrm{d}Q}{\mathrm{d}p} = 0.2.$$

另一方面,因收益 $R = pQ$,于是

$$\frac{dR}{dp} = Q + p\frac{dQ}{dp} = Q\left(1 + \frac{p}{Q}\frac{dQ}{dp}\right) = Q(1 - \varepsilon_p),$$

从而

$$\frac{dR}{dp}\bigg|_{Q=10\,000} = 10\,000 \times (1 - 0.2) = 8000(元).$$

即当产品需求量为 $10\,000$ 件时,每件产品价格增加 1 元会使产品收益增加 8000 元.

3. (2009 年第(18)题)

（Ⅰ）证明拉格朗日中值定理:若函数 $f(x)$ 在 $[a,b]$ 上连续,在 (a,b) 内可导,则存在 $\xi \in (a,b)$,使得 $f(b) - f(a) = f'(\xi)(b-a)$.

（Ⅱ）证明:若函数 $f(x)$ 在 $x = 0$ 处连续,在 $(0,\delta)(\delta > 0)$ 内可导,且 $\lim\limits_{x \to 0^+} f'(x) = A$,则 $f_+'(0)$ 存在且 $f_+'(0) = A$.

分析 （Ⅰ）对辅助函数

$$\varphi(x) = f(x) - \frac{f(b) - f(a)}{b-a}x$$

应用罗尔定理,即得证.

（Ⅱ）任取 $x \in (\theta,\delta)$,在 $[o,x]$ 上对 $f(x)$ 应用拉格朗日定理.就有

$$\frac{f(x) - f(0)}{x - 0} = f'(\xi), \quad \xi \in (0,x).$$

令 $x \to 0^+$,右侧极限存在且为 A,从而左侧极限也存在且等于 A. 但左侧极限就是 $f_+'(0)$,故得证.

4. (2010 年第(3)题)

设函数 $f(x)$, $y(x)$ 具有二阶导数,且 $y''(x) < 0$. 若 $y(x_0) = a$ 是 $y(x)$ 的极值. 则 $f[y(x)]$ 在 x_0 取极大值的一个充分条件是（ ）.

(A) $f'(a) < 0$; (B) $f'(a) > 0$;

(C) $f''(a) < 0$; (D) $f''(a) > 0$.

分析 设 $F(x) = f[y(x)]$. 则 $F(x)$ 二阶可导,故 $F(x)$ 在 x_0 取得极大值的充分条件是 $F'(x_0) = 0$ 且 $F''(x_0) < 0$.

但 $F'(x_0) = f'[y(x_0)] \cdot y'(x_0) = f'(a) \cdot y'(x_0) = 0$,

$F''(x_0) = f''[y(x_0)] \cdot [y'(x_0)]^2 + f'(a) \cdot y''(x_0) = f'(a) \cdot y''(x_0)$.

因 $y''(x_0) < 0$,故应有 $f'(a) > 0$,所以应当选(B).

5. (2010 年第(12)题)

若曲线 $y = x^3 + ax^2 + bx + 1$ 有拐点 $(-1,0)$,则 $b = $ _____.

分析 因点 $(-1,0)$ 在曲线上且为拐点,故 $y(-1) = 0$,$y''(-1) = 0$.

但 $y' = 3x^2 + 2ax + b$, $y'' = 6x + 2a$.

于是 $y(-1) = a - b$,$y''(-1) = -6 + 2a = 0$,解得 $b = a = 3$.

6. (2010 年第(19)题)

设函数 $f(x)$ 在 $[0,3]$ 内连续,在 $(0,3)$ 内存在二阶导数,且

$$2f(0) = \int_0^2 f(x)dx = f(2) + f(3).$$

（Ⅰ）证明存在 $\eta \in (0,2), f(\eta) = f(0)$;

（Ⅱ）证明存在 $\xi \in (0,3) f''(\xi) = 0$.

分析 （Ⅰ）由第一积分中值定理，又 $\eta \in (0,2)$

$$\int_0^2 f(x)\mathrm{d}x = f(\eta)(2-0) = 2f(\eta) = 2f(0),$$

即得 $\exists \eta \in (0,2)$，使 $f(\eta) = f(0)$.

（Ⅱ）已证 $f(0) = f(\eta)$，若再证 $\exists \eta_1 > \eta f(\eta_1) = f(\eta)$，

则 $\exists \xi \in (0,\eta)$ 及 $\xi_2 \in (\eta,\eta_1)$ 使 $f'(\xi_1) = f'(\xi_2) = 0$，

从而 $\exists \xi \in (\xi,\xi_1) \subset (0,3)$ 使 $f''(\xi) = 0$.

证明 （Ⅰ）结论已得.

（Ⅱ）由 $2f(0) = f(2) + f(3)$，当 $f(2) = f(3)$ 时，也有 $f(0) = f(2)$.

分别在 $[0,2]$ 及 $[2,3]$ 上应用罗尔定理，$\exists \xi_1 \in (0,2)$ 及 $\xi_2 \in (2,3)$ 使 $f'(\xi_1) = f'(\xi_2)$，从而 $\exists \xi \in (\xi_1,\xi_2) \subset (0,3)$ 使 $f''(\xi) = 0$.

若 $f(2) \neq f(3)$，则 $\exists \eta_1 \in [2,3]$ 使 $f(\eta_1) = \dfrac{1}{2}[f(2) + f(3)] = f(0)$，分别在 $[0,\eta]$ 及 $[\eta,\eta_1]$ 上应用罗尔定理，$\exists \xi_1 \in (0,\eta)$ 及 $\xi_2 \in (\eta,\eta_1)$ 使 $f'(\xi_1) = f'(\xi_2) = 0$，从而 $\exists \xi \in (\xi_1, \xi_2) \subset (0,3)$ 使 $f''(\xi) = 0$.

7.（2011 年第（2）题）

设函数 $f(x)$ 在 $x = 0$ 处可导，且 $f(0) = 0$，则 $\lim\limits_{x \to 0} \dfrac{x^2 f(x) - 2f(x^3)}{x^3} = (\quad)$.

(A) $-2f'(0)$;   (B) $-f'(0)$;   (C) $f'(0)$;   (D) 0.

分析 由题设

$$\lim_{x \to 0} \frac{f(x)}{x} = \lim_{x \to 0} \frac{f(x) - f(0)}{x - 0} = f'(0),$$

$$\lim_{x \to 0} \frac{f(x^3)}{x^3} \xlongequal{t = x^3} \lim_{t \to 0} \frac{f(t) - f(0)}{t - 0} = f'(0),$$

于是

$$\lim_{x \to 0} \frac{x^2 f(x) - 2f(x^3)}{x^3} = \lim_{x \to 0} \frac{f(x)}{x} - 2 \lim_{x \to 0} \frac{f(x^2)}{x^3} = -f'(0).$$

故选（B）.

8.（2011 年第（9）题）

设 $f(x) = \lim\limits_{t \to 0} x(1 + 3t)^{\frac{x}{t}}$，则 $f'(x) = $ _____.

分析 直接计算，因

$$f(x) = x \cdot \lim_{t \to 0}(1 + 3t)^{\frac{1}{3t} \cdot 3x} = x\mathrm{e}^{3x},$$

则

$$f'(x) = 1 \cdot \mathrm{e}^{3x} + x \cdot 3\mathrm{e}^{3x} = (1 + 3x)\mathrm{e}^{3x}.$$

9.（2011 年第（11）题）

曲线 $\tan\left(x + y + \dfrac{\pi}{4}\right) = \mathrm{e}^y$ 在点 $(0,0)$ 处的切线方程为 _____.

分析 本题的关键是先求出 $y'(0)$，可以将曲线方程两边同对 x 求导，得到含 x, y 及 y' 的等式，将 $x = 0, y = y(0) = 0$ 代入即可解出 $y'(0) = -2$.

若将方程先按如下方法并变形后求导,则解法更简单.

将曲线方程变形为

$$x + y + \frac{\pi}{4} = \arctan e^y.$$

两边同对 x 求导,得

$$1 + y' = \frac{e^y}{1 + e^{2y}} \cdot y',$$

解得在 $(0,0)$ 处 $y'(0) = -2$,从而所求切线方程为 $y = -2x$.

10. (2011 年第(18)题)

证明方程 $4\arctan x - x + \frac{4\pi}{3} - \sqrt{3} = 0$ 恰有两个实根.

分析 根据 $f'(x)$ 的符号确定 $f(x)$ 的单调性区间及在每个单调区间端点处的函数值,再由连续函数介值性定理判定恰有两个零点.

证 令 $f(x) = 4\arctan x - x + \frac{4\pi}{3} - \sqrt{3}$,则

$$f'(x) = \frac{4}{1 + x^2} - 1 = \frac{-x^2 + 3}{1 + x^2}.$$

令 $f'(x) = 0$,得 $x = \pm\sqrt{3}$,它们将 $f(x)$ 的定义域 $(-\infty, +\infty)$ 分为三部分,列表如下:

x	$(-\infty, -\sqrt{3})$	$-\sqrt{3}$	$(-\sqrt{3}, \sqrt{3})$	$\sqrt{3}$	$(\sqrt{3}, +\infty)$
$f'(x)$	$-$	0	$+$	0	$-$
$f(x)$	$+\infty \searrow$	0	$\nearrow$	$2\left(\frac{4\pi}{3} - \sqrt{3}\right)$	$\searrow -\infty$

而且在 $(-\infty, \sqrt{3})$ 内除 $f(-\sqrt{3}) = 0$ 外,均有 $f(x) > 0$.

在 $(\sqrt{3}, +\infty)$ 内 $f(x) \searrow$,从而只有一个零点.

综上所述,$f(x)$ 在 $(-\infty, +\infty)$ 内恰有两个实根.

11. (2012 年第(2)题)

设函数 $f(x) = (e^x - 1)(e^{2x} - 2) \cdots (e^{nx} - n)$,其中 n 为正整数,则 $f'(0) = ($ $)$.

(A) $(-1)^{n-1}(n-1)!$;   (B) $(-1)^n(n-1)!$;

(C) $(-1)^{n-1}n!$;   (D) $(-1)^n n!$.

解法 1 因 $f(0) = 0$,按定义

$$f'(0) = \lim_{x \to 0} \frac{f(x) - f(0)}{x} = \lim_{x \to 0} \frac{e^x - 1}{x} \cdot \lim_{x \to 0}(e^{2x} - 1) \cdots (e^{nx} - n)$$

$$= (-1)^{n-1}(n-1)!.$$

故选(A).

解法 2 按照乘积的求导公式,$f'(x)$ 中含因子 $e^x - 1$ 的项在 $x = 0$ 处为零,从而只有第 1 项不等于零,于是

$$f'(0) = e^x(e^{2x} - 2)(e^{3x} - 3) \cdots (e^{nx} - n) \big|_{x=0} = (-1)^{n-1}(n-1)!.$$

故选(A).

12. (2012 年第(10)题)

设函数 $f(x) = \begin{cases} \ln\sqrt{x}, & x \geqslant 1, \\ 2x-1, & x < 1, \end{cases}$ $y = f(f(x))$, 则 $\dfrac{\mathrm{d}y}{\mathrm{d}x}\Big|_{x=e} = $ _____.

分析 求解本题不必求出 $f(f(x))$ 的表达式. 由于当 $x = e$ 时,

$$f(x)\big|_{x=e} = f(e) = \ln\sqrt{e} = \frac{1}{2}.$$

又

$$f'(e) = \left(\frac{1}{2}\ln x\right)'\Big|_{x=e} = \frac{1}{2e},$$

$$f'\left(\frac{1}{2}\right) = (2x-1)'\Big|_{x=\frac{1}{2}} = 2,$$

则

$$\frac{\mathrm{d}y}{\mathrm{d}x}\Big|_{x=e} = f'(f(x)) \cdot f'(x)\big|_{x=e} = f'\left(\frac{1}{2}\right) \cdot f'(e) = \frac{1}{e}.$$

13. (2012 年第(1) 题)

曲线 $y = \dfrac{x^2 + x}{x^2 - 1}$ 渐近线的条数为( ).

(A) 0；   (B) 1；   (C) 2；   (D) 3.

分析 因 $y = \dfrac{x^2 + x}{x^2 - 1} = \dfrac{x(x+1)}{(x-1)(x+1)}$ 的间断点有 $x = 1$ 及 $x = -1$.

但 $\lim\limits_{x \to 1} y = \infty$, $\lim\limits_{x \to -1} y = \dfrac{1}{2}$, 故有一条垂直渐近线 $x = 1$；

又 $\lim\limits_{x \to \infty} y = 1$, 故有一条水平渐近线 $y = 1$；

又 $\lim\limits_{x \to \infty} \dfrac{y}{x} = \lim\limits_{x \to \infty} \dfrac{x^2 + x}{x(x^2 - 1)} = 0$, 故没有斜渐近线.

故选(C).

14. (2012 年第(18) 题)

证明 $x \cdot \ln\dfrac{1+x}{1-x} + \cos \geqslant 1 + \dfrac{x^2}{2}$ $(-1 < x < 1)$.

分析 令 $f(x) = x\ln\dfrac{1+x}{1-x} + \cos x - \dfrac{x^2}{2} - 1$, 则 $f(0) = 0$, 且因 $f(-x) = f(x)$ 即 $f(x)$

是偶函数, 故只需证在 $[0,1]$ 上 $f(x) \nearrow$, 即 $f'(x) > 0$.

证明 设 $f(x)$ 如上, 则 $f(x)$ 是 $[-1,1]$ 上的偶函数, 且 $f(0) = 0$.

因 $f'(x) = \ln\dfrac{1+x}{1-x} + x\left(\dfrac{1}{1+x} + \dfrac{1}{1-x}\right) - \sin x - x$

$= \ln\dfrac{1+x}{1-x} + \dfrac{1}{1-x} - \dfrac{1}{1+x} - \sin x - x,$

且 $f'(0) = 0$, 为判定 $f'(x)$ 的符号, 考虑

$$f''(x) = \frac{1}{1+x} + \frac{1}{1-x} + \frac{1}{(1-x)^2} + \frac{1}{(1+x)^2} - \cos x - 1.$$

当 $0 < x < 1$ 时, $\dfrac{1}{1-x} > 1 > \cos x$, $\dfrac{1}{(1-x)^2} > 1$, $\dfrac{1}{1+x} > 0$, $\dfrac{1}{(1+x)^2} > 0$,

从而 $f''(x) > 0$, 即在 $[0,1]$ 上 $f'(x)$ 严格递增, 从而

$$f'(x) > f'(0) = 0, \quad 当 x \in (0,1).$$

这表明，$f(x)$ 在 $[0,1]$ 上严格递增，故 $f(x)>0$. 当 $f(x)\in[0,1]$，从而当 $x\in(-1,1)$ 时，$f(x)\geqslant f(0)=0$，不等式得证.

15. (2013 年第 (9) 题)

设曲线 $y=f(x)$ 与 $y=x^2-x$ 在点 $(1,0)$ 处有公切线，则 $\lim\limits_{n\to\infty}nf\left(\dfrac{n}{n+2}\right)=$ _____.

分析 因曲线 $y=f(x)$ 与 $y=x^2-x$ 在 $(1,0)$ 处有公切线，故 $(1,0)$ 在曲线上，即 $f(1)=0$，$f'(1)=(2x-1)\big|_{x=1}=1$. 于是

$$\lim_{n\to\infty}n\cdot f\left(\frac{n}{n+2}\right)=\lim_{n\to\infty}\frac{f\left(1-\dfrac{2}{n+2}\right)-f(1)}{-\dfrac{2}{n+2}}\cdot\lim_{n\to\infty}\left(-\frac{2n}{n+2}\right)$$

$$=-2\cdot f'(1)=-2.$$

16. (2013 年第 (18) 题)

设生产某产品的固定成本为 60 000 元，可变成本为 20 元 / 件，价格函数为 $p=60-\dfrac{Q}{1\,000}$（p 是单价，单位：元；Q 是销量，单位：件）已知产销平衡，求：

（Ⅰ）该产品的边际利润；

（Ⅱ）当 $p=50$ 时的边际利润，并解释其经济意义；

（Ⅲ）使得利润最大的定价 p.

解 （Ⅰ）利润 L 与销量 Q 的函数关系为

$$L(Q)=pQ-(20Q+6\,000)=\left(60-\frac{Q}{1\,000}\right)\cdot Q-20Q-6\,000$$

$$=-\frac{Q^2}{1\,000}+40Q-6\,000.$$

则边际利润

$$L'(Q)=-\frac{Q}{500}+40.$$

（Ⅱ）当价格 $p=50$ 元时，由 $50=60-\dfrac{Q}{1\,000}$ 解得 $Q=10\,000$（件），从而边际利润

$$L'(10\,000)=40-\frac{10\,000}{500}=20.$$

其经济意义是：当价格 $p=20$ 元时，每销售一件产品可获利 20 元.

（Ⅲ）令 $L'(Q)=40-\dfrac{Q}{500}=0$ 解得 $Q=20\,000$. 由问题的实际意义知这唯一的稳定点就是最大值点，此时的定价

$$p=\left(60-\frac{Q}{1\,000}\right)\Big|_{Q=20\,000}=40.$$

即当定价为 $p=40$ 元时利润最大.

17. (2013 年第 (19) 题)

设函数 $f(x)$ 在 $[0,+\infty]$ 上可导，$f(0)=0$ 且 $\lim\limits_{x\to+\infty}f(x)=2$，证明：

（Ⅰ）存在 $a>0$ 使 $f(a)=1$；

（Ⅱ）对（Ⅰ）中的 a，存在 $\xi \in (0,a)$ 使 $f'(\xi) = \dfrac{1}{a}$.

证明 （Ⅰ）因 $\lim\limits_{x \to +\infty} f(x) = 2$，对于常数 $\dfrac{3}{2} < 2$，由局部保号性，$\exists c > 0$ 使 $f(c) > \dfrac{3}{2}$. 因 $f(x)$ 在 $[0,c]$ 上连续且 $f(0) = 0$，$f(x) > \dfrac{3}{2}$，由介值性定理，$\exists a \in (0,c)$ 使 $f(a) = 1 \in \left(0, \dfrac{3}{2}\right)$.

（Ⅱ）在 $[0,a]$ 上对 $f(x)$ 应用拉格朗日中值定理，存在 $\xi \in (0,a)$ 使 $f(a) - f(0) = f'(\xi) \cdot (a - 0)$. 此即 $f'(\xi) = \dfrac{1}{a}$.

第四章　　不定积分

在科学技术和生产实践中,常常需要研究求导数(或微分)的逆运算,即已知某函数的导数,如何求出该函数.例如,已知某运动物体的速度 $v = v(t)$,如何求得其路程函数 $s = s(t)$;已知曲线上各点的切线斜率 $k = k(x)$,如何求得曲线方程 $y = f(x)$,这些问题就是积分学研究的内容.积分学包括不定积分与定积分,本章先介绍不定积分.

第一节　　不定积分的概念与性质

一、原函数与不定积分的概念

定义 1　设 $f(x)$ 与 $F(x)$ 为定义在区间 I 上的函数,若对任意 $x \in I$,都有
$$F'(x) = f(x),$$
则称 $F(x)$ 为 $f(x)$ 在区间 I 上的一个原函数.

例如,对任意 $x \in R$,$(\sin x)' = \cos x$,因此,$\sin x$ 是 $\cos x$ 在 R 上的一个原函数.又如当 $x \in (-1,1)$ 时,$(\arcsin x)' = \dfrac{1}{\sqrt{1-x^2}}$,故 $\arcsin x$ 是 $\dfrac{1}{\sqrt{1-x^2}}$ 在区间 $(-1,1)$ 上的一个原函数.

关于原函数,有三个基本问题需要解决:第一,满足什么条件的函数具有原函数?第二,若原函数存在,它是否唯一?若不唯一,各原函数之间存在什么关系?第三,在原函数存在的前提下,如何求出原函数?

下面对这三个问题逐一作出说明.

(1) 对第一个问题,我们先给出一个原函数存在的充分条件,其证明放到下一章.

原函数存在定理　若函数 $f(x)$ 在区间 I 上连续,则在区间 I 上一定存在可导函数 $F(x)$,使得对任一 $x \in I$,都有
$$F'(x) = f(x).$$

简言之,连续函数一定存在原函数.

由于初等函数在其定义区间内都是连续的,故初等函数在其定义区间内都有原函数.

(2) 设函数 $F(x)$ 是 $f(x)$ 在区间 I 上的一个原函数,C 为常数,则在区间 I

上,有
$$[F(x)+C]' = F'(x) = f(x).$$

即若 $F(x)$ 是 $f(x)$ 的一个原函数,则一切形如 $F(x)+C$ 的函数都是 $f(x)$ 的原函数,从而它有无穷多个原函数.

另外,若 $F(x)$ 与 $\Phi(x)$ 都是 $f(x)$ 在区间 I 上的原函数,则在区间 I 上有
$$[F(x)-\Phi(x)]' = [F(x)]' - [\Phi(x)]' = f(x) - f(x) = 0.$$

从而
$$F(x) - \Phi(x) = C,$$

即 $F(x)$ 与 $\Phi(x)$ 在区间 I 上仅仅相差一个常数.

综上所述,我们有如下结论:

定理 **若 $F(x)$ 是 $f(x)$ 在区间 I 上的一个原函数,则 $f(x)$ 的一切原函数均可表示为 $F(x)+C$.**

定义 2 函数 $f(x)$ 在区间 I 上的全体原函数称为 $f(x)$ 在区间 I 上的<u>不定积分</u>,记为
$$\int f(x)\mathrm{d}x.$$

其中,记号 $\int$ 称为<u>积分号</u>,$f(x)$ 称为<u>被积函数</u>,$f(x)\mathrm{d}x$ 称为<u>被积表达式</u>,x 称为积分变量.

由定理可知,若函数 $F(x)$ 是 $f(x)$ 在区间 I 上的一个原函数,则
$$\int f(x)\mathrm{d}x = F(x) + C.$$

其中,C 称为<u>积分常数</u>.

例如,因为 $\sin x$ 是 $\cos x$ 的一个原函数,故 $\int \cos x\mathrm{d}x = \sin x + C.$

(3) 由不定积分的定义,要计算不定积分 $\int f(x)\mathrm{d}x$,只要求出 $f(x)$ 的一个原函数 $F(x)$,再加上积分常数 C 即可. 我们将在以后陆续介绍计算不定积分的各种方法.

例 1 求 $\int x^2\mathrm{d}x.$

解 因 $\left(\dfrac{x^3}{3}\right)' = x^2$,故 $\dfrac{x^3}{3}$ 为 x^2 的一个原函数,所以
$$\int x^2\mathrm{d}x = \frac{x^3}{3} + C.$$

例 2　求 $\displaystyle\int \frac{1}{x} \mathrm{d}x$.

解　当 $x > 0$ 时，$(\ln x)' = \dfrac{1}{x}$，当 $x < 0$ 时，$[\ln(-x)]' = \dfrac{1}{-x}(-1) = \dfrac{1}{x}$，

所以，当 $x \neq 0$ 时，$\ln|x|$ 是 $\dfrac{1}{x}$ 的一个原函数，因此

$$\int \frac{1}{x} \mathrm{d}x = \ln|x| + C.$$

例 3　验证 $\ln(x + \sqrt{x^2 + 1})$ 是 $\dfrac{1}{\sqrt{x^2 + 1}}$ 的原函数，并求不定积分

$\displaystyle\int \frac{1}{\sqrt{x^2 + 1}} \mathrm{d}x$.

解　利用复合函数的求导法则，得

$$[\ln(x + \sqrt{x^2 + 1})]' = \frac{1}{x + \sqrt{x^2 + 1}}(x + \sqrt{x^2 + 1})'$$

$$= \frac{1}{x + \sqrt{x^2 + 1}}\left(1 + \frac{x}{\sqrt{x^2 + 1}}\right) = \frac{1}{\sqrt{x^2 + 1}},$$

所以，$\ln(x + \sqrt{x^2 + 1})$ 是 $\dfrac{1}{\sqrt{x^2 + 1}}$ 一个的原函数，从而

$$\int \frac{1}{\sqrt{x^2 + 1}} \mathrm{d}x = \ln(x + \sqrt{x^2 + 1}) + C.$$

由此例可以看出，尽管求导数与求积分是互逆的运算，但一般求导数比较容易，而求积分则要困难得多.

例 4　设曲线通过点 $(2,5)$，且其上任一点处的切线的斜率等于该点横坐标的两倍，求此曲线的方程.

解　设所求曲线方程为 $y = f(x)$. 按题意，曲线上任一点 (x, y) 处的斜率为

$$\frac{\mathrm{d}y}{\mathrm{d}x} = 2x,$$

即 $f(x)$ 是 $2x$ 的一个原函数. 因为 $(x^2)' = 2x$，所以

$$\int 2x \mathrm{d}x = x^2 + C,$$

即曲线方程为

$$y = x^2 + C.$$

由于曲线过点$(2,5)$，将该点坐标代入方程，解得
$$C = 1,$$
于是，所求曲线方程为
$$y = x^2 + 1.$$

设 $F(x)$ 是函数 $f(x)$ 的一个原函数，则曲线 $y = F(x)$ 称为 $f(x)$ 的一条积分曲线，于是，$f(x)$ 的不定积分在几何上表现为 $f(x)$ 的某一条积分曲线沿 y 轴方向上下平移所得到的曲线族.

由不定积分 $\int f(x)\mathrm{d}x$ 的定义，可得

$$\frac{\mathrm{d}}{\mathrm{d}x}\left[\int f(x)\mathrm{d}x\right] = f(x)$$

或

$$\mathrm{d}\left[\int f(x)\mathrm{d}x\right] = f(x)\mathrm{d}x.$$

反之，由于 $F(x)$ 是 $F'(x)$ 的一个原函数，故

$$\int F'(x)\mathrm{d}x = F(x) + C$$

或

$$\int \mathrm{d}F(x) = F(x) + C.$$

由此可见，微分运算（以记号 d 表示）与求不定积分的运算（以记号 $\int$ 表示）是互逆的. 当记号 d 与 $\int$ 连在一起时，二者或者抵消，或者抵消后相差一个常数.

二、基本积分表

由积分运算与求导运算之间的互逆关系，根据导数公式立得以下积分公式：

(1) $\int k\mathrm{d}x = kx + C$ （k 是常数），当 $k = 1$ 时，$\int \mathrm{d}x = x + C$；

(2) $\int x^u \mathrm{d}x = \dfrac{1}{u+1}x^{u+1} + C$ $(u \neq -1)$； (3) $\int \dfrac{1}{x}\mathrm{d}x = \ln|x| + C$；

(4) $\int \cos x\mathrm{d}x = \sin x + C$； (5) $\int \sin x\mathrm{d}x = -\cos x + C$；

(6) $\int \sec x\tan x\mathrm{d}x = \sec x + C$； (7) $\int \csc x\cot x\mathrm{d}x = -\csc x + C$；

(8) $\int \sec^2 x\mathrm{d}x = \tan x + C$； (9) $\int \csc^2 x\mathrm{d}x = -\cot x + C$；

(10) $\int \dfrac{1}{1+x^2}dx = \arctan x + C = -\operatorname{arccot} x + C$;

(11) $\int \dfrac{1}{\sqrt{1-x^2}}dx = \arcsin x + C = -\arccos x + C$;

(12) $\int a^x dx = \dfrac{a^x}{\ln a} + C$; $\qquad\qquad$ (13) $\int e^x dx = e^x + C$.

这些基本积分公式是我们求不定积分的基础,必须熟记. 因为其他函数的积分往往通过对被积函数适当的变形,最后归结为以上这些基本不定积分.

例 5 求 $\int \dfrac{1}{x^3}dx$.

解 因 $\dfrac{1}{x^3} = x^{-3}$,故由公式(2)得

$$\int \dfrac{1}{x^3}dx = \int x^{-3}dx = \dfrac{1}{-3+1}x^{-3+1} + C = -\dfrac{1}{2}x^{-2} + C = -\dfrac{1}{2x^2} + C.$$

例 6 求 $\int \dfrac{1}{x^2\sqrt[3]{x}}dx$.

解 因 $\dfrac{1}{x^2\sqrt[3]{x}} = x^{-\frac{7}{3}}$,故由公式(2)得

$$\int \dfrac{1}{x^2\sqrt[3]{x}}dx = \int x^{-\frac{7}{3}}dx = \dfrac{1}{-\dfrac{7}{3}+1}x^{-\frac{7}{3}+1} + C = -\dfrac{3}{4}x^{-\frac{4}{3}} + C.$$

例 7 求 $\int 2^x e^x dx$.

解 因 $2^x e^x = (2e)^x$,故由公式(12)得

$$\int 2^x e^x dx = \int (2e)^x dx = \dfrac{1}{\ln(2e)}(2e)^x + C.$$

三、不定积分的性质

根据不定积分的定义,可以很容易地推出以下两个性质:

性质 1 两个函数和的不定积分等于其不定积分的和,即

$$\int [f(x) + g(x)]dx = \int f(x)dx + \int g(x)dx.$$

此性质对任意有限个函数都是成立的.

性质 2 常数因子可以提到积分号的前面,即

$$\int kf(x)\mathrm{d}x = k\int f(x)\mathrm{d}x.$$

性质 1 与性质 2 表明：有限个函数线性和的不定积分等于各个函数不定积分的线性和，我们称其为不定积分的线性性质．

例 8 求 $\int\left(2\cos x + \dfrac{1}{x} - 5x\sqrt{x}\right)\mathrm{d}x$．

解
$$\int\left(2\cos x + \frac{1}{x} - 5x\sqrt{x}\right)\mathrm{d}x = \int 2\cos x\mathrm{d}x + \int\frac{1}{x}\mathrm{d}x - \int 5x\sqrt{x}\mathrm{d}x$$

$$= 2\int\cos x\mathrm{d}x + \int\frac{1}{x}\mathrm{d}x - 5\int x^{\frac{3}{2}}\mathrm{d}x$$

$$= 2\sin x + \ln|x| - 2x^{\frac{5}{2}} + C.$$

此例中等式右端三个不定积分中应各自产生一个任意常数 C_1，C_2，C_3，其和（差）仍为一任意常数，故我们直接用一个任意常数 C 来表示．

例 9 求 $\int\dfrac{(x-1)^3}{x^2}\mathrm{d}x$．

解
$$\int\frac{(x-1)^3}{x^2}\mathrm{d}x = \int\frac{x^3 - 3x^2 + 3x - 1}{x^2}\mathrm{d}x$$

$$= \int\left(x - 3 + \frac{3}{x} - \frac{1}{x^2}\right)\mathrm{d}x$$

$$= \int x\mathrm{d}x - 3\int\mathrm{d}x + 3\int\frac{1}{x}\mathrm{d}x - \int\frac{1}{x^2}\mathrm{d}x$$

$$= \frac{x^2}{2} - 3x + 3\ln|x| + \frac{1}{x} + C.$$

例 10 求 $\int\dfrac{1+x+x^2}{x(1+x^2)}\mathrm{d}x$．

解
$$\int\frac{1+x+x^2}{x(1+x^2)}\mathrm{d}x = \int\frac{x+(1+x^2)}{x(1+x^2)}\mathrm{d}x = \int\frac{1}{1+x^2}\mathrm{d}x + \int\frac{1}{x}\mathrm{d}x$$

$$= \arctan x + \ln|x| + C.$$

本例的被积函数为一有理函数，这类积分称为有理函数的积分．这种类型的积分，一般是将被积函数进行分解或变形，化为若干个较为简单的有理函数的线性和，然后对各部分分别积分．

例 11 求 $\displaystyle\int \cos^2 \frac{x}{2}\mathrm{d}x$.

解 $\displaystyle\int \cos^2 \frac{x}{2}\mathrm{d}x = \int \frac{\cos x + 1}{2}\mathrm{d}x = \frac{1}{2}\left(\int \cos x\,\mathrm{d}x + \int \mathrm{d}x\right)$

$$= \frac{1}{2}(\sin x + x) + C.$$

例 12 求 $\displaystyle\int \tan^2 x\,\mathrm{d}x$.

解 $\displaystyle\int \tan^2 x\,\mathrm{d}x = \int (\sec^2 x - 1)\mathrm{d}x = \int \sec^2 x\,\mathrm{d}x - \int \mathrm{d}x$

$$= \tan x - x + C.$$

例 13 求 $\displaystyle\int \frac{1}{\sin^2 \dfrac{x}{2}\cos^2 \dfrac{x}{2}}\mathrm{d}x$.

解 $\displaystyle\int \frac{1}{\sin^2 \dfrac{x}{2}\cos^2 \dfrac{x}{2}}\mathrm{d}x = \int \frac{1}{\left(\dfrac{\sin x}{2}\right)^2}\mathrm{d}x = 4\int \csc^2 x\,\mathrm{d}x$

$$= -4\cot x + C.$$

在求三角函数的不定积分时,往往需要利用三角恒等式对被积函数变形,然后再根据基本积分公式求积分.

例 14 生产 Q 个单位某产品的总成本 C 是产量 Q 的函数.已知固定成本为 $10\,000$(元),边际成本函数为 $C_M(Q) = \dfrac{1}{2\sqrt{Q}} + 10$,求该产品的总成本函数 $C(Q)$.

解 由边际成本函数的概念知

$$C_M(Q) = C'(Q) = \frac{1}{2\sqrt{Q}} + 10,$$

故有

$$C(Q) = \int \left(\frac{1}{2\sqrt{Q}} + 10\right)\mathrm{d}Q$$

$$= \sqrt{Q} + 10Q + C.$$

又,固定成本为 $10\,000$ 元,即 $Q = 0$ 时,$C(0) = 10\,000$,得 $C = 10\,000$,故有

$$C(Q) = \sqrt{Q} + 10Q + 10\,000.$$

习 题 4-1

（A）

1. 验证 $\sin^2 x$，$-\cos^2 x$ 及 $-\dfrac{1}{2}\cos 2x$ 都是 $\sin 2x$ 的原函数，并说明它们之间的关系.

2. 利用基本积分公式求下列不定积分.

(1) $\displaystyle\int -2\,dx$；   (2) $\displaystyle\int \frac{1}{x\sqrt{x}}\,dx$；   (3) $\displaystyle\int x\sqrt{x\sqrt{x}}\,dx$；   (4) $\displaystyle\int \frac{e^x}{2^x}\,dx$；

(5) $\displaystyle\int (1+\tan^2 x)\,dx$；   (6) $\displaystyle\int \frac{\sin x}{\cos^2 x}\,dx$；   (7) $\displaystyle\int \frac{\cos x}{\sin^2 x}\,dx$；   (8) $\displaystyle\int \frac{1}{1-\cos^2 x}\,dx$.

3. 求下列不定积分.

(1) $\displaystyle\int (x-2)^2\,dx$；   (2) $\displaystyle\int (x^2+2^x)\,dx$；   (3) $\displaystyle\int \left(\frac{x^3}{3}-\frac{1}{x}+\frac{1}{x^3}\right)dx$；

(4) $\displaystyle\int \frac{x+\sqrt[3]{x}+1}{\sqrt{x}}\,dx$；   (5) $\displaystyle\int \frac{1+2x^2}{x^2+x^4}\,dx$；   (6) $\displaystyle\int \frac{e^{2x}-1}{e^x+1}\,dx$.

4. 一物体由静止开始作直线运动，其加速度函数为 $a(t)=6t+2$，求该物体的路程函数 $s(t)$.

5. 已知某产品产量的变化率为 $f(t)=50t+200$，其中，t 为时间，求此产品在 t 时刻的产量 $P(t)$.（设 $P(0)=0$.）

（B）

1. 求下列不定积分.

(1) $\displaystyle\int e^x\left(1-\frac{e^{-x}}{2\sqrt{x}}\right)dx$；   (2) $\displaystyle\int \frac{\cos 2x}{\cos x-\sin x}\,dx$；   (3) $\displaystyle\int \sec x(\sec x-\tan x)\,dx$；

(4) $\displaystyle\int \cot^2 x\,dx$；   (5) $\displaystyle\int \frac{1}{1+\cos 2x}\,dx$；   (6) $\displaystyle\int \frac{\sqrt{1+x^2}}{\sqrt{1-x^4}}\,dx$.

2. 设曲线 $y=f(x)$ 上点 (x,y) 处的切线斜率为 $2x-\dfrac{1}{x^2}(x>0)$，且此曲线过点 $(1,3)$，求该曲线的方程.

3. 某商品的需求量 D 为价格 P 的函数，且该商品的最大需求量为 1000，即（$P=0$ 时，$D=1000$），已知需求量的变化率为

$$D'(P)=-1000\ln 3\cdot\left(\frac{1}{3}\right)^P.$$

求该商品的需求函数.

4. 生产某产品 Q 个单位新需总成本 C 是产量 Q 的函数. 已知固定成本为 100 元，边际成本函数为 $C_M(Q)=2Q+20$（元／单位），试求总成本函数.

第二节　换元积分法

仅仅利用基本积分表与不定积分的性质,所能计算的不定积分还是非常有限的.有些看上去很简单的函数,例如 $\tan x, \sin 2x, xe^{x^2}$ 等,仅由以上知识还无法计算其不定积分,因而有必要进一步研究不定积分的求法.本节将复合函数的微分法反过来应用,利用变量代换求不定积分,这种方法称为换元积分法.

换元法通常分为两类,下面先讨论第一类换元法.

一、第一换元积分法

设函数 $f(u)$ 具有原函数 $F(u)$,又,$u = \varphi(x)$ 是可导函数,则根据复合函数的微分法,有

$$\mathrm{d}F[\varphi(x)] = f[\varphi(x)]\varphi'(x)\mathrm{d}x.$$

从而根据不定积分的定义,就有

$$\int f[\varphi(x)]\varphi'(x)\mathrm{d}x = F[\varphi(x)] + C = \left[\int f(u)\mathrm{d}u\right]_{u=\varphi(x)}.$$

于是有下面的定理:

定理 1　设 $f(u)$ 具有原函数 $F(u)$,$u = \varphi(x)$ 是可导函数,则有换元积分公式

$$\int f[\varphi(x)]\varphi'(x)\mathrm{d}x = F(u) + C = F[\varphi(x)] + C. \tag{1}$$

如何利用公式(1)来计算不定积分呢?设 $\int g(x)\mathrm{d}x$ 是所要计算的不定积分,若 $g(x)$ 可以表示为 $g(x) = f[\varphi(x)]\varphi'(x)$ 的形式,且 $\int f(u)\mathrm{d}u$ 比较容易求出,则可利用公式(1)来求不定积分.这种方法称为第一换元积分法(或更形象地称之为凑微分法),其解题过程可以归纳为

$$\int g(x)\mathrm{d}x \xrightarrow{\text{凑微分}} \int f[\varphi(x)]\varphi'(x)\mathrm{d}x \xrightarrow[u=\varphi(x)]{\text{换元}} \int f(u)\mathrm{d}u$$

$$\xrightarrow{\text{积分}} F(u) + C \xrightarrow{\text{代回}x} F[\varphi(x)] + C.$$

例 1　求 $\int 2\cos 2x\mathrm{d}x$.

解　因 $\cos 2x$ 是 $\cos u$ 与 $u = 2x$ 的复合函数,常数因子 2 恰好是中间变量

$u = 2x$ 的导数,故可作变量代换 $u = 2x$,则有

$$\int 2\cos 2x \mathrm{d}x = \int \cos 2x \cdot (2x)' \mathrm{d}x = \int \cos u \mathrm{d}u$$

$$= \sin u + C.$$

将 $u = 2x$ 回代,即得

$$\int 2\cos 2x \mathrm{d}x = \sin 2x + C.$$

例 2　求 $\displaystyle\int \frac{1}{3x+1} \mathrm{d}x$.

解　因被积函数是 $\dfrac{1}{u}$ 与 $u = 3x+1$ 的复合函数,故 $\dfrac{\mathrm{d}u}{\mathrm{d}x} = 3$,尽管原式中没有这个因子,但我们可以通过改变系数的方法将其凑出来,即

$$\frac{1}{3x+1} = \frac{1}{3} \cdot \frac{1}{3x+1} \cdot 3 = \frac{1}{3} \cdot \frac{1}{3x+1} \cdot (3x+1)'.$$

作变量代换 $u = 3x+1$,则有

$$\int \frac{1}{3x+1} \mathrm{d}x = \int \frac{1}{3} \cdot \frac{1}{3x+1} \cdot (3x+1)' \mathrm{d}x = \frac{1}{3} \int \frac{1}{u} \mathrm{d}u$$

$$= \frac{1}{3} \ln |u| + C = \frac{1}{3} \ln |3x+1| + C.$$

一般地,对于积分 $\displaystyle\int f(ax+b) \mathrm{d}x \ (a \neq 0)$,可以作变换 $u = ax+b$,将积分式化为

$$\int f(ax+b) \mathrm{d}x = \int \frac{1}{a} f(ax+b)(ax+b)' \mathrm{d}x$$

$$= \frac{1}{a} \int f(u) \mathrm{d}u.$$

例 3　求 $\displaystyle\int 2x \mathrm{e}^{x^2} \mathrm{d}x$.

解　被积函数可以视作 $\mathrm{e}^{x^2} \cdot (x^2)'$,故可作变量代换 $u = x^2$,则有

$$\int 2x \mathrm{e}^{x^2} = \int \mathrm{e}^{x^2} \cdot (x^2)' \mathrm{d}x = \int \mathrm{e}^u \mathrm{d}u$$

$$= \mathrm{e}^u + C = \mathrm{e}^{x^2} + C.$$

对变量代换比较熟练以后,可以不写出中间变量,直接凑微分进行运算.

例 4 求 $\displaystyle\int \frac{1}{a^2 + x^2}\mathrm{d}x$.

解 $\displaystyle\int \frac{1}{a^2 + x^2}\mathrm{d}x = \int \frac{1}{a^2} \cdot \frac{1}{1 + \dfrac{x^2}{a^2}}\mathrm{d}x = \frac{1}{a}\int \frac{1}{1 + \dfrac{x^2}{a^2}}\mathrm{d}\left(\frac{x}{a}\right) = \frac{1}{a}\arctan\frac{x}{a} + C.$

例 5 求 $\displaystyle\int \tan x\mathrm{d}x$.

解 $\displaystyle\int \tan x\mathrm{d}x = \int \frac{\sin x}{\cos x}\mathrm{d}x = -\int \frac{1}{\cos x}\mathrm{d}(\cos x) = -\ln|\cos x| + C.$

类似地,可得 $\displaystyle\int \cot x\mathrm{d}x = \ln|\sin x| + C.$

例 6 求 $\displaystyle\int \frac{1}{x(1 + 2\ln x)}\mathrm{d}x$.

解 $\displaystyle\int \frac{1}{x(1 + 2\ln x)}\mathrm{d}x = \int \frac{1}{1 + 2\ln x}\mathrm{d}(\ln x) = \frac{1}{2}\int \frac{1}{1 + 2\ln x}\mathrm{d}(1 + 2\ln x)$

$$= \frac{1}{2}\ln|1 + 2\ln x| + C.$$

本例说明,有些情形下,凑微分的过程并非一步就可以完成,而是需要两步甚至多步去实现.

例 7 求 $\displaystyle\int \frac{1}{x^2 - a^2}\mathrm{d}x$.

解 $\displaystyle\int \frac{1}{x^2 - a^2}\mathrm{d}x = \frac{1}{2a}\int \left(\frac{1}{x - a} - \frac{1}{x + a}\right)\mathrm{d}x$

$$= \frac{1}{2a}\left[\int \frac{1}{x - a}\mathrm{d}x - \int \frac{1}{x + a}\mathrm{d}x\right]$$

$$= \frac{1}{2a}\left[\int \frac{1}{x - a}\mathrm{d}(x - a) - \int \frac{1}{x + a}\mathrm{d}(x + a)\right]$$

$$= \frac{1}{2a}(\ln|x - a| - \ln|x + a|) + C = \frac{1}{2a}\ln\left|\frac{x - a}{x + a}\right| + C.$$

例 8 求 $\displaystyle\int \sec x\mathrm{d}x$.

解 I 应用例 7 的结果,有

$$\int \sec x \mathrm{d}x = \int \frac{1}{\cos x} \mathrm{d}x = \int \frac{\cos x}{\cos^2 x} \mathrm{d}x = \int \frac{1}{1 - \sin^2 x} \mathrm{d}\sin x$$

$$= -\int \frac{1}{\sin^2 x - 1} \mathrm{d}\sin x = \frac{1}{2} \ln \left| \frac{\sin x + 1}{\sin x - 1} \right| + C.$$

解 Ⅱ $\displaystyle \int \sec x \mathrm{d}x = \int \frac{\sec x (\sec x + \tan x)}{\sec x + \tan x} \mathrm{d}x = \int \frac{\mathrm{d}(\sec x + \tan x)}{\sec x + \tan x}$

$$= \ln | \sec x + \tan x | + C.$$

例 8 用两种不同的方法求出的积分形式不同,但是可以通过三角变换把它们统一起来.

类似地,可得 $\displaystyle \int \csc x \mathrm{d}x = \ln | \csc x - \cot x | + C.$

下面再举几个被积函数中含三角函数的例子.

例 9 求 $\displaystyle \int \cos^2 x \mathrm{d}x.$

解 $\displaystyle \int \cos^2 x \mathrm{d}x = \int \frac{1 + \cos 2x}{2} \mathrm{d}x = \frac{1}{2} \left[\int \mathrm{d}x + \int \cos 2x \mathrm{d}x \right]$

$$= \frac{1}{2} \left(x + \frac{1}{2} \sin 2x \right) + C.$$

例 10 求 $\displaystyle \int \sin^3 x \mathrm{d}x.$

解 $\displaystyle \int \sin^3 x \mathrm{d}x = \int \sin^2 x \cdot \sin x \mathrm{d}x = -\int (1 - \cos^2 x) \mathrm{d}(\cos x)$

$$= -\cos x + \frac{1}{3} \cos^3 x + C.$$

例 11 求 $\displaystyle \int \sin^2 x \cos^5 x \mathrm{d}x.$

解 $\displaystyle \int \sin^2 x \cos^5 x \mathrm{d}x = \int \sin^2 x (1 - \sin^2 x)^2 \mathrm{d}(\sin x)$

$$= \int (\sin^2 x - 2\sin^4 x + \sin^6 x) \mathrm{d}(\sin x)$$

$$= \frac{1}{3} \sin^3 x - \frac{2}{5} \sin^5 x + \frac{1}{7} \sin^7 x + C.$$

例 12 求 $\displaystyle \int \sec^6 x \mathrm{d}x.$

解 $\displaystyle\int \sec^6 x \mathrm{d}x = \int (\sec^2 x)^2 \sec^2 x \mathrm{d}x = \int (1 + \tan^2 x)^2 \mathrm{d}(\tan x)$

$$= \int (1 + 2\tan^2 x + \tan^4 x) \mathrm{d}(\tan x)$$

$$= \tan x + \frac{2}{3}\tan^3 x + \frac{1}{5}\tan^5 x + C.$$

例 13 求 $\displaystyle\int \tan^5 x \sec^3 x \mathrm{d}x$.

解 $\displaystyle\int \tan^5 x \sec^3 x \mathrm{d}x = \int \tan^4 x \sec^2 x \cdot (\sec x \tan x) \mathrm{d}x$

$$= \int (\sec^2 x - 1)^2 \sec^2 x \mathrm{d}(\sec x)$$

$$= \int (\sec^6 x - 2\sec^4 x + \sec^2 x) \mathrm{d}(\sec x)$$

$$= \frac{1}{7}\sec^7 x - \frac{2}{5}\sec^5 x + \frac{1}{3}\sec^3 x + C.$$

例 14 求 $\displaystyle\int \cos 3x \cos 2x \mathrm{d}x$.

解 $\displaystyle\int \cos 3x \cos 2x \mathrm{d}x = \frac{1}{2}\int (\cos x + \cos 5x) \mathrm{d}x$

$$= \frac{1}{2}\left[\int \cos x \mathrm{d}x + \frac{1}{5}\int \cos 5x \mathrm{d}(5x)\right]$$

$$= \frac{1}{2}\left(\sin x + \frac{1}{5}\sin 5x\right) + C.$$

上面所举的例子,可以使我们认识到凑微分公式(1)在求不定积分中所起的作用.正如复合函数的求导法则在微分学中的作用一样.但是,如何选择适当的变换 $u = \varphi(x)$,却没有明确的规律可循.这需要我们除了熟悉一些典型的例子外,还要多做练习,提高技巧性,并注意总结一些共性的东西.

二、第二换元积分法

有时,不定积分 $\displaystyle\int f(x)\mathrm{d}x$ 并不容易计算,但选择适当的变量代换 $x = \psi(t)$,把不定积分 $\displaystyle\int f(x)\mathrm{d}x$ 化为 $\displaystyle\int f[\psi(t)]\psi'(t)\mathrm{d}t$ 后,函数 $g(t) = f[\psi(t)] \cdot \psi'(t)$ 的原函数 $\Phi(t)$ 就容易计算了.这种方法实际上是将第一类换元积分公式(1)逆用,称

为第二换元积分法. 当然, 这种方法的成立需要一定条件: 首先, 不定积分 $\int f[\psi(t)]\psi'(t)\mathrm{d}t$ 要存在, 即 $g(t) = f[\psi(t)]\psi'(t)$ 要有原函数; 其次, $\int f[\psi(t)]\psi'(t)\mathrm{d}t$ 求出后, 必须用 $x = \psi(t)$ 的反函数 $t = \psi^{-1}(x)$ 回代, 为保证反函数存在, 可假设 $\psi'(t) \neq 0$.

综上所述, 我们给出下面的定理:

定理 2 设 $x = \psi(t)$ 是可导的函数, 且 $\psi'(t) \neq 0$. 又设 $g(t) = f[\psi(t)]\psi'(t)$ **存在原函数** $\Phi(t)$, **则有换元积分公式**:

$$\int f(x)\mathrm{d}x = \int f[\psi(t)]\psi'(t)\mathrm{d}t = \Phi[\psi^{-1}(x)] + C. \tag{2}$$

证 因 $g(t) = f[\psi(t)]\psi'(t)$ 的原函数为 $\Phi(t)$, 记 $\Phi[\psi^{-1}(x)] = F(x)$, 利用复合函数的求导法则及反函数的导数公式, 有

$$F'(x) = \frac{\mathrm{d}\Phi}{\mathrm{d}t} \cdot \frac{\mathrm{d}t}{\mathrm{d}x} = f[\psi(t)]\psi'(t) \cdot \frac{1}{\psi'(t)}$$

$$= f[\psi(t)] = f(x),$$

即 $F(x)$ 为 $f(x)$ 的原函数. 故有

$$\int f(x)\mathrm{d}x = F(x) + C = \Phi[\psi^{-1}(x)] + C.$$

下面举例说明第二换元积分公式的应用.

例 15 求 $\int \frac{1}{1+\sqrt{x}}\mathrm{d}x$.

解 此积分的困难在于被积函数含有根式, 为去掉根式, 可令 $\sqrt{x} = t$, 则 $x = t^2, \mathrm{d}x = 2t\mathrm{d}t$, 从而所求积分变为

$$\int \frac{1}{1+\sqrt{x}}\mathrm{d}x = \int \frac{2t}{1+t}\mathrm{d}t = 2\int \left(1 - \frac{1}{1+t}\right)\mathrm{d}t$$

$$= 2(t - \ln|1+t|) + C$$

$$= 2[\sqrt{x} - \ln(1+\sqrt{x})] + C.$$

例 16 求 $\int \frac{1}{\sqrt{x} + \sqrt[4]{x}}\mathrm{d}x$.

解 被积函数中出现了两个根式 $\sqrt{x}$ 与 $\sqrt[4]{x}$, 为同时去掉这两个根式, 可令

$\sqrt[4]{x} = t$，则 $x = t^4$，$\mathrm{d}x = 4t^3\mathrm{d}t$. 从而所求积分化为

$$\int \frac{1}{\sqrt{x} + \sqrt[4]{x}}\mathrm{d}x = \int \frac{4t^3}{t^2 + t}\mathrm{d}t = 4\int \frac{t^3}{t^2 + t}\mathrm{d}t$$

$$= 4\int \left(t - 1 + \frac{1}{t+1}\right)\mathrm{d}t = 4\left[\frac{t^2}{2} - t + \ln(t+1)\right] + C$$

$$= 4\left[\frac{\sqrt{x}}{2} - \sqrt[4]{x} + \ln(\sqrt[4]{x} + 1)\right] + C.$$

例 17 求 $\int \sqrt{a^2 - x^2}\,\mathrm{d}x$ $(a > 0)$.

解 为化去被积函数中的二次根式，通常应用三角变换. 对于本例中的 $\sqrt{a^2 - x^2}$，可设 $x = a\sin t$ $\left(-\frac{\pi}{2} < t < \frac{\pi}{2}\right)$，则 $\sqrt{a^2 - x^2} = \sqrt{a^2 - a^2\sin^2 t} = a\cos t$，$\mathrm{d}x = a\cos t\mathrm{d}t$，从而所求积分化为

$$\int \sqrt{a^2 - x^2}\,\mathrm{d}x = \int a\cos t \cdot a\cos t\mathrm{d}t = a^2\int \cos^2 t\mathrm{d}t$$

$$= \frac{a^2}{2}\left(t + \frac{1}{2}\sin 2t\right) + C$$

$$= \frac{a^2}{2}(t + \sin t\cos t) + C.$$

由于 $x = a\sin t$ $\left(-\frac{\pi}{2} < t < \frac{\pi}{2}\right)$，故

$$t = \arcsin \frac{x}{a}, \quad \cos t = \sqrt{1 - \sin^2 t} = \frac{\sqrt{a^2 - x^2}}{a},$$

于是，所求积分为

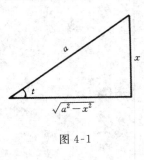

$$\int \sqrt{a^2 - x^2}\,\mathrm{d}x = \frac{1}{2}\left(a^2\arcsin \frac{x}{a} + x\sqrt{a^2 - x^2}\right) + C.$$

注 本例应用图 4-1 的直角三角形代回原变量 x 更为简便. 图中，$\sin t = \frac{x}{a}$，$\cos t = \frac{\sqrt{a^2 - x^2}}{a}$，$t = \arcsin \frac{x}{a}$，代入，即得所求的结果.

图 4-1

例 18 求 $\int \frac{1}{\sqrt{x^2 + a^2}}\mathrm{d}x$ $(a > 0)$

解　为化去二次根式 $\sqrt{x^2+a^2}$，可设 $x=a\tan t\left(-\dfrac{\pi}{2}<t<\dfrac{\pi}{2}\right)$，则

$$\sqrt{x^2+a^2}=\sqrt{a^2\tan^2 t+a^2}=a\sec t,\quad \mathrm{d}x=a\sec^2 t\,\mathrm{d}t,$$

从而所求积分化为

$$\int\frac{1}{\sqrt{x^2+a^2}}\mathrm{d}x=\int\frac{a\sec^2 t}{a\sec t}\mathrm{d}t=\int\sec t\,\mathrm{d}t=\ln|\sec t+\tan t|+C.$$

为将 $\sec t$ 和 $\tan t$ 转化为 x 的函数，可根据 $\tan t=\dfrac{x}{a}$ 作辅助三角形（图 4-2），则有

$$\sec t=\frac{\sqrt{x^2+a^2}}{a},$$

且 $\sec t+\tan t>0$，于是，所求积分为

$$\int\frac{1}{\sqrt{x^2+a^2}}\mathrm{d}x=\ln\left(\frac{x}{a}+\frac{\sqrt{x^2+a^2}}{a}\right)+C$$

$$=\ln(x+\sqrt{x^2+a^2})+C_1.$$

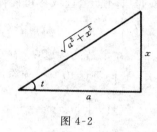

图 4-2

其中，$C_1=C-\ln a$ 仍为任一常数.

例 19　求 $\displaystyle\int\frac{1}{\sqrt{x^2-a^2}}\mathrm{d}x$　$(a>0)$.

解　为化去二次根式 $\sqrt{x^2-a^2}$，作三角变换 $x=a\sec t\left(0<t<\dfrac{\pi}{2}\right)$，则

$$\sqrt{x^2-a^2}=a\tan t,\quad \mathrm{d}x=a\sec t\tan t\,\mathrm{d}t,$$

从而所求积分化为

$$\int\frac{1}{\sqrt{x^2-a^2}}\mathrm{d}x=\int\frac{a\sec t\tan t}{a\tan t}\mathrm{d}t=\int\sec t\,\mathrm{d}t$$

$$=\ln|\sec t+\tan t|+C.$$

为将 $\sec t$ 和 $\tan t$ 转化为 x 的函数，可根据 $\sec t=\dfrac{x}{a}$ 作辅助三角形（图 4-3），则有

$$\tan t=\frac{\sqrt{x^2-a^2}}{a},$$

于是，所求积分为

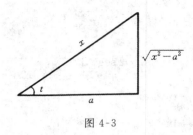

图 4-3

$$\int \frac{1}{\sqrt{x^2 - a^2}}dx = \ln \left| \frac{x}{a} + \frac{\sqrt{x^2 - a^2}}{a} \right| + C$$

$$= \ln \left| x + \sqrt{x^2 - a^2} \right| + C_1.$$

其中,$C_1 = C - \ln a$ 仍为任一常数.

从上面的三个例子可以看出:为化去被积函数中的二次根式,若被积函数含有 $\sqrt{a^2 - x^2}$,可作变换 $x = a\sin t$;若被积函数含有 $\sqrt{x^2 + a^2}$,可作变换 $x = a\tan t$;若被积函数含有 $\sqrt{x^2 - a^2}$,则可作变换 $x = a\sec t$. 但具体解题时,要分析被积函数的具体情形,选取尽可能简捷的代换,而不必拘泥于上述变量代换的形式. 例如,积分 $\int x \sqrt{4 - x^2}dx$,用凑微分法就比第二换元积分法简单.

在本节的例题中,有几个积分是在计算积分中经常遇到的,可以作为公式使用,我们将这几个积分添加到第一节的基本积分表中去(其中,常数 $a > 0$).

(14) $\int \tan x dx = -\ln |\cos x| + C$,

(15) $\int \cot x dx = \ln |\sin x| + C$,

(16) $\int \sec x dx = \ln |\sec x + \tan x| + C$,

(17) $\int \csc x dx = \ln |\csc x - \cot x| + C$,

(18) $\int \frac{1}{a^2 + x^2}dx = \frac{1}{a}\arctan \frac{x}{a} + C$,

(19) $\int \frac{1}{x^2 - a^2}dx = \frac{1}{2a}\ln \left| \frac{x - a}{x + a} \right| + C$,

(20) $\int \frac{1}{\sqrt{a^2 - x^2}}dx = \arcsin \frac{x}{a} + C$,

(21) $\int \frac{1}{\sqrt{x^2 + a^2}}dx = \ln(x + \sqrt{x^2 + a^2}) + C$,

(22) $\int \frac{1}{\sqrt{x^2 - a^2}}dx = \ln \left| x + \sqrt{x^2 - a^2} \right| + C$.

例 20 求 $\int \frac{1}{\sqrt{4x^2 + 9}}dx$.

解　由公式(21)得

$$\int \frac{1}{\sqrt{4x^2+9}}dx = \frac{1}{2}\int \frac{1}{\sqrt{x^2+\left(\frac{3}{2}\right)^2}}dx$$

$$= \frac{1}{2}\ln\left[x+\sqrt{x^2+\left(\frac{3}{2}\right)^2}\right]+C.$$

例 21　求 $\int \frac{1}{\sqrt{1+x-x^2}}dx$.

解　将被开方式配方并应用公式(20),得

$$\int \frac{1}{\sqrt{1+x-x^2}}dx = \int \frac{1}{\sqrt{\left(\frac{\sqrt{5}}{2}\right)^2-\left(x-\frac{1}{2}\right)^2}}d\left(x-\frac{1}{2}\right)$$

$$= \arcsin\frac{2x-1}{\sqrt{5}}+C.$$

习　题　4-2

（A）

1. 在等号右端空格线"＿"上填上适当因子,使等式成立.

(1) $dx = \underline{\quad} d(3-4x)$;　　(2) $\frac{1}{\sqrt{x}}dx = \underline{\quad} d\sqrt{x}$;　　(3) $xdx = \underline{\quad} dx^2$;

(4) $x^3dx = \underline{\quad} d(x^4+2)$;　(5) $e^{2x}dx = \underline{\quad} de^{2x}$;　(6) $e^{-\frac{x}{2}}dx = \underline{\quad} d(1+e^{-\frac{x}{2}})$;

(7) $\sin 2xdx = \underline{\quad} d\cos 2x$;　(8) $\frac{1}{x}dx = \underline{\quad} d(3-2\ln|x|)$.

2. 若 $\int f(x)dx = F(x)+C$,试求下列积分.

(1) $\int f(2x)dx$;　　　　(2) $\int xf(x^2)dx$;　　　(3) $\int \frac{f(2\ln x)}{x}dx$;

(4) $\int f(\tan x)\sec^2 xdx$.

3. 求下列不定积分.

(1) $\int (x-2)^3dx$;　　　(2) $\int e^{1-x}dx$;　　　(3) $\int x\sqrt{x^2-1}dx$;

(4) $\int \frac{1}{x^2}\cos\frac{2}{x}dx$;　　(5) $\int \frac{1}{x\ln^2 x}dx$;　　(6) $\int \frac{x^3}{x^8+1}dx$;

(7) $\displaystyle\int \frac{e^{\frac{1}{x}}}{x^2} dx$;　　　　　(8) $\displaystyle\int a^{\sin x} \cos x dx$;　　　　　(9) $\displaystyle\int \frac{1}{x^2 - 5x + 6} dx$;

(10) $\displaystyle\int \frac{x^2}{x+3} dx$;　　　　　(11) $\displaystyle\int \frac{2x}{x^2 + x + 1} dx$;　　　(12) $\displaystyle\int \cos^3 x \sin x dx$.

（B）

1. 在等号右端空格线"＿"上"凑"出适当函数因子,使等号两端的式子相等.

(1) $\displaystyle\frac{1}{1+4x^2} dx = \underline{\quad} d(\arctan 2x)$;　　　　　(2) $\displaystyle\frac{1}{\sqrt{1-x^2}} dx = \underline{\quad} d\sqrt{1-x^2}$;

(3) $\tan x^2 dx = \underline{\quad} d\ln |\cos x^2|$;　　　　(4) $\cos(x^2+1) dx = \underline{\quad} d\sin(x^2+1)$.

2. 若 $\displaystyle\int f(x) dx = F(x) + C$,试求下列积分.

(1) $\displaystyle\int \frac{f(e^{-x}+1)}{e^x} dx$;　　　　　(2) $\displaystyle\int \frac{f(\sqrt{x}+a)}{\sqrt{x}} dx$.

3. 求下列不定积分.

(1) $\displaystyle\int \frac{1}{x^2 + 2x + 2} dx$;　　(2) $\displaystyle\int \frac{x+1}{\sqrt{1-x^2}} dx$;　　(3) $\displaystyle\int \sin^4 x dx$;

(4) $\displaystyle\int \cos^3 x \sin^3 x dx$;　　(5) $\displaystyle\int \tan^8 x \sec^2 x dx$;　　(6) $\displaystyle\int \frac{1}{\sin x \cos x} dx$;

(7) $\displaystyle\int \frac{1}{\sqrt{x} + \sqrt[3]{x}} dx$;　　(8) $\displaystyle\int \frac{1+\sqrt{4-x^2}}{\sqrt{4-x^2}} dx$.

第三节　　分部积分法

设 $u(x), v(x)$ 有连续导数,由函数乘积的求导法则,有

$$(uv)' = u'v + uv',$$

移项,得

$$uv' = (uv)' - u'v.$$

对上式两端求不定积分,得

$$\int uv' dx = uv - \int u'v dx. \tag{1}$$

我们称上述公式为<u>分部积分公式</u>. 因 $v' dx = dv, u' dx = du$,所以,公式(1) 又可记为

$$\int u dv = uv - \int v du. \tag{2}$$

按照这一公式的特点，若积分 $\int u\mathrm{d}v$ 难求，而积分 $\int v\mathrm{d}u$ 比较易求，则可应用分部积分公式计算积分.

例 1 求 $\int x\cos x\mathrm{d}x$.

解 此积分利用前面的方法不易求出结果，如果应用分部积分公式，应当怎样选取 u 和 $\mathrm{d}v$ 才合适呢？

若设 $u=x$，$\mathrm{d}v=\cos x\mathrm{d}x$，则 $\mathrm{d}u=\mathrm{d}x$，$v=\sin x$，代入公式(2)，得

$$\int x\cos x\mathrm{d}x=x\sin x-\int \sin x\mathrm{d}x,$$

而 $\int v\mathrm{d}u=\int \sin x\mathrm{d}x$ 容易求出，故

$$\int x\cos x\mathrm{d}x=x\sin x+\cos x+C.$$

假如我们设 $u=\cos x$，$\mathrm{d}v=x\mathrm{d}x$，则 $\mathrm{d}u=-\sin x\mathrm{d}x$，$v=\dfrac{1}{2}x^2$，代入分部积分公式(2)，得

$$\int x\cos x\mathrm{d}x=\frac{1}{2}x^2\cos x+\int \frac{1}{2}x^2\sin x\mathrm{d}x,$$

上式右端的积分反而比原积分更难求出.

由此可见，使用分部积分公式时，正确选取 u 和 $\mathrm{d}v$ 是关键. 为达到化难为易的目的，应当要求 u' 比 u 简单，而 v' 比较容易求出且不比 v' 复杂，这样就能够保证 $\int v\mathrm{d}u=\int vu'\mathrm{d}x$ 比 $\int u\mathrm{d}v=\int uv'\mathrm{d}x$ 易于算出，通常遵循对数函数、反三角函数、幂函数、三角函数、指数函数的顺序，把被积函数的两个因子中，排在前面的一类函数不能为 u，这种选择 u 的顺序可简记为"对、反、幂、三、指".

例 2 求 $\int x\mathrm{e}^x\mathrm{d}x$.

解 设 $u=x$，$\mathrm{d}v=\mathrm{e}^x\mathrm{d}x$，则 $\mathrm{d}u=\mathrm{d}x$，$v=\mathrm{e}^x$. 故

$$\int x\mathrm{e}^x\mathrm{d}x=x\mathrm{e}^x-\int \mathrm{e}^x\mathrm{d}x=x\mathrm{e}^x-\mathrm{e}^x+C=\mathrm{e}^x(x-1)+C.$$

例 3 求 $\int x^2\mathrm{e}^x\mathrm{d}x$.

解 设 $u=x^2$，$\mathrm{d}v=\mathrm{e}^x\mathrm{d}x$，则 $\mathrm{d}u=2x\mathrm{d}x$，$v=\mathrm{e}^x$. 故

$$\int x^2 e^x dx = x^2 e^x - 2\int x e^x dx = x^2 e^x - 2e^x(x-1) + C$$

$$= e^x(x^2 - 2x + 2) + C.$$

以上三个例子表明,若被积函数是幂函数与正(余)弦函数的乘积,或者是幂函数与指数函数的乘积,则可以考虑利用分部积分法,且设幂函数为 u,这样,每使用一次分部积分法,就可以使幂函数的次数降低一次(这里假定幂指数是正整数).

例 4 求 $\int x\ln x dx$.

解 设 $u = \ln x, dv = x dx$,则 $du = \dfrac{1}{x}dx, v = \dfrac{1}{2}x^2$. 故

$$\int x\ln x dx = \frac{1}{2}x^2 \ln x - \frac{1}{2}\int x dx = \frac{1}{2}x^2 \ln x - \frac{1}{4}x^2 + C.$$

使用公式比较熟练后,分析的过程可以不必写出,而直接使用公式进行计算.

例 5 求 $\int x\arctan x dx$.

解 $$\int x\arctan x dx = \int \arctan x d\left(\frac{1}{2}x^2\right) = \frac{1}{2}x^2 \arctan x - \frac{1}{2}\int \frac{x^2}{1+x^2}dx$$

$$= \frac{1}{2}x^2 \arctan x - \frac{1}{2}(x - \arctan x) + C$$

$$= \frac{1}{2}(x^2 + 1)\arctan x - \frac{1}{2}x + C.$$

例 6 求 $\int \arcsin x dx$.

解 $$\int \arcsin x dx = x\arcsin x - \int x d(\arcsin x)$$

$$= x\arcsin x - \int \frac{x}{\sqrt{1-x^2}}dx$$

$$= x\arcsin x + \frac{1}{2}\int \frac{1}{\sqrt{1-x^2}}d(1-x^2)$$

$$= x\arcsin x + \sqrt{1-x^2} + C.$$

以上三个例子说明,若被积函数是幂函数与对数函数或幂函数与反三角函数的乘积,也可以考虑使用分部积分法,并且设对数函数或反三角函数为 u.

下面几例所用方法比较典型.

例 7　求 $\displaystyle\int \mathrm{e}^x \sin x \mathrm{d}x$.

解　$\displaystyle\int \mathrm{e}^x \sin x \mathrm{d}x = \int \sin x \mathrm{d}(\mathrm{e}^x) = \mathrm{e}^x \sin x - \int \mathrm{e}^x \mathrm{d}(\sin x)$

$$= \mathrm{e}^x \sin x - \int \mathrm{e}^x \cos x \mathrm{d}x.$$

等式右端的不定积分与左端属同一类型,对右端的不定积分再次应用分部积分法,且设 $u = \cos x$,则得

$$\int \mathrm{e}^x \sin x \mathrm{d}x = \mathrm{e}^x \sin x - \int \cos x \mathrm{d}(\mathrm{e}^x) = \mathrm{e}^x \sin x - \mathrm{e}^x \cos x + \int \mathrm{e}^x \mathrm{d}(\cos x)$$

$$= \mathrm{e}^x (\sin x - \cos x) - \int \mathrm{e}^x \sin x \mathrm{d}x.$$

这样,等式两端就形成了一个关于所求积分的方程,解之得

$$\int \mathrm{e}^x \sin x \mathrm{d}x = \frac{1}{2} \mathrm{e}^x (\sin x - \cos x) + C.$$

例 8　求 $\displaystyle\int \sec^3 x \mathrm{d}x$.

解　$\displaystyle\int \sec^3 x \mathrm{d}x = \int \sec x \mathrm{d}(\tan x) = \sec x \tan x - \int \sec x \tan^2 x \mathrm{d}x$

$$= \sec x \tan x - \int \sec x (\sec^2 x - 1) \mathrm{d}x$$

$$= \sec x \tan x - \int \sec^3 x \mathrm{d}x + \int \sec x \mathrm{d}x$$

$$= \sec x \tan x + \ln |\sec x + \tan x| - \int \sec^3 x \mathrm{d}x.$$

解此关于 $\displaystyle\int \sec^3 x \mathrm{d}x$ 的方程,得

$$\int \sec^3 x \mathrm{d}x = \frac{1}{2} (\sec x \tan x + \ln |\sec x + \tan x|) + C.$$

例 9　求 $\displaystyle\int \mathrm{e}^{\sqrt{x}} \mathrm{d}x$.

解　令 $\sqrt{x} = t$,则 $x = t^2$,$\mathrm{d}x = 2t \mathrm{d}t$,原积分化为

$$\int e^{\sqrt{x}} dx = 2\int te^t dt = 2e^t(t-1) + C.$$

将 $t = \sqrt{x}$ 回代,得

$$\int e^{\sqrt{x}} dx = 2e^{\sqrt{x}}(\sqrt{x} - 1) + C.$$

此例说明,积分过程中可能兼用换元法与分部积分法.

我们在前面给大家总结了计算不定积分的一些方法,由于计算不定积分的技巧性很强,方法多种多样,在实际运算时,需要根据被积函数的特点灵活运用各种积分法.

习　题　4-3

（A）

求下列不定积分.

(1) $\displaystyle\int x\cos\frac{x}{2} dx$;

(2) $\displaystyle\int x^2 e^{-x} dx$;

(3) $\displaystyle\int x\sin(x+2) dx$;

(4) $\displaystyle\int x^2 \cos x dx$;

(5) $\displaystyle\int x^2 \ln x dx$;

(6) $\displaystyle\int \ln(x^2+1) dx$;

(7) $\displaystyle\int x\arctan x dx$;

(8) $\displaystyle\int \arccos x dx$.

（B）

1. 求下列不定积分.

(1) $\displaystyle\int e^{\sqrt{x}} dx$;

(2) $\displaystyle\int e^{-x}\cos x dx$;

(3) $\displaystyle\int x\csc^2 x dx$;

(4) $\displaystyle\int \frac{\arcsin\sqrt{x}}{\sqrt{x}} dx$.

2. 设 $F(x)$ 是 $f(x)$ 的一个原函数,求 $\displaystyle\int xf'(x) dx$.

第四章总练习题

1. 填空题

(1) 若 $F'(x) = f(x)$,则 $\displaystyle\int dF(x) =$ _____.

(2) 若 $\displaystyle\int f(x) dx = F(x) + C$ 且 $x = at+b$,则 $\displaystyle\int f(t) dt =$ _____.

(3) $\displaystyle\int \frac{1}{\sin^2 x\cos^2 x} dx =$ _____.

(4) $f(x)$ 的一个原函数是 e^{-x^2}，则 $\int x f'(x)\mathrm{d}x = $ _____.

(5) 若 $\int f(x)\mathrm{d}x = F(x) + C$，而 $u = \varphi(x)$，则 $\int f(u)\mathrm{d}u = $ _____.

(6) 若 $f'(e^x) = 1 + x$，则 $f(x) = $ _____.

2. 计算题

(1) $\displaystyle\int \frac{\sin x \cos^3 x}{1 + \cos^2 x}\mathrm{d}x$；　　　　(2) $\displaystyle\int \frac{e^x}{\sqrt{e^x - 1}}\mathrm{d}x$；　　(3) $\displaystyle\int x^3 e^{x^2}\mathrm{d}x$；

(4) $\displaystyle\int \frac{\ln \sin x}{\sin^2 x}\mathrm{d}x$；　　　　(5) $\displaystyle\int \frac{1}{\sqrt{3 + 2x - x^2}}\mathrm{d}x$；　　(6) $\displaystyle\int \frac{\ln(x + \sqrt{1 + x^2})}{\sqrt{1 + x^2}}\mathrm{d}x$；

(7) $\displaystyle\int \frac{1}{\sin 2x + 2\sin x}\mathrm{d}x$；　　(8) $\displaystyle\int \frac{1 - \ln x}{(x - \ln x)^2}\mathrm{d}x$；　　(9) $\displaystyle\int \frac{\arctan x}{x^2(1 + x^2)}\mathrm{d}x$；

(10) $\displaystyle\int \frac{\arctan e^x}{e^x}\mathrm{d}x$.

3. 设 $F(x)$ 为 $f(x)$ 的原函数，当 $x \geqslant 0$ 时，$f(x) \cdot F(x) = \sin^2 2x$，且 $F(0) = 1$，$F(x) \geqslant 0$，试求 $f(x)$.

第五章　定积分

本章将讨论积分学的另一个内容——定积分,它与不定积分有着完全不同的背景,却有着深刻的内在联系.我们先从实际问题出发给出定积分的定义,然后讨论其性质及计算方法,并在下一章研究定积分的应用.

第一节　定积分的概念与性质

一、引　例

1. 曲边梯形的面积

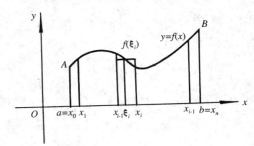

图 5-1

设函数 $y = f(x)$ 在区间 $[a,b]$ 上非负、连续,由直线 $x = a$,$x = b$ 与曲线 $y = f(x)$ 及 x 轴所围成的图形(图 5-1)称为曲边梯形.如果把 $[a,b]$ 看作底边,则曲边梯形在底边上各点 x 处的高 $f(x)$ 在区间 $[a,b]$ 上是变化的,故其面积不能直接按矩形面积公式来计算.但由于 $f(x)$ 在区间 $[a,b]$ 上连续,在很小一段区间上,其变化也很小.因而,若把区间 $[a,b]$ 划分为许多小区间,过各分点作 y 轴的平行线将曲边梯形分成若干个小窄条曲边梯形之和.在每个小区间上,用其中某一点处的高来代替该小区间上的窄条曲边梯形的变高,则每个窄曲边梯形可近似地看成窄条矩形,就可以将这些窄条矩形面积之和作为曲边梯形面积的近似值.如果将区间 $[a,b]$ 无限细地分下去,即使得每个小区间的长度都趋于零,窄条矩形面积之和就无限趋近于曲边梯形的面积.现将这种计算曲边梯形面积的思想方法归结如下.

(1) **分割**　在区间 $[a,b]$ 中任意插入 $n-1$ 个分点:

$$a = x_0 < x_1 < x_2 < \cdots < x_{n-1} < x_n = b,$$

把 $[a,b]$ 分成 n 个小区间:

$$[x_0,x_1], \quad [x_1,x_2], \quad \cdots, \quad [x_{n-1},x_n],$$

第 i 个小区间的长度记为 Δx_i:

$$\Delta x_i = x_i - x_{i-1}, \quad i = 1, 2, \cdots, n.$$

经过各个分点作平行于 y 轴的直线段,将曲边梯形分成 n 个窄条曲边梯形.

(2) 近似求和　　在每个小区间 $[x_{i-1}, x_i]$ 上任取一点 ξ_i,用以 $[x_{i-1}, x_i]$ 为底、以 $f(\xi_i)$ 为高的窄条矩形近似代替第 i 个窄条曲边梯形,把这些窄条矩形的面积之和作为所求曲边梯形面积的近似值,即

$$A \approx f(\xi_1)\Delta x_1 + f(\xi_2)\Delta x_2 + \cdots + f(\xi_n)\Delta x_n$$

$$= \sum_{i=1}^{n} f(\xi_i)\Delta x_i.$$

(3) 取极限　　记 $\lambda = \max\{\Delta x_1, \Delta x_2, \cdots, \Delta x_n\}$ 称为分割的细度.令 $\lambda \to 0$(这时,分点无限增多,即 $n \to \infty$),上述和式的极限,便是曲边梯形的面积:

$$A = \lim_{\lambda \to 0} \sum_{i=1}^{n} f(\xi_i)\Delta x_i.$$

2. 变速直线运动的路程

设物体作变速直线运动,已知速度 $v = v(t)$ 是时间 t 的连续函数,$T_1 \leqslant t \leqslant T_2$,求在这段时间内物体运动的路程.

对于匀速直线运动,有公式

$$\text{路程} = \text{速度} \times \text{时间}.$$

但在上述问题中,速度不是均匀的,而是随时间变化的,因而不能直接用上述公式计算路程.由于 $v = v(t)$ 连续,在很小的时间段内,速度的变化很小,近似于匀速.故可以用小时间段内某点的速度作为这段时间的平均速度,计算出这个小时间段内的运动路程,相加便得到在时间段 $[T_1, T_2]$ 上的运动路程的近似值.对时间间隔无限细分,就可得到所要求的变速直线运动的路程.

以上思想方法同样可以归结为:

(1) 分割　　在时间间隔 $[T_1, T_2]$ 内任意插入 $n-1$ 个分点:

$$T_1 = t_0 < t_1 < t_2 < \cdots < t_{n-1} < t_n = T_2,$$

把区间 $[T_1, T_2]$ 分为 n 个小时间段:

$$[t_0, t_1], \quad [t_1, t_2], \quad \cdots, \quad [t_{n-1}, t_n].$$

各小段时间的长度 $\Delta t_i = t_i - t_{i-1}$, $i = 1, 2, \cdots, n$.

(2) 近似求和　　在每个 $[t_{i-1}, t_i]$ 上任取一个时刻 $\tau_i(t_{i-1} \leqslant \tau_i \leqslant t_i)$,以该时刻的速度 $v(\tau_i)$ 来代替 $[t_{i-1}, t_i]$ 上各个时刻的速度,得到各部分路程 Δs_i 的近似值:

$$\Delta s_i \approx v(\tau_i)\Delta t_i, \quad i = 1, 2, \cdots, n.$$

则运动路程为

$$s \approx v(\tau_1)\Delta t_1 + v(\tau_2)\Delta t_2 + \cdots + v(\tau_n)\Delta t_n$$

$$= \sum_{i=1}^{n} v(\tau_i) \Delta t_i.$$

(3) 取极限　记 $\lambda = \max\{\Delta t_1, \Delta t_2, \cdots, \Delta t_n\}$，当 $\lambda \to 0$ 时，上述和式的极限即为变速直线运动的路程：

$$s = \lim_{\lambda \to 0} \sum_{i=1}^{n} v(\tau_i) \Delta t_i.$$

二、定积分的定义

上面两个例子中，一个是几何学中计算曲边梯形的面积，另一个是物理学中求变速直线运动的路程，它们的实际意义不同，但最终都归结为计算某种形式和式的极限：

$$A = \lim_{\lambda \to 0} \sum_{i=1}^{n} f(\xi_i) \Delta x_i, \quad s = \lim_{\lambda \to 0} \sum_{i=1}^{n} v(\tau_i) \Delta t_i.$$

从中抽象出它们共同的数学思想方法，我们给出定积分的概念.

定义　设函数 $f(x)$ 在区间 $[a,b]$ 上有界，在 $[a,b]$ 中任意插入 $n-1$ 个分点（称为区间 $[a,b]$ 的一个分割）

$$a = x_0 < x_1 < x_2 < \cdots < x_{n-1} < x_n = b,$$

把区间 $[a,b]$ 分成 n 个小区间：

$$[x_0, x_1], \quad [x_1, x_2], \quad \cdots, \quad [x_{n-1}, x_n],$$

第 i 个小区间的长度记为 Δx_i：

$$\Delta x_i = x_i - x_{i-1}, \quad i = 1, 2, \cdots, n.$$

在每个小区间 $[x_{i-1}, x_i]$ 上任取一点 ξ_i，作出和式：

$$S = \sum_{i=1}^{n} f(\xi_i) \Delta x_i, \tag{1}$$

称为函数 $f(x)$ 在 $[a,b]$ 上的一个积分和.

记 $\lambda = \max\{\Delta x_1, \Delta x_2, \cdots, \Delta x_n\}$. 若不论对 $[a,b]$ 怎样分割法，也不论点 ξ_i 在小区间 $[x_{i-1}, x_i]$ 上怎样取法，只要当 $\lambda \to 0$ 时和式（1）的极限存在：$\lim_{\lambda \to 0} \sum_{i=1}^{n} f(\xi_i) \Delta x_i = I$，就称函数 $f(x)$ 在 $[a,b]$ 上可积，并称这个极限 I 为函数 $f(x)$ 在区间 $[a,b]$ 上的定积分，记作

$$\int_a^b f(x) \mathrm{d}x,$$

即

$$\int_a^b f(x)\mathrm{d}x = \lim_{\lambda \to 0} \sum_{i=1}^n f(\xi_i)\Delta x_i, \qquad (2)$$

其中,$\int$ 称为积分号,$f(x)$ 称为被积函数,$f(x)\mathrm{d}x$ 称为被积表达式,x 称为积分变量,a 称为积分下限,b 称为积分上限,$[a,b]$ 称为积分区间.

注意　定积分作为积分和 $S = \sum_{i=1}^n f(\xi_i)\Delta x_i$ 的极限,其极限值 I 仅与被积函数 $f(x)$ 及积分区间 $[a,b]$ 有关,而与积分变量采用什么记号无关,即

$$\int_a^b f(x)\mathrm{d}x = \int_a^b f(t)\mathrm{d}t = \int_a^b f(u)\mathrm{d}u.$$

函数 $f(x)$ 在区间 $[a,b]$ 上满足什么条件才是可积的?对此,我们不作深入讨论,只给出以下三个充分条件和一个必要条件.

定理 1(可积的充分条件)　(1) 若 $f(x)$ 在区间 $[a,b]$ 上连续,则 $f(x)$ 在区间 $[a,b]$ 上可积;

(2) 若 $f(x)$ 在区间 $[a,b]$ 上有界,且至多有有限个间断点,则 $f(x)$ 在 $[a,b]$ 上可积;

(3) 若 $f(x)$ 是 $[a,b]$ 上的单调函数,则 $f(x)$ 在 $[a,b]$ 上可积.

定理 2(可积的必要条件)　若 $f(x)$ 在 $[a,b]$ 上可积,则 $f(x)$ 必是 $[a,b]$ 上的有界函数.

由定积分的定义,曲线 $y = f(x)$ ($f(x) \geqslant 0$),x 轴及两条直线 $x = a, x = b$ 所围成的曲边梯形的面积 A 等于函数 $f(x)$ 在区间 $[a,b]$ 上的定积分,即

$$A = \int_a^b f(x)\mathrm{d}x.$$

以速度 $v = v(t)$ ($v(t) \geqslant 0$) 作变速直线运动的物体,在时间间隔 $[T_1, T_2]$ 内经过的路程 s 等于函数 $v(t)$ 在区间 $[T_1, T_2]$ 上的定积分,即

$$s = \int_{T_1}^{T_2} v(t)\mathrm{d}t.$$

下面讨论定积分的几何意义.

若在 $[a,b]$ 上 $f(x) \geqslant 0$ 时,我们已经知道,定积分 $\int_a^b f(x)\mathrm{d}x$ 表示由曲线 $y = f(x)$,直线 $x = a, x = b$ 与 x 轴所围成的曲边梯形的面积.

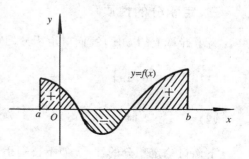

图 5-2

若 $f(x)$ 在 $[a,b]$ 上变号,则函数图形的某些部分在 x 轴的上方,某些部分在 x 轴的下方(图 5-2).我们把 x 轴上方的面

积看作正面积，x 轴下方的面积看作负面积，统称为有向面积，于是，定积分$\int_a^b f(x)\mathrm{d}x$ 表示由曲线 $y=f(x)$，直线 $x=a,x=b$ 与 x 轴所围成的各部分图形有向面积的代数和.

例 1 用定积分的定义计算$\int_0^1 x^2\mathrm{d}x$.

解 因被积函数 $f(x)=x^2$ 在区间$[0,1]$ 上连续，故积分存在. 为便于计算，不妨将区间$[0,1]$ 分成 n 等份，分点为 $x_i=\dfrac{i}{n},i=1,2,\cdots,n-1$；由此得每个小区间$[x_{i-1},x_i]$ 的长度 $\Delta x_i=\dfrac{1}{n},i=1,2,\cdots,n$；取 $\xi_i=x_i,i=1,2,\cdots,n$. 于是，积分和为

$$
\begin{aligned}
\sum_{i=1}^n f(\xi_i)\Delta x_i &= \sum_{i=1}^n \xi_i^2 \Delta x_i \\
&= \sum_{i=1}^n \left(\frac{i}{n}\right)^2 \cdot \frac{1}{n} = \frac{1}{n^3}\cdot(1^2+2^2+\cdots+n^2) \\
&= \frac{1}{n^3}\cdot\frac{1}{6}n(n+1)(2n+1) \\
&= \frac{1}{6}\left(1+\frac{1}{n}\right)\left(2+\frac{1}{n}\right).
\end{aligned}
$$

因 $\lambda=\max\{\Delta x_1,\Delta x_2,\cdots,\Delta x_n\}=\dfrac{1}{n}$，故当 $\lambda\to0$ 时，$n\to\infty$. 对上式两端取极限，即得

$$
\int_0^1 x^2\mathrm{d}x=\lim_{n\to\infty}\frac{1}{6}\left(1+\frac{1}{n}\right)\left(2+\frac{1}{n}\right)=\frac{1}{3}.
$$

三、定积分的性质

为了计算上的方便，我们对定积分的定义作以下两点补充规定：

(1) 当 $a=b$ 时，$\int_a^b f(x)\mathrm{d}x=0$；

(2) 当 $a>b$ 时，$\int_a^b f(x)\mathrm{d}x=-\int_b^a f(x)\mathrm{d}x$.

下面讨论定积分的性质. 如不特别指明，性质中积分上、下限的大小不加限制，并假定积分都是存在的. 这些性质不难由定积分的定义及极限的运算法则证明.

性质 1　函数和(差)的定积分等于它们定积分的和(差),即

$$\int_a^b [f(x) \pm g(x)] \mathrm{d}x = \int_a^b f(x) \mathrm{d}x \pm \int_a^b g(x) \mathrm{d}x.$$

此性质对任意有限个函数也是成立的.

性质 2　被积函数的常数因子可以提到积分号外面,即

$$\int_a^b k f(x) \mathrm{d}x = k \int_a^b f(x) \mathrm{d}x \quad (k \text{ 是常数}).$$

性质 3　若将积分区间分成两部分,则在整个区间上的定积分等于这两部分区间上定积分的和,即当 $c \in (a,b)$ 时,有

$$\int_a^b f(x) \mathrm{d}x = \int_a^c f(x) \mathrm{d}x + \int_c^b f(x) \mathrm{d}x.$$

这个性质表明定积分对积分区间具有可加性. 参照定积分定义的补充说明可知,不论 a,b,c 的相对位置如何,上式总是成立的.

性质 4　若在区间 $[a,b]$ 上 $f(x) \equiv 1$,则

$$\int_a^b f(x) \mathrm{d}x = \int_a^b \mathrm{d}x = b - a.$$

性质 5　若在区间 $[a,b]$ 上 $f(x) \geqslant 0$,则

$$\int_a^b f(x) \mathrm{d}x \geqslant 0 \quad (a < b).$$

证　由 $f(x) \geqslant 0$,得 $f(\xi_i) \geqslant 0 (i = 1,2,\cdots,n)$. 又,$\Delta x_i \geqslant 0 (i = 1,2,\cdots,n)$,故

$$\sum_{i=1}^n f(\xi_i) \Delta x_i \geqslant 0,$$

根据定积分的定义并结合极限的局部保号性,即得出要证明的结论.

推论 1　若在区间 $[a,b]$ 上 $f(x) \geqslant g(x)$,则

$$\int_a^b f(x) \mathrm{d}x \geqslant \int_a^b g(x) \mathrm{d}x.$$

推论 2　$\left| \int_a^b f(x) \mathrm{d}x \right| \leqslant \int_a^b |f(x)| \mathrm{d}x \quad (a < b).$

推论 1 可由性质 5 直接推出,我们只给出推论 2 的证明.

证　因　　　　　　　 $-|f(x)| \leqslant f(x) \leqslant |f(x)|,$

由推论 1 及性质 2 得

$$-\int_a^b |f(x)| \, dx \leqslant \int_a^b f(x) \, dx \leqslant \int_a^b |f(x)| \, dx,$$

即

$$\left| \int_a^b f(x) \, dx \right| \leqslant \int_a^b |f(x)| \, dx.$$

性质 6 设 M 及 m 分别是函数 $f(x)$ 在区间 $[a,b]$ 上的最大值与最小值,则

$$m(b-a) \leqslant \int_a^b f(x) \, dx \leqslant M(b-a) \quad (a < b).$$

证 因 $m \leqslant f(x) \leqslant M$,故得

$$\int_a^b m \, dx \leqslant \int_a^b f(x) \, dx \leqslant \int_a^b M \, dx,$$

再结合性质 2 及性质 4,即得要证明的不等式.

应用这个性质,可以对积分估值.

例 2 估计定积分 $\int_1^3 \sqrt[3]{x} \, dx$ 的值.

解 被积函数 $f(x) = \sqrt[3]{x}$ 在积分区间 $[1,3]$ 上是单调增加的,故有最小值 $m = 1^3 = 1$ 和最大值 $M = \sqrt[3]{3}$,从而

$$1(3-1) \leqslant \int_1^3 \sqrt[3]{x} \, dx \leqslant \sqrt[3]{3}(3-1),$$

即

$$2 \leqslant \int_1^3 \sqrt[3]{x} \, dx \leqslant 2 \times \sqrt[3]{3} < 3.$$

性质 7(积分中值定理) 若函数 $f(x)$ 在区间 $[a,b]$ 上连续,则在 $[a,b]$ 上至少存在一点 ξ,使得

$$\int_a^b f(x) \, dx = f(\xi)(b-a) \quad (a \leqslant \xi \leqslant b).$$

证 将性质 6 中的不等式同除以 $(b-a)$,得

$$m \leqslant \frac{1}{b-a} \int_a^b f(x) \, dx \leqslant M.$$

这说明,数 $\dfrac{1}{b-a} \int_a^b f(x) \, dx$ 介于函数的最小值 m 及最大值 M 之间. 根据闭区间上连续函数的介值定理,在 $[a,b]$ 上至少存在一点 ξ,使

$$f(\xi) = \frac{1}{b-a} \int_a^b f(x) \, dx \quad (a \leqslant \xi \leqslant b).$$

上式两端同乘以 $(b-a)$，即得积分中值公式.

积分中值定理的几何解释是：在区间 $[a,b]$ 上至少存在一点 ξ，使得以区间 $[a,b]$ 为底、以曲线 $y=f(x)$ 为曲边的曲边梯形的面积等于同底边而高为 $f(\xi)$ 的矩形的面积（图 5-3）.

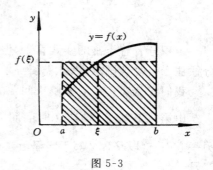

图 5-3

正如微分中值定理将导数（微分）与函数本身联系起来一样，积分中值定理将定积分与函数联系了起来，这为许多问题的研究开辟了道路.

另外，我们称

$$f(\xi)=\frac{1}{b-a}\int_a^b f(x)\,\mathrm{d}x$$

为函数 $f(x)$ 在区间 $[a,b]$ 上的平均值. 例如，变速直线运动的物体在时间间隔 $[T_1,T_2]$ 上的平均速度为

$$\bar{v}=\frac{1}{T_2-T_1}\int_{T_1}^{T_2} v(t)\,\mathrm{d}t.$$

习　题　5-1

（A）

1. 利用定积分的几何意义及函数图像的特征，确定下列各积分的值.

(1) $\displaystyle\int_{-1}^1 2\mathrm{d}x$；　(2) $\displaystyle\int_0^1 \sqrt{1-x^2}\,\mathrm{d}x$；　(3) $\displaystyle\int_{-\frac{\pi}{2}}^{\frac{\pi}{2}} \sin x\mathrm{d}x$；　(4) $\displaystyle\int_0^2 |x-1|\,\mathrm{d}x$.

2. 利用定积分性质，比较下列各积分值的大小.

(1) $I_1=\displaystyle\int_0^1 x^2\,\mathrm{d}x,\ I_2=\displaystyle\int_0^1 x^3\,\mathrm{d}x$；　　(2) $I_1=\displaystyle\int_1^2 x^2\,\mathrm{d}x,\ I_2=\displaystyle\int_1^2 x^3\,\mathrm{d}x$；

(3) $I_1=\displaystyle\int_1^e \ln x\mathrm{d}x,\ I_2=\displaystyle\int_1^e (\ln x)^2\,\mathrm{d}x$；　(4) $I_1=\displaystyle\int_0^{\frac{\pi}{2}} \sin^2 x\mathrm{d}x,\ I_2=\displaystyle\int_0^{\frac{\pi}{2}} \sin^3 x\mathrm{d}x$.

（B）

1. 按照定义求下列定积分.

(1) $\displaystyle\int_0^2 x^2\,\mathrm{d}x$；　　　　　(2) $\displaystyle\int_0^1 \mathrm{e}^x\,\mathrm{d}x$.

2. 求函数 $f(x)=x^2$ 在 $[0,1]$ 上的平均值.

3. 估计下列积分的值.

(1) $\displaystyle\int_0^1 (1+x+x^2)\,\mathrm{d}x$；　(2) $\displaystyle\int_0^2 \frac{1}{1+x^2}\mathrm{d}x$；　(3) $\displaystyle\int_{\frac{\pi}{4}}^{\frac{\pi}{2}} (1+\sin^2 x)\,\mathrm{d}x$；　(4) $\displaystyle\int_0^1 \mathrm{e}^{-x^2}\,\mathrm{d}x$.

第二节 微积分基本公式

定积分有着丰富的实践背景,但是直接按照定义(即和式的极限)计算定积分往往十分复杂困难,因此需要寻求相对简单实用的计算定积分方法.

我们先从实例中寻求解决问题的线索.

由第一节知道,物体在时间间隔$[T_1,T_2]$内通过的路程$s(t) = \int_{T_1}^{T_2} v(t)\mathrm{d}t$;另一方面,这段路程又等于路程函数$s(t)$在区间$[T_1,T_2]$上的增量$s(T_2) - s(T_1)$,于是

$$\int_{T_1}^{T_2} v(t)\mathrm{d}t = s(T_2) - s(T_1). \tag{1}$$

由于路程函数$s(t)$是速度函数$v(t)$的原函数,即$s'(t) = v(t)$.这样,式(1)表示速度函数$v(t)$在区间$[T_1,T_2]$上的定积分等于其原函数$s(t)$在区间$[T_1,T_2]$上的增量$s(T_2) - s(T_1)$.

上述关系并非特例,我们将证明这个具有普遍性的法则.

一、变动上限积分及其导数

设函数$f(x)$在区间$[a,b]$上连续,则对任意$x \in [a,b]$,$f(t)$在$[a,x]$上仍连续,从而可积.于是,对每一个取定的x的值,对应一个用定积分$\int_a^x f(t)\mathrm{d}t$表示的值,所以,积分$\int_a^x f(t)\mathrm{d}t$在$[a,b]$上定义了一个以积分上限为自变量的函数,记为$\Phi(x)$:

$$\Phi(x) = \int_a^x f(t)\mathrm{d}t \quad (a \leqslant x \leqslant b).$$

称为变动上限积分,它具备下述重要性质:

定理1 若函数$f(x)$在区间$[a,b]$上连续,则变动上限积分

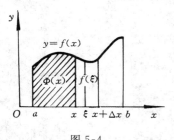

图 5-4

$$\Phi(x) = \int_a^x f(t)\mathrm{d}t$$

在$[a,b]$上可导,且

$$\Phi'(x) = \frac{\mathrm{d}}{\mathrm{d}x}\int_a^x f(t)\mathrm{d}t = f(x) \quad (a \leqslant x \leqslant b). \tag{2}$$

证 $\forall x \in (a,b)$,给x以增量Δx,使得$x + \Delta x \in (a,b)$(图5-4),则$\Phi(x)$在$x + \Delta x$处的

函数值为
$$\Phi(x + \Delta x) = \int_a^{x+\Delta x} f(t)\mathrm{d}t.$$

由此得函数的增量为
$$\Delta \Phi = \Phi(x + \Delta x) - \Phi(x) = \int_a^{x+\Delta x} f(t)\mathrm{d}t - \int_a^x f(t)\mathrm{d}t$$
$$= \int_a^x f(t)\mathrm{d}t + \int_x^{x+\Delta x} f(t)\mathrm{d}t - \int_a^x f(t)\mathrm{d}t = \int_x^{x+\Delta x} f(t)\mathrm{d}t.$$

由积分中值定理,存在一点 $\xi \in [x, x+\Delta x]$,使
$$\Delta \Phi = f(\xi)\Delta x,$$

即
$$\frac{\Delta \Phi}{\Delta x} = f(\xi).$$

因 $f(x)$ 在 $[a,b]$ 上连续,而当 $\Delta x \to 0$ 时,$\xi \to x$,因此,$\lim\limits_{\Delta x \to 0} f(\xi) = f(x)$. 在上式两端令 $\Delta x \to 0$,即得
$$\Phi'(x) = f(x).$$

对于 $x = a$,取 $\Delta x > 0$,同理可证 $\Phi'_+(a) = f(a)$;对于 $x = b$,取 $\Delta x < 0$,可证 $\Phi'_-(b) = f(b)$.

定理 1 表明:连续函数的变动上限积分是它的一个原函数. 这也证明上一章中原函数存在定理:连续函数一定存在原函数.

定理 1 称为微积分学基本定理,它揭示了定积分与原函数之间的联系,给出了计算定积分的简便而有效的方法,即下面的定理 2.

二、牛顿 - 莱布尼兹公式

定理 2　若函数 $F(x)$ 是连续函数 $f(x)$ 在区间 $[a,b]$ 上的一个原函数,则
$$\int_a^b f(x)\mathrm{d}x = F(b) - F(a). \tag{3}$$

证　由定理 1 知变动上限积分
$$\Phi(x) = \int_a^x f(t)\mathrm{d}t$$
是 $f(x)$ 的一个原函数. 于是成立
$$\Phi(x) = F(x) + C \quad (a \leqslant x \leqslant b). \tag{4}$$

令 $x = a$,因 $\Phi(a) = 0$,故 $C = -F(a)$. 代入式(4)中并以 $\int_a^x f(t)\mathrm{d}t$ 代式(4)中的 $\Phi(x)$,即得
$$\int_a^x f(t)\mathrm{d}t = F(x) - F(a).$$

再令 $x = b$,即得公式(3).

根据定积分定义的补充规定,公式(3)对 $a > b$ 同样成立.

$F(b) - F(a)$ 可记成 $[F(x)]_a^b$,于是,公式(3)又可写成

$$\int_a^b f(x)\mathrm{d}x = [F(x)]_a^b.$$

公式(3)叫做牛顿 - 莱布尼兹(Newton-Leibniz)公式,亦称微积分基本公式.它表明:一个连续函数在区间 $[a,b]$ 上的定积分等于它的任意一个原函数在区间 $[a,b]$ 上的增量,它不仅揭示了定积分与不定积分的内在联系,而且为定积分的计算提供简单有效的方法.

例 1 计算 $\int_0^1 x^2 \mathrm{d}x$.

解 因 $\dfrac{x^3}{3}$ 是 x^2 的一个原函数,由牛顿 - 莱布尼兹公式,有

$$\int_0^1 x^2 \mathrm{d}x = \left[\frac{x^3}{3}\right]_0^1 = \frac{1}{3} - 0 = \frac{1}{3}.$$

例 2 计算 $\int_0^1 \dfrac{1}{1+x^2}\mathrm{d}x$.

解 因 $\arctan x$ 是 $\dfrac{1}{1+x^2}$ 的一个原函数,故有

$$\int_0^1 \frac{1}{1+x^2}\mathrm{d}x = [\arctan x]_0^1 = \arctan 1 - \arctan 0 = \frac{\pi}{4}.$$

例 3 计算 $\int_{-2}^{-1} \dfrac{1}{x}\mathrm{d}x$.

解 因 $\dfrac{1}{x}$ 的一个原函数是 $\ln|x|$,故有

$$\int_{-2}^{-1} \frac{1}{x}\mathrm{d}x = [\ln|x|]_{-2}^{-1} = \ln 1 - \ln 2 = -\ln 2.$$

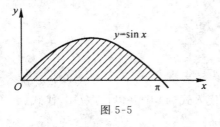

图 5-5

例 4 计算正弦曲线 $y = \sin x$ 在 $[0,\pi]$ 上的弧段与 x 轴所围成的平面图形(图 5-5)的面积.

解 $A = \int_0^\pi \sin x \mathrm{d}x = [-\cos x]_0^\pi$

$= -(-1) - (-1) = 2.$

例 5 汽车以每小时 36km 的速度行驶,到某处需要减速停车.设汽车以等加速度 $a = -5\mathrm{m/s^2}$ 刹车.问从开始刹车到停住,汽车走了多少距离?

解 首先计算从开始刹车到停车经过的时间.

当 $t = 0$ 时,汽车的速度为

$$v_0 = 36(\text{km/h}) = \frac{36 \times 1\,000}{3\,600}(\text{m/s}) = 10(\text{m/s}).$$

刹车后,汽车减速行驶,其速度为

$$v(t) = v_0 + at = 10 - 5t.$$

当汽车停住时,速度 $v(t) = 0$,故由

$$v(t) = 10 - 5t = 0$$

解得

$$t = 2(s).$$

于是,在这段时间内,汽车所走过的距离为

$$s = \int_0^2 v(t)\mathrm{d}t = \int_0^2 (10 - 5t)\mathrm{d}t = 10(\text{m}).$$

即在刹车后,汽车需要走过 10m 才能停住.

最后再举一个应用公式(2)求极限的例子.

例 6   求 $\lim\limits_{x \to 0} \dfrac{\displaystyle\int_1^{\cos x} \mathrm{e}^{-t^2}\,\mathrm{d}t}{x^2}$.

解   这是 $\dfrac{0}{0}$ 型不定式,可以用洛必达法则计算.分子是以 $\cos x$ 为上限的积分,可将其视为以 $u = \cos x$ 为中间变量的复合函数,故由公式(2) 有

$$\frac{\mathrm{d}}{\mathrm{d}x}\int_1^{\cos x} \mathrm{e}^{-t^2}\,\mathrm{d}t = \frac{\mathrm{d}}{\mathrm{d}u}\int_1^{u} \mathrm{e}^{-t^2}\,\mathrm{d}t \cdot \frac{\mathrm{d}u}{\mathrm{d}x} = \mathrm{e}^{-u^2} \cdot (-\sin x)$$

$$= -\,\mathrm{e}^{-\cos^2 x} \cdot \sin x.$$

因此

$$\lim_{x \to 0} \frac{\displaystyle\int_1^{\cos x} \mathrm{e}^{-t^2}\,\mathrm{d}t}{x^2} = \lim_{x \to 0} \frac{\left[\displaystyle\int_1^{\cos x} \mathrm{e}^{-t^2}\,\mathrm{d}t\right]'}{(x^2)'} = \lim_{x \to 0} \frac{-\sin x \cdot \mathrm{e}^{-\cos^2 x}}{2x}$$

$$= -\frac{1}{2}\lim_{x \to 0}\left(\frac{\sin x}{x} \cdot \mathrm{e}^{-\cos^2 x}\right) = -\frac{1}{2} \cdot 1 \cdot \mathrm{e}^{-1} = -\frac{1}{2\mathrm{e}}.$$

对于积分上、下限是 x 的可导函数的一般情形,其求导公式可参阅本节习题 (B) 第 2 题.

习   题   5-2

(A)

1. 若使用连续函数 $f(x)$ 的不同原函数来计算积分 $\int_a^b f(x)\mathrm{d}x$,其结果会不同吗?为什么?

2. 计算下列定积分.

(1) $\int_0^2 x^2 \, dx$;

(2) $\int_0^3 \frac{1}{x+1} \, dx$;

(3) $\int_0^4 (\sqrt{x} - 2) \, dx$;

(4) $\int_1^2 \left(e^{-x} - \frac{1}{x^2} \right) \, dx$;

(5) $\int_4^9 \frac{x+2}{\sqrt{x}} \, dx$;

(6) $\int_0^{\frac{\pi}{2}} (x + \sin x) \, dx$;

(7) $\int_{-\frac{\pi}{2}}^{\frac{\pi}{2}} (\sin x + \cos x) \, dx$;

(8) $\int_{-\frac{1}{2}}^{\frac{1}{2}} \frac{1}{\sqrt{1-x^2}} \, dx$;

(9) $\int_{-1}^1 \frac{1}{1+x^2} \, dx$;

(10) $\int_{-1}^1 \frac{x^2}{1+x^2} \, dx$.

3. 求下列函数的导数 $\dfrac{dy}{dx}$.

(1) $y = \int_0^x \ln(1+t^2) \, dt$;

(2) $y = \int_0^{e^x} \ln(1+t) \, dt$.

4. 计算下列极限.

(1) $\lim\limits_{x \to 0} \dfrac{\int_0^x \ln(1+t^2) \, dt}{x^2}$;

(2) $\lim\limits_{x \to 0} \dfrac{\int_{2x}^0 e^{-t^2} \, dt}{e^x - 1}$.

(B)

1. 计算下列定积分.

(1) $\int_{-e-1}^{-2} \frac{1}{1-x} \, dx$;

(2) $\int_0^{\frac{\pi}{4}} \tan^2 x \, dx$;

(3) $\int_1^2 \frac{\ln x}{x} \, dx$;

(4) $\int_0^1 \arctan x \, dx$.

2. 设 $f(x)$ 为连续函数，$\varphi(x)$ 与 $\psi(x)$ 可导，证明：

(1) $\left(\int_a^{\varphi(x)} f(t) \, dt \right)' = f[\varphi(x)] \cdot \varphi'(x)$;

(2) $\left(\int_{\psi(x)}^{\varphi(x)} f(t) \, dt \right)' = f[\varphi(x)] \varphi'(x) - f[\psi(x)] \psi'(x)$.

3. 应用上题结果求下列函数的导数 $\dfrac{dy}{dx}$.

(1) $y = \int_{\sin x}^1 (t + e^t) \, dt$;

(2) $y = \int_{\sin x}^{\cos x} (t + e^t) \, dt$.

第三节　　定积分的换元积分法与分部积分法

牛顿 - 莱布尼兹公式把计算定积分转化为求原函数的增量,于是,不定积分的换元积分法与分部积分法在定积分中也有相应的法则.

一、定积分的换元积分法

定理 1　设函数 $f(x)$ 在区间 $[a,b]$ 上连续，函数 $x = \varphi(t)$ 在 $[\alpha,\beta]$ 上有连续导数且满足条件

$$\varphi(\alpha) = a, \quad \varphi(\beta) = b, \quad a \leqslant \varphi(t) \leqslant b, \quad \text{当 } t \in [\alpha,\beta],$$

则有换元积分公式

$$\int_a^b f(x)\mathrm{d}x = \int_\alpha^\beta f[\varphi(t)]\varphi'(t)\mathrm{d}t. \tag{1}$$

证　因式 (1) 两边的被积函数都是连续的，故对它们都可应用牛顿 - 莱布尼兹公式.

假设 $F(x)$ 是 $f(x)$ 的一个原函数，则有

$$\int_a^b f(x)\mathrm{d}x = F(b) - F(a).$$

另一方面，$\Phi(t) = F[\varphi(t)]$ 可看作是由 $F(x)$ 与 $x = \varphi(t)$ 复合而成的函数，由复合函数求导法则，得

$$\Phi'(t) = \frac{\mathrm{d}F}{\mathrm{d}x}\frac{\mathrm{d}x}{\mathrm{d}t} = f(x)\varphi'(t) = f[\varphi(t)]\varphi'(t).$$

这表明 $\Phi(t)$ 是 $f[\varphi(t)]\varphi'(t)$ 的一个原函数. 从而有

$$\int_\alpha^\beta f[\varphi(t)]\varphi'(t)\mathrm{d}t = \Phi(\beta) - \Phi(\alpha).$$

但

$$\Phi(\beta) - \Phi(\alpha) = F[\varphi(\beta)] - F[\varphi(\alpha)] = F(b) - F(a).$$

所以

$$\int_a^b f(x)\mathrm{d}x = F(b) - F(a) = \Phi(\beta) - \Phi(\alpha) = \int_\alpha^\beta f[\varphi(t)]\varphi'(t)\mathrm{d}t.$$

在应用公式 (1) 时，有两点需要注意：

(1) 用 $x = \varphi(t)$ 把原来变量 x 代换成新变量 t 时，原来关于 x 的积分限也要换成新变量 t 的相应积分限；

(2) 求出 $f[\varphi(t)]\varphi'(t)$ 的一个原函数 $\Phi(t)$ 后，无需像计算不定积分那样再代回原来变量 x，而只要将新变量 t 的上、下限分别代入 $\Phi(t)$，然后相减即可.

例 1　计算 $\int_0^a \sqrt{a^2 - x^2}\,\mathrm{d}x \quad (a > 0)$.

解　设 $x = a\sin t$，则 $\mathrm{d}x = a\cos t\,\mathrm{d}t$，且当 $x = 0$ 时，$t = 0$；当 $x = a$ 时，$t = \dfrac{\pi}{2}$. 于是

$$\int_0^a \sqrt{a^2 - x^2}\,dx = a^2 \int_0^{\frac{\pi}{2}} \cos^2 t\,dt = \frac{a^2}{2} \int_0^{\frac{\pi}{2}} (1 + \cos 2t)\,dt$$

$$= \frac{a^2}{2} \left[t + \frac{1}{2}\sin 2t \right]_0^{\frac{\pi}{2}} = \frac{\pi a^2}{4}.$$

换元公式(1)也可以反过来使用,即将公式左、右两边对调位置,同时将 t 和 x 互换,得

$$\int_a^b f[\varphi(x)]\varphi'(x)\,dx = \int_\alpha^\beta f(t)\,dt.$$

这样就可以用 $t = \varphi(x)$ 来引入新变量 t,而 $\alpha = \varphi(a), \beta = \varphi(b)$.

例 2 计算 $\displaystyle\int_1^5 \frac{1}{1 + \sqrt{x-1}}\,dx$.

解 设 $t = \sqrt{x-1}$,则 $x = t^2 + 1, dx = 2t\,dt$,且当 $x = 1$ 时,$t = 0$;当 $x = 5$ 时,$t = 2$. 于是

$$\int_1^5 \frac{1}{1 + \sqrt{x-1}}\,dx = \int_0^2 \frac{2t}{1+t}\,dt = 2[t - \ln(1+t)]_0^2 = 4 - 2\ln 3.$$

例 3 计算 $\displaystyle\int_0^{\frac{\pi}{2}} \cos^5 x \sin x\,dx$.

解 设 $t = \cos x$,则 $dt = -\sin x\,dx$,且当 $x = 0$ 时,$t = 1$;当 $x = \frac{\pi}{2}$ 时,$t = 0$. 于是

$$\int_0^{\frac{\pi}{2}} \cos^5 x \sin x\,dx = -\int_1^0 t^5\,dt = -\left[\frac{1}{6}t^6\right]_1^0 = \frac{1}{6}.$$

有时我们也可以直接凑微分而不写出新变量,这时,积分限就无需改变. 例如本例,也可以这样做:

$$\int_0^{\frac{\pi}{2}} \cos^5 x \sin x\,dx = -\int_0^{\frac{\pi}{2}} \cos^5 x\,d(\cos x) = -\left[\frac{1}{6}\cos^6 x\right]_0^{\frac{\pi}{2}} = \frac{1}{6}.$$

例 4 计算 $\displaystyle\int_0^\pi \sqrt{\sin^3 x - \sin^5 x}\,dx$.

解 因 $\sqrt{\sin^3 x - \sin^5 x} = \sin^{\frac{3}{2}} x \,|\cos x|$,在 $\left[0, \frac{\pi}{2}\right]$ 上,$|\cos x| = \cos x$;在 $\left[\frac{\pi}{2}, \pi\right]$ 上,$|\cos x| = -\cos x$. 故有

$$\int_0^\pi \sqrt{\sin^3 - x\sin^5 x}\,dx = \int_0^\pi \sin^{\frac{3}{2}} x \,|\cos x|\,dx$$

$$= \int_0^{\frac{\pi}{2}} \sin^{\frac{3}{2}} x \cos x \mathrm{d}x - \int_{\frac{\pi}{2}}^{\pi} \sin^{\frac{3}{2}} x \cos x \mathrm{d}x$$

$$= \int_0^{\frac{\pi}{2}} \sin^{\frac{3}{2}} x \mathrm{d}(\sin x) - \int_{\frac{\pi}{2}}^{\pi} \sin^{\frac{3}{2}} x \mathrm{d}(\sin x)$$

$$= \frac{2}{5} \left[\sin^{\frac{5}{2}} x \right]_0^{\frac{\pi}{2}} - \frac{2}{5} \left[\sin^{\frac{5}{2}} x \right]_{\frac{\pi}{2}}^{\pi}$$

$$= \frac{4}{5}.$$

注意　此题若忽略 $\cos x$ 在 $\left[\frac{\pi}{2}, \pi \right]$ 上非正，而是按

$$\sqrt{\sin^3 x - \sin^5 x} = \sin^{\frac{3}{2}} x \cos x$$

计算，将导致错误.

例 5　证明：

（1）若 $f(x)$ 在 $[-a, a]$ 上连续且为偶函数，则

$$\int_{-a}^{a} f(x) \mathrm{d}x = 2 \int_0^a f(x) \mathrm{d}x.$$

（2）若 $f(x)$ 在 $[-a, a]$ 上连续且为奇函数，则

$$\int_{-a}^{a} f(x) \mathrm{d}x = 0.$$

证　因为

$$\int_{-a}^{a} f(x) \mathrm{d}x = \int_{-a}^{0} f(x) \mathrm{d}x + \int_0^a f(x) \mathrm{d}x,$$

对积分 $\int_{-a}^{0} f(x) \mathrm{d}x$ 作代换 $x = -t$，得

$$\int_{-a}^{0} f(x) \mathrm{d}x = \int_a^0 f(-t) \mathrm{d}(-t) = \int_0^a f(-t) \mathrm{d}t = \int_0^a f(-x) \mathrm{d}x.$$

从而

$$\int_{-a}^{a} f(x) \mathrm{d}x = \int_0^a f(-x) \mathrm{d}x + \int_0^a f(x) \mathrm{d}x = \int_0^a [f(-x) + f(x)] \mathrm{d}x$$

（1）若 $f(x)$ 为偶函数，则

$$f(-x) + f(x) = 2f(x),$$

所以

$$\int_{-a}^{a} f(x)\,\mathrm{d}x = 2\int_{0}^{a} f(x)\,\mathrm{d}x.$$

（2）若 $f(x)$ 为奇函数，则

$$f(-x) + f(x) = 0,$$

从而

$$\int_{-a}^{a} f(x)\,\mathrm{d}x = 0.$$

利用本例结论，可以简化计算偶函数、奇函数在对称区间上的定积分。

* **例 6**　若 $f(x)$ 在 $[0,1]$ 上连续，证明：

（1）$\displaystyle\int_{0}^{\frac{\pi}{2}} f(\sin x)\,\mathrm{d}x = \int_{0}^{\frac{\pi}{2}} f(\cos x)\,\mathrm{d}x$；

（2）$\displaystyle\int_{0}^{\pi} xf(\sin x)\,\mathrm{d}x = \frac{\pi}{2}\int_{0}^{\pi} f(\sin x)\,\mathrm{d}x$，并由此计算 $\displaystyle\int_{0}^{\pi} \frac{x\sin x}{1+\cos^{2} x}\,\mathrm{d}x$。

证　（1）为将被积函数由 $f(\sin x)$ 变成 $f(\cos x)$，作代换 $x = \dfrac{\pi}{2} - t$，则 $\mathrm{d}x = -\mathrm{d}t$，且当 $x = 0$ 时，$t = \dfrac{\pi}{2}$；当 $x = \dfrac{\pi}{2}$ 时，$t = 0$。于是

$$\int_{0}^{\frac{\pi}{2}} f(\sin x)\,\mathrm{d}x = \int_{\frac{\pi}{2}}^{0} f\left[\sin\left(\frac{\pi}{2} - t\right)\right]\mathrm{d}\left(\frac{\pi}{2} - t\right)$$

$$= \int_{0}^{\frac{\pi}{2}} f(\cos t)\,\mathrm{d}t = \int_{0}^{\frac{\pi}{2}} f(\cos x)\,\mathrm{d}x.$$

（2）设 $x = \pi - t$，则 $\mathrm{d}x = -\mathrm{d}t$，且当 $x = 0$ 时，$t = \pi$；当 $x = \pi$ 时，$t = 0$。于是

$$\int_{0}^{\pi} xf(\sin x)\,\mathrm{d}x = \int_{\pi}^{0} (\pi - t)f\left[\sin(\pi - t)\right]\mathrm{d}(\pi - t)$$

$$= \int_{0}^{\pi} (\pi - t)f(\sin t)\,\mathrm{d}t$$

$$= \pi\int_{0}^{\pi} f(\sin t)\,\mathrm{d}t - \int_{0}^{\pi} tf(\sin t)\,\mathrm{d}t$$

$$= \pi\int_{0}^{\pi} f(\sin x)\,\mathrm{d}x - \int_{0}^{\pi} xf(\sin x)\,\mathrm{d}x.$$

故有

$$\int_{0}^{\pi} xf(\sin x)\,\mathrm{d}x = \frac{\pi}{2}\int_{0}^{\pi} f(\sin x)\,\mathrm{d}x.$$

利用上述结论，得

$$\int_{0}^{\pi} \frac{x\sin x}{1+\cos^{2} x}\,\mathrm{d}x = \frac{\pi}{2}\int_{0}^{\pi} \frac{\sin x}{1+\cos^{2} x}\,\mathrm{d}x = -\frac{\pi}{2}\int_{0}^{\pi} \frac{1}{1+\cos^{2} x}\,\mathrm{d}(\cos x)$$

$$= -\frac{\pi}{2}\left[\arctan(\cos x)\right]_{0}^{\pi}$$

$$=-\frac{\pi}{2}\left(-\frac{\pi}{4}-\frac{\pi}{4}\right)=\frac{\pi^2}{4}.$$

*例7   计算 $\int_1^4 f(x-2)\mathrm{d}x$, 其中, $f(x)=\begin{cases} xe^{-x^2}, & x\geqslant 0, \\ \dfrac{1}{1+\cos x}, & -1\leqslant x<0. \end{cases}$

解   设 $x-2=t$, 则 $\mathrm{d}x=\mathrm{d}t$, 且当 $x=1$ 时, $t=-1$; 当 $x=4$ 时, $t=2$. 于是

$$\int_1^4 f(x-2)\mathrm{d}x=\int_{-1}^2 f(t)\mathrm{d}t=\int_{-1}^0 \frac{1}{1+\cos t}\mathrm{d}t+\int_0^2 te^{-t^2}\mathrm{d}t$$

$$=\int_{-1}^0 \sec^2 \frac{t}{2}d\left(\frac{t}{2}\right)-\frac{1}{2}\int_0^2 e^{-t^2}\mathrm{d}(-t^2)$$

$$=\left[\tan \frac{t}{2}\right]_{-1}^0-\frac{1}{2}\left[e^{-t^2}\right]_0^2$$

$$=\tan \frac{1}{2}-\frac{1}{2}e^{-4}+\frac{1}{2}.$$

二、定积分的分部积分法

设函数 $u(x),v(x)$ 在区间 $[a,b]$ 上具有连续导数, 则
$$(u(x)\cdot v(x))'=u'(x)v(x)+u(x)v'(x).$$
将等式两端分别在 $[a,b]$ 上积分, 并注意到

$$\int_a^b [u(x)v(x)]'\mathrm{d}x=\left[u(x)v(x)\ \right]_a^b,$$

便得

$$\left[u(x)v(x)\ \right]_a^b=\int_a^b u'(x)v(x)\mathrm{d}x+\int_a^b v(x)u'(x)\mathrm{d}x.$$

移项, 就有

$$\int_a^b u(x)v'(x)\mathrm{d}x=\left[u(x)v(x)\ \right]_a^b-\int_a^b v(x)u'(x)\mathrm{d}x,$$

或简写为

$$\int_a^b u\mathrm{d}v=[uv]_a^b-\int_a^b v\mathrm{d}u.$$

这就是定积分的分部积分公式.

例8   计算 $\int_0^\pi x\cos x\mathrm{d}x$.

解 $\displaystyle\int_0^\pi x\cos x\mathrm{d}x=\int_0^\pi x\mathrm{d}(\sin x)=[x\sin x]_0^\pi-\int_0^\pi \sin x\mathrm{d}x$

$$=0+[\cos x]_0^\pi=-2.$$

例9   计算 $\int_0^4 e^{\sqrt{x}}\mathrm{d}x$.

解 先用换元法. 设 $\sqrt{x} = t$,则 $x = t^2$, $\mathrm{d}x = 2t\mathrm{d}t$,且当 $x = 0$ 时,$t = 0$;当 $x = 4$ 时,$t = 2$. 于是

$$\int_0^4 e^{\sqrt{x}} \mathrm{d}x = 2\int_0^2 t e^t \mathrm{d}t = 2\int_0^2 t\mathrm{d}(e^t)$$

$$= 2\left\{ \left[t e^t \right]_0^2 - \int_0^2 e^t \mathrm{d}t \right\}$$

$$= 4e^2 - 2\left[e^t \right]_0^2 = 2e^2 + 2.$$

本章介绍了定积分的定义及计算方法,尽管使用我们已学习的方法可以计算大量的定积分,但并不是所有可积函数的定积分都可以精确计算出. 例如,我们无法计算出定积分 $\int_0^1 e^{x^2} \mathrm{d}x$ 的精确值,因为 e^{x^2} 的原函数无法求出. 事实上,许多初等函数的原函数都不能用初等函数来表达. 例如 $\int \dfrac{\sin x}{x}\mathrm{d}x$, $\int e^{-x^2}\mathrm{d}x$, $\int \dfrac{1}{\ln x}\mathrm{d}x$, $\int \sqrt{1 - k^2\sin^2 x}\,\mathrm{d}x$ $(0 < k < 1)$ 等,数学家已经证明了这些积分都不能用初等函数表示. 此外在许多实际问题中,有些被积函数用图形或表格给出,这种积分的计算也需要特定的解法.

实际上,在应用中,有些定积分只需要求出其具备一定精度的近似值. 因此,定积分的近似计算也是积分学中的一个重要问题. 在科学技术和生产实践中,人们已经找到了许多有效的定积分近似计算公式,并且随着计算机技术的不断发展,定积分的近似计算已经变得更为快捷方便,有许多现成的数学软件可以帮助我们来实现这一目标.

习 题 5-3

(A)

1. 利用换元法计算下列定积分.

(1) $\int_0^{\frac{\pi}{3}} \sin\left(2x + \dfrac{\pi}{3}\right)\mathrm{d}x$;

(2) $\int_{-1}^1 \dfrac{e^x}{e^x + 1}\mathrm{d}x$;

(3) $\int_0^{\sqrt{\pi}} x\cos x^2 \,\mathrm{d}x$;

(4) $\int_0^{\frac{\pi}{2}} \sin x(\cos x)^3 \,\mathrm{d}x$;

(5) $\int_0^{\frac{\pi}{2}} \dfrac{\cos x}{1 + \sin^2 x}\mathrm{d}x$;

(6) $\int_0^1 x^2 e^{x^3} \,\mathrm{d}x$;

(7) $\int_1^e \dfrac{1 - \ln x}{x}\mathrm{d}x$;

(8) $\int_0^2 \dfrac{x + 1}{x^2 + 1}\mathrm{d}x$;

(9) $\int_1^4 \dfrac{x}{1 + \sqrt{x}}\mathrm{d}x$;

(10) $\int_{-1}^1 \dfrac{x}{\sqrt{5 - 4x}}\mathrm{d}x$.

2. 利用分部积分法求下列定积分.

$(1) \displaystyle\int_0^1 x\mathrm{e}^{-x}\,\mathrm{d}x;$ $\qquad(2) \displaystyle\int_0^{\frac{\pi}{2}} x\cos^2 x\,\mathrm{d}x;$ $\qquad(3) \displaystyle\int_0^1 t^2\,\mathrm{e}^t\,\mathrm{d}t$

$(4) \displaystyle\int_0^{\mathrm{e}-1}\ln(x+1)\,\mathrm{d}x;$ $\qquad(5) \displaystyle\int_0^{\frac{\pi}{2}}\mathrm{e}^x\sin x\,\mathrm{d}x;$ $\qquad(6) \displaystyle\int_0^{\frac{\sqrt{2}}{2}}\arccos x\,\mathrm{d}x;$

$(7) \displaystyle\int_{\frac{1}{\mathrm{e}}}^{\mathrm{e}}|\ln x|\,\mathrm{d}x;$ $\qquad(8) \displaystyle\int_0^1 (\arcsin x)^2\,\mathrm{d}x.$

3. 利用被积函数的奇偶性计算下列积分.

$(1) \displaystyle\int_{-1}^1 \frac{x^3+(\arctan x)^2}{x^2+1}\,\mathrm{d}x;$ $\qquad(2) \displaystyle\int_{-2}^2 \frac{x\sin^2 x+x^3}{x^4+x^2+1}\,\mathrm{d}x.$

（B）

1. 利用换元法计算下列定积分.

$(1) \displaystyle\int_0^{\frac{1}{2}} \frac{x^2}{\sqrt{1-x^2}}\,\mathrm{d}x;$ $\quad(2) \displaystyle\int_0^a \frac{1}{\sqrt{a^2+x^2}}\,\mathrm{d}x\,(a>0);$ $\quad(3) \displaystyle\int_0^a x^2\,\sqrt{a^2-x^2}\,\mathrm{d}x\,(a>0);$

$(4) \displaystyle\int_0^1 (1+x^2)^{-\frac{3}{2}}\,\mathrm{d}x;$ $\qquad(5) \displaystyle\int_1^2 \frac{\sqrt{x^2-1}}{x}\,\mathrm{d}x;$ $\qquad(6) \displaystyle\int_0^{\sqrt{2}}\sqrt{2-x^2}\,\mathrm{d}x.$

2. 利用分部积分法求下列定积分.

$(1) \displaystyle\int_{\frac{\pi}{4}}^{\frac{\pi}{3}} \frac{x}{\sin^2 x}\,\mathrm{d}x;$ $\qquad(2) \displaystyle\int_0^{\frac{\pi}{8}} x\sin x\cos x\cos 2x\,\mathrm{d}x;$ $\qquad(3) \displaystyle\int_0^1 \arcsin\sqrt{x}\,\mathrm{d}x;$

$(4) \displaystyle\int_{-1}^3 \cos\sqrt{x+1}\,\mathrm{d}x;$ $\qquad(5) \displaystyle\int_0^{\frac{\pi}{2}}\arctan 2x\,\mathrm{d}x;$ $\qquad(6) \displaystyle\int_0^{\frac{\pi}{4}}\ln(1+\tan x)\,\mathrm{d}x.$

3. 利用被积函数的奇偶性计算下列积分.

$(1) \displaystyle\int_{-1}^1 \frac{x^2\tan x}{\sqrt{1+x^4}(x^2+1)}\,\mathrm{d}x;$ $\qquad(2) \displaystyle\int_{-1}^1 \frac{x^3+x^2+2}{1+x^2}\,\mathrm{d}x.$

第四节　定积分的几何应用

定积分的概念来源于科学技术和生产实践,有着广泛的应用. 由于我们把定积分定义为某种和式的极限:

$$\int_a^b f(x)\,\mathrm{d}x = \lim_{\lambda\to 0}\sum_{i=1}^n f(\xi_i)\cdot\Delta x_i,$$

因此,当所研究的量可以归结为求这种形式的和式的极限时,就可以用定积分来求解.

一个量 Q 要用定积分来表示,它必须具有下面两个特性:(1) Q 是一个与其变化区间 $[a,b]$ 相关的量;(2) Q 对于区间 $[a,b]$ 具有可加性,即如果用 ΔQ 表示

$[a,b]$ 的子区间 $[x,x+\Delta x]$ 所对应的部分量,则 $Q=\sum \Delta Q.$

在处理具体问题时,我们往往并不沿袭定积分的定义中所采用的分割 — 近似求和 — 取极限的方法,而是采用比较简洁方便的微元法. 微元法又称元素法,它是把一个量表示成定积分的分析方法,其特点是直观、简便. 它不仅适用于定积分,也是运用其他各类积分求解应用问题的基本方法.

一、什么是微元法

微元法是在一定条件下运用"以直代曲"、"以均匀代不均匀"的辩证思想,把 $[a,b]$ 的子区间 $[x,x+\Delta x]$ 所对应的部分量 ΔQ 近似地表示为 Q 的微元素 $\mathrm{d}Q$:

$$\Delta Q \approx \mathrm{d}Q = f(x) \cdot \Delta x,$$

对微元素积分,便得到

$$Q = \int_a^b \mathrm{d}Q = \int_a^b f(x)\mathrm{d}x$$

我们用下面的例子说明微元法的基本思想.

例1 求连续曲线 $y=f(x)(f(x) \geqslant 0, a \leqslant x \leqslant b)$ 与直线 $x=a, x=b$ 所围曲边梯形绕 x 轴旋转所成的旋转体的体积 V(图 5-6).

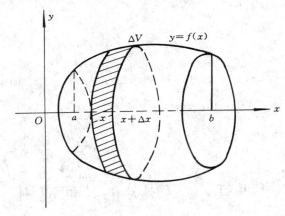

图 5-6

解 将 $[a,b]$ 分成若干个小区间,考虑在其中一个小区间 $[x,x+\Delta x]$ 上旋体的体积微元 ΔV,它近似等于以 y 为底面半径、以 Δx 为高的圆柱形薄片的体积,故

$$\Delta V \approx \mathrm{d}V = \pi y^2 \cdot \Delta x = \pi[f(x)]^2 \cdot \mathrm{d}x.$$

将这些微体积加起来(即从 a 到 b 积分),就得到旋转体的体积公式

$$V = \pi \int_a^b [f(x)]^2 \mathrm{d}x.$$

用微元法求定积分表达式的一般步骤是

（1）根据问题的具体情况，选取一个变量（例如 x）为积分变量，并确定它的变化区间 $[a,b]$；

（2）设想把 $[a,b]$ 分成若干个小区间，求出相应于任一小区间 $[x,x+\Delta x]$ 的部分量 ΔQ 的近似值. 如果 ΔQ 能近似地表示为 $[a,b]$ 上的一个连续函数 $f(x)$ 在 x 处的函数值与 $\mathrm{d}x$ 的乘积（即 ΔQ 与 $f(x)\mathrm{d}x$ 相差一个比 $\mathrm{d}x$ 高阶的无穷小：$\Delta Q-f(x)\mathrm{d}x=o(\mathrm{d}x)$），就把 $f(x)\mathrm{d}x$ 称为<u>量 Q 的微元素</u>，并记作 $\mathrm{d}Q$：

$$\Delta Q\approx \mathrm{d}Q=f(x)\mathrm{d}x.$$

（3）将量 Q 的微元素 $\mathrm{d}Q$ 从 a 到 b 积分，得到

$$Q=\int_a^b f(x)\mathrm{d}x.$$

这就是量 Q 的积分表达式.

例 2 设平面图形的边界为极坐标系中的曲线 $r=r(\theta)$ 及射线 $\theta=\alpha,\theta=\beta(\alpha<\beta)$（图 5-7），求其面积.

解 将区间 $[\alpha,\beta]$ 分成若干个小区间，把张角由 θ 变到 $\theta+\mathrm{d}\theta$ 的小扇形近似看作以 $r(\theta)$ 为半径、中心角为 $\mathrm{d}\theta$ 的圆弧小扇形，则其面积为

$$\Delta A\approx \mathrm{d}A=\frac{1}{2}r^2(\theta)\cdot \mathrm{d}\theta,$$

对面积微元 $\mathrm{d}A$ 从 α 到 β 积分，得到面积公式：

$$A=\frac{1}{2}\int_\alpha^\beta r^2(\theta)\mathrm{d}\theta.$$

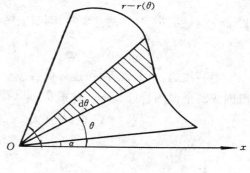

图 5-7

也许有人认为，微元法是用微元素 $\mathrm{d}Q=f(x)\mathrm{d}x$ 近似地表示部分量 ΔQ，因此用微元法推导出的积分表达式是近似值而不是精确值. 例如，例 1 中求出的积分被认为是旋转体体积的近似公式. 有人还设想不用小圆柱而用小圆台作为体积微元 $\mathrm{d}V$，以期获得更精确的近似值. 此小圆台的高为 $\mathrm{d}x$，底面半径分别为 y 和 $y+\mathrm{d}y$. 由于 $\mathrm{d}y=y'\mathrm{d}x$，便有

$$\Delta V\approx \frac{1}{3}\pi[y^2+y(y+\mathrm{d}y)+(y+\mathrm{d}y)^2]\mathrm{d}x$$

$$=\frac{\pi}{3}[3y^2+3y\mathrm{d}y+(\mathrm{d}y)^2]\mathrm{d}x$$

$$=\pi y^2\mathrm{d}x+\pi yy'(\mathrm{d}x)^2+\frac{1}{3}\pi(y')^2(\mathrm{d}x)^3$$

$$= \pi y^2 \mathrm{d}x + o(\mathrm{d}x),$$

其中 $$o(\mathrm{d}x) = \pi y y'(\mathrm{d}x)^2 + \frac{1}{3}\pi(y')^2(\mathrm{d}x)^3$$

是关于 $\mathrm{d}x$ 的高阶无穷小,故仍得

$$\mathrm{d}V = \pi y^2 \mathrm{d}x,$$

从而仍然得到例 1 中的积分表达式.

我们说,例 1 用微元法计算出的是旋转体积的精确值.这是由于

$$\Delta V - f(x)\mathrm{d}x = o(\mathrm{d}x)$$

是一个比 $\mathrm{d}x$ 高阶的无穷小,因而 $\mathrm{d}V = f(x)\mathrm{d}x$ 是一个精确的微分表达式,两端积分,便得到体积 V 的精确值.

二、平面图形的面积

由定积分的几何意义知道,连续曲线 $y = f(x)(\geqslant 0)$ 与直线 $x = a, x = b$ $(a < b)$ 及 x 轴所围成的曲边梯形的面积为

$$A = \int_a^b f(x)\mathrm{d}x.$$

若 $f(x)$ 在 $[a, b]$ 上不是非负的,则所围图形面积为

$$A = \int_a^b |f(x)|\,\mathrm{d}x. \tag{1}$$

更一般地,由上、下两条连续曲线 $y = f(x), y = g(x)$ 及直线 $x = a, x = b$ 所围成的平面图形(图 5-8)的面积可以看作两个曲边梯形面积之差,故有

$$A = \int_a^b [f(x) - g(x)]\mathrm{d}x. \tag{2}$$

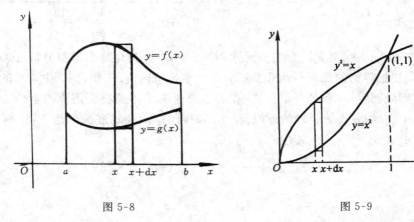

图 5-8   图 5-9

例 3   计算由两条抛物线 $y = x^2$ 与 $y^2 = x$ 所围图形的面积(图 5-9).

解   这两条抛物线所围图形如图 5-9 所示.首先求出两条抛物线的交点.

解方程组

$$\begin{cases} y = x^2, \\ y^2 = x. \end{cases}$$

得两个交点坐标为$(0,0)$及$(1,1)$,从而$x \in [0,1]$.

根据公式(2),所给图形的面积为

$$A = \int_0^1 (\sqrt{x} - x^2) \, \mathrm{d}x = \left[\frac{2}{3} x^{\frac{3}{2}} - \frac{1}{3} x^3 \right]_0^1 = \frac{1}{3}.$$

例 4 计算抛物线$y^2 = 2x$与直线$y = x - 4$所围成的图形的面积(图 5-10).

解 解方程组

$$\begin{cases} y^2 = 2x, \\ y = x - 4. \end{cases}$$

得两个交点的坐标为$(2, -2)$和$(8, 4)$.

选取y为积分变量,其变化区间为$[-2, 4]$.

曲线方程为

$$x = y + 4 \quad \text{及} \quad x = \frac{1}{2} y^2,$$

于是,所求面积为

$$A = \int_{-2}^4 \left[(y + 4) - \frac{1}{2} y^2 \right] \mathrm{d}y$$

$$= \left[\frac{y^2}{2} + 4y - \frac{1}{6} y^3 \right]_{-2}^4 = 18.$$

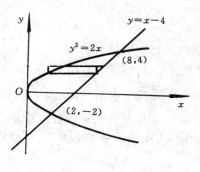

图 5-10

本题若选取x为积分变量,则需要将积分区间$[0,8]$分成$[0,2]$和$[2,8]$两部分来分别计算积分,显然没有以y为积分变量简便. 所以,在求解平面图形面积时,需要根据边界曲线的具体情形,选择恰当的积分变量.

如果曲线C由参数方程

$$x = \varphi(t), \quad y = \psi(t), \quad t \in [\alpha, \beta] \tag{3}$$

给出,其中$\psi(t)$在$[\alpha, \beta]$上连续,$\varphi(t)$在$[\alpha, \beta]$上有连续导数,且$\varphi'(t) \neq 0$. 若记$a = \varphi(\alpha), b = \varphi(\beta)$,则不难由公式$(1)$得出:由$(3)$式确定的曲线$C$及直线$x = a, x = b$和$x$轴所围图形的面积为

$$A = \int_\alpha^\beta | \psi(t) \cdot \varphi'(t) | \, \mathrm{d}t. \tag{4}$$

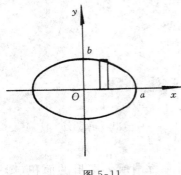

图 5-11

若由参数方程(3)确定的曲线 C 是封闭的（即有 $\varphi(\alpha)=\varphi(\beta),\psi(\alpha)=\psi(\beta)$）且曲线在 (α,β) 内没有重点，则由曲线 C 所围图形的面积为

$$A=\left|\int_{\alpha}^{\beta}\psi(t)\varphi'(t)\mathrm{d}t\right|.\qquad(5)$$

例 5 求椭圆 $\dfrac{x^2}{a^2}+\dfrac{y^2}{b^2}=1$ 所围成的图形的面积.

解 由对称性椭圆面积可表示为

$$A=4A_1,$$

其中，A_1 是椭圆在第一象限部分的面积(图 5-11)，于是，椭圆面积为

$$A=4A_1=4\int_0^a\frac{b}{a}\sqrt{a^2-x^2}\mathrm{d}x.$$

不难算出

$$A=\pi ab.$$

如果将椭圆用参数方程表示为

$$\begin{cases}x=a\cos t,\\y=b\sin t.\end{cases}$$

则由公式(5)，有

$$A=\left|\int_0^{2\pi}b\sin t\cdot(a\cos t)'\mathrm{d}t\right|=ab\int_0^{2\pi}\sin^2 t\mathrm{d}t=\frac{1}{2}ab\int_0^{2\pi}(1-\cos 2t)\mathrm{d}t=\pi ab.$$

当 $a=b$ 时，就是圆面积公式 $A=\pi a^2$.

如果平面图形由极坐标系中的曲线 $r=r(\theta)$ 及射线 $\theta=\alpha,\theta=\beta(\alpha<\beta)$ 所围成，由第一节例 2 知，这个扇形状图形的面积为

$$A=\frac{1}{2}\int_{\alpha}^{\beta}r^2(\theta)\mathrm{d}\theta.\qquad(6)$$

例 6 求双纽线 $r^2=a^2\cos 2\theta$ 所围图形的面积(图 5-12).

解 因为 $r^2\geqslant 0$，所以，θ 的取值范围是 $\left[-\dfrac{\pi}{4},\dfrac{\pi}{4}\right]$ 和 $\left[\dfrac{3}{4}\pi,\dfrac{5}{4}\pi\right]$. 由对称性及公式(6)，得所求面积为

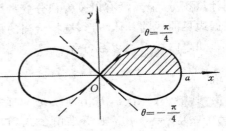

图 5-12

$$A=4\cdot\frac{1}{2}\int_0^{\frac{\pi}{4}}a^2\cos 2\theta\mathrm{d}\theta$$

$$=a^2\sin 2\theta\ \Big|_0^{\frac{\pi}{4}}=a^2.$$

三、体积

1. 旋转体的体积

一个平面图形绕平面内的一条直线旋转一周所形成的立体叫旋转体,这条直线叫做旋转体的轴. 圆柱、圆锥和球可以分别看成由矩形绕它的一条边、直角三角形绕它的一条直角边和半圆绕它的直径旋转一周而成的旋转体.

在第一节中已经证明了由连续曲线 $y = f(x) \geqslant 0$ 与直线 $x = a, x = b$ 及 x 轴所围成的曲边梯形绕 x 轴旋转一周所成的旋转体的体积为

$$V = \int_a^b \pi [f(x)]^2 \, dx. \tag{7}$$

同理,我们可以得到由连续曲线 $x = \varphi(y) \geqslant 0$ 与直线 $y = c, y = d$ 及 y 轴所围成的平面图形绕 y 轴旋转一周所成的旋转体的体积为

$$V = \int_c^d \pi [\varphi(y)]^2 \, dy. \tag{8}$$

例 7 计算由椭圆 $\dfrac{x^2}{a^2} + \dfrac{y^2}{b^2} = 1$ 围成的图形绕 x 轴旋转一周所成的旋转体(称为旋转椭球体)的体积.

解 这个旋转椭球体可以看作是由上半椭圆 $y = \dfrac{b}{a}\sqrt{a^2 - x^2}$ 与 x 轴围成的图形绕 x 轴旋转一周而成的立体. 由公式(7),有

$$\begin{aligned}
V &= \int_{-a}^a \pi \left[\frac{b}{a}\sqrt{a^2 - x^2} \right]^2 dx = \frac{\pi b^2}{a^2} \int_{-a}^a (a^2 - x^2) \, dx \\
&= \frac{2\pi b^2}{a^2} \int_0^a (a^2 - x^2) \, dx = \frac{2\pi b^2}{a^2} \left[a^2 x - \frac{1}{3}x^3 \right]_0^a \\
&= \frac{4}{3}\pi ab^2.
\end{aligned}$$

当 $a = b$ 时,就得到球体的体积 $\dfrac{4}{3}\pi a^3$.

例 8 计算由曲线 $y = 2x^2$ 与 $y = 2\sqrt{x}$ 所围图形绕 y 轴旋转所得旋转体的体积.

解 解方程组

$$\begin{cases} y = 2x^2, \\ y = 2\sqrt{x}. \end{cases}$$

得两曲线的交点坐标为 $(0,0)$ 与 $(1,2)$. 由此得到所围图形(图 5-13)为

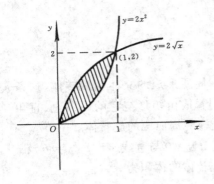

图 5-13

$$\frac{y^2}{4} \leqslant x \leqslant \sqrt{\frac{y}{2}}, \qquad 0 \leqslant y \leqslant 2.$$

该图形绕 y 轴旋转得到的旋转体的体积可以看作两个旋转体的体积之差,即由曲边梯形 $0 \leqslant x \leqslant \sqrt{\frac{y}{2}}, 0 \leqslant y \leqslant 2$ 绕 y 轴旋转所得旋转体的体积减去由曲边梯形 $0 \leqslant x \leqslant \frac{y^2}{4}, 0 \leqslant y \leqslant 2$ 绕 y 轴旋转所得旋转体的体积. 从而该旋转体的体积为

$$V = \int_0^2 \pi \left(\sqrt{\frac{y}{2}}\right)^2 \mathrm{d}y - \int_0^2 \pi \left(\frac{y^2}{4}\right)^2 \mathrm{d}y$$

$$= \pi \int_0^2 \frac{y}{2} \mathrm{d}y - \pi \int_0^2 \frac{y^4}{16} \mathrm{d}y = \pi \left\{ \left[\frac{y^2}{4}\right]_0^2 - \left[\frac{y^5}{80}\right]_0^2 \right\} = \frac{3}{5}\pi.$$

例 9 计算由摆线 $x = a(t - \sin t), y = a(1 - \cos t)$ 的一拱与直线 $y = 0$ 所围成的图形分别绕 x 轴和 y 轴旋转而成的旋转体的体积.

解 由公式(7)得,所给图形绕 x 轴旋转而成的旋转体的体积为

$$V_x = \int_0^{2\pi a} \pi y^2 \mathrm{d}x = \pi \int_0^{2\pi} a^2 (1 - \cos t)^2 \cdot a(1 - \cos t) \mathrm{d}t$$

$$= \pi a^3 \int_0^{2\pi} (1 - 3\cos t + 3\cos^2 t - \cos^3 t) \mathrm{d}t = 5\pi^2 a^3.$$

所给图形绕 y 轴旋转而成的旋转体的体积可看成平面图形 $OABC$ 与 OBC 分别绕轴旋转而成的旋转体的体积之差(图 5-14),因而,所求体积应为

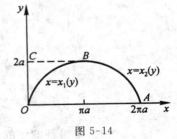

图 5-14

$$V_y = \int_0^{2a} \pi x_2^2(y) \mathrm{d}y - \int_0^{2a} \pi x_1^2(y) \mathrm{d}y$$

$$= \pi \int_{2\pi}^{\pi} a^2 (t - \sin t)^2 \cdot a\sin t \mathrm{d}t$$

$$\quad - \pi \int_0^{\pi} a^2 (t - \sin t)^2 \cdot a\sin t \mathrm{d}t$$

$$= -\pi a^3 \int_0^{2\pi} (t - \sin t)^2 \sin t \mathrm{d}t = 6\pi^3 a^3.$$

2. 已知平行截面面积求立体的体积

如图 5-15 所示,设立体位于垂直于 x 轴的平面 $x = a$ 与 $x = b$ 之间,过 $[a,$

$b]$ 上任意一点 x 作垂直于 x 轴的平面,它截立体所得截面面积是 x 的函数,记为 $A(x)$,于是,立体中相应于 $[a,b]$ 上任一小区间 $[x,x+\mathrm{d}x]$ 的薄片的体积近似于底面积为 $A(x)$、高为 $\mathrm{d}x$ 的扁柱体的体积,从而可得体积微元:

$$\Delta V \approx \mathrm{d}V = A(x)\mathrm{d}x.$$

在区间 $[a,b]$ 上对 $\mathrm{d}V$ 积分,即得所求立体的体积为

$$V = \int_a^b A(x)\mathrm{d}x.$$

例 10 一平面经过半径为 R 的圆柱体的底圆中心,与底面交角为 α(图 5-16),计算此平面截圆柱体所得立体的体积.

解 取平面与圆柱底面的交线为 x 轴,底圆的圆心为坐标原点,建立如图 5-16 所示的坐标系,则底圆方程为 $x^2 + y^2 = R^2$. 过轴上的点 x 作垂直于 x 轴的平面 $(-R \leqslant x \leqslant R)$,则平面截该立体所得的截面是一直角三角形,其两直角边的边长分别为 y 及 $y\tan\alpha$,即 $\sqrt{R^2 - x^2}$ 及 $\sqrt{R^2 - x^2}\tan\alpha$. 从而得到截面面积为

$$A(x) = \frac{1}{2}(R^2 - x^2)\tan\alpha.$$

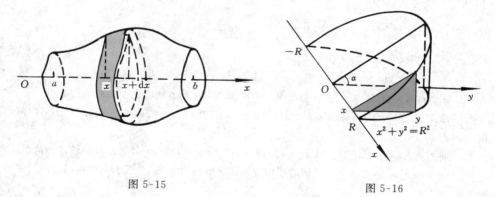

图 5-15　　　　　　　　　　　　图 5-16

于是,所求立体的体积为

$$V = \int_{-R}^R \frac{1}{2}(R^2 - x^2)\tan\alpha\,\mathrm{d}x = \frac{1}{2}\tan\alpha\left[R^2 x - \frac{1}{3}R^3\right]_{-R}^R = \frac{2}{3}R^3\tan\alpha.$$

四、函数的平均值

在积分中值定理中曾经指出:若 $f(x)$ 在 $[a,b]$ 上连续,则将

$$\frac{1}{b-a}\int_a^b f(x)\mathrm{d}x$$

称为函数 $f(x)$ 在 $[a,b]$ 上的平均值.

例9 某一电源的电动势 $E = E_0 \sin\omega t$（其中，E_0，ω 为常数），求在半个周期 $\left[0, \dfrac{\pi}{2}\right]$ 内的平均电动势.

解 周期 $T = \dfrac{2\pi}{\omega}$，于是，所求平均电动势为

$$\overline{E} = \frac{1}{\dfrac{T}{2}} \int_0^{\frac{T}{2}} E_0 \sin\omega t \, \mathrm{d}t = \frac{\omega}{\pi} \int_0^{\frac{\pi}{\omega}} E_0 \sin\omega t \, \mathrm{d}t$$

$$= \frac{2E_0}{\pi}.$$

习　题　5-4

（A）

1. 求由下列曲线围成的平面图形的面积.

(1) $y = \dfrac{1}{2}x^2$ 与 $x^2 + y^2 = 8$；

(2) $y = \dfrac{1}{x}$ 与直线 $y = x$ 及 $x = 2$；

(3) $y = \mathrm{e}^x$，$y = \mathrm{e}^{-x}$ 及直线 $x = 1$；

(4) $y = \ln x$，y 轴与直线 $y = \ln a$，$y = \ln b$ $(b > a > 0)$.

2. 求曲线 $y = x^3 - 3x + 2$ 介于 x 轴与两极值点对应的直线间的曲边梯形的面积.

3. 求由摆线 $x = a(t - \sin t)$，$y = a(1 - \cos t)$ 的一拱 $(0 \leqslant t \leqslant 2\pi)$ 与 x 轴所围图形的面积.

4. 将抛物线 $y^2 = 2ax$ 及直线 $x = 1$ 所围成的图形绕 x 轴旋转，计算所得旋转体的体积.

5. 由 $y = x^3$，$x = 2$，$y = 0$ 所围的图形分别绕 x 轴，y 轴旋转，计算所得到的两个旋转体的体积.

6. 求由 $y = x^2$，$x = y^2$ 所围成的图形绕 y 轴旋转所成旋转体的体积.

7. 求星形线 $x^{\frac{2}{3}} + y^{\frac{2}{3}} = a^{\frac{2}{3}}$ 所围成的图形绕 x 轴旋转所得旋转体的体积.

8. 有一塔台高 80m，离其顶点 xm 处的水平截面是面积为 $x(x + 20)$ 的长方形，求此塔台的体积.

9. 求矩形脉冲电流

$$i = \begin{cases} A, & 0 \leqslant t \leqslant c, \\ 0, & c < t \leqslant T \end{cases}$$

在 $[0, T]$ 上的平均电流强度.

10. 图 5-17 表示一个周期为 T 的三角波 $u(t)$，求在一个周期上 $u(t)$ 的平均值.

（B）

1. 求 $C(C>0)$ 的值，使两曲线 $y=x^2$ 与 $y=C-x^2$ 所围图形面积等于 $\frac{2}{3}$.

2. 计算星形线 $x=a\cos^3 t$, $y=a\sin^3 t$ $(0\leqslant t\leqslant 2\pi)$ 所围成图形的面积.

3. 求曲线 $x=2t-t^2$, $y=2t^2-t^3$ 所围成图形的面积.

4. 一截锥体高为 h，上、下底均为椭圆，椭圆的轴长分别为 $2a,2b$ 及 $2A,2B$，求此截锥体的体积.

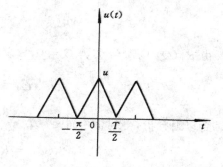

图 5-17

5. 一立体的底面由双曲线 $16x^2-9y^2=144$ 与直线 $x=6$ 所围成，且该立体垂直于 x 轴的截面均为等边三角形，求该立体的体积.

第五节　定积分在经济中的应用

一、由边际函数求原函数

我们已经知道，在经济学中，把一个函数的导函数称为它的边际函数，因此，在经济问题中，由边际函数求原来的经济函数，可用不定积分来解决，在前面已有相关的例子. 若要由边际函数求经济函数在某个范围内的改变量，则采用定积分来解决.

例1　某产品的总成本 $C_T(Q)$（万元）的边际成本为 $C_M(Q)=1$（万元 / 百台），总收入 $R_T(Q)$（万元）的边际收入为 $R_M(Q)=5-Q$（万元 / 百台），其中，Q 为产量，固定成本为 1 万元. 问：

（1）产量为多少时，总利润 $L(Q)$ 最大？

（2）到利润最大时再生产 1 百台，总利润增加多少？

解　由边际成本 $C_M(Q)=1$，得到总成本函数为

$$C_T(Q)=\int 1\mathrm{d}Q=Q+C,$$

又由 $C_T(Q)\big|_{Q=0}=1$，得 $C=1$，故总成本函数为

$$C_T(Q)=Q+1.$$

由边际收入 $R_M(Q)=5-Q$，得总收入函数为

$$R_T(Q)=\int R_M(Q)\mathrm{d}Q=\int(5-Q)\mathrm{d}Q$$

$$= 5Q - \frac{1}{2}Q^2 + C.$$

又由 $R_T(Q)\mid_{Q=0} = 0$，得 $C = 0$，故总收入函数为

$$R_T(Q) = 5Q - \frac{1}{2}Q^2.$$

综合以上分析，得到总利润函数为

$$L(Q) = R_T(Q) - C_T(Q)$$

$$= 4Q - \frac{1}{2}Q^2 - 1.$$

(1) 求最大利润. 令 $L'(Q) = 4 - Q = 0$，得 $Q = 4$(百台).

因本例为一个实际问题，最大利润是存在的，而稳定点又是唯一的，所以，当 $Q = 4$(百台)时，利润最大，最大利润为

$$L(4) = 4 \times 4 - \frac{1}{2} \times 4^2 - 1 = 7(万元).$$

(2) 从 $Q = 4$(百台)增加到 $Q = 5$(百台)时，总利润的增加量为

$$\int_4^5 L'(Q)\mathrm{d}Q = \int_4^5 (4 - Q)\mathrm{d}Q$$

$$= \left[4Q - \frac{1}{2}Q^2\right]_4^5 = -0.5(万元).$$

即从利润最大时的产量又多生产了 1 百台，总利润减少了 0.5 万元.

例 2　已知某产品生产 x 件时，其边际成本是 $C_M(x) = 0.4x - 12$（元／件），固定成本为 200 元，求其成本函数. 若此种商品的销售单价为 20 元且可全部销售，求其利润函数 $L(x)$，并求产量为多少件时所获得的利润最大.

解　由假设条件得

$$C'(x) = C_M(x) = 0.4x - 12, \quad C(0) = 200.$$

因此，生产 x 件商品的总成本是

$$C(x) = \int_0^x (0.4x - 12)\mathrm{d}x + C(0) = 0.2x^2 - 12x + 200 \ (元).$$

销售收入为

$$R(x) = 20x \ (元).$$

所以，利润为

$$L(x) = R(x) - C(x) = -0.2x^2 + 32x - 200 \ (元)(x \geqslant 0).$$

令

$$L'(x) = -0.4x + 32 = 0,$$

得到唯一稳定点 $x=80$，又，$L''(80)=-0.4<0$，所以，$x=80$ 时所得利润最大，最大利润为

$$L(80)=-0.2\times(80)^2+32\times80-200=1080 \text{（元）}.$$

二、资本现值和投资问题

现有资本 a 元，若按年利率 r 作连续复利计算，则 t 年后的资本为 ae^{rt} 元；反之，若 t 年后要拥有资本 a 元，则按连续复利计算，现在应有资本 ae^{-rt} 元，称此为资本现值.

设在时间段 $[0,T]$ 内 t 时刻的单位时间收入为 $f(t)$，称此为收入率，若按年利率为 r 的连续复利计算，则在时间 $[t,t+dt]$ 内的收入现值为 $f(t)e^{-rt}dt$. 按照定积分微元法，在时间段 $[0,T]$ 内的总收入现值为

$$y=\int_0^T f(t)e^{-rt}dt.$$

若收入率 $f(t)=a$ 为常数，称此为均匀收入率；若年利率 r 是固定的，则总收入的现值为

$$y=\int_0^T ae^{-rt}dt=-\frac{a}{r}\left[e^{-rt}\right]_0^T=\frac{a}{r}(1-e^{-rT}).$$

例3 某投资商计划投资一企业 A 万元，按现在各方面的因素初步预测，该企业在以后 T 年内可按照每年 a 万元的均匀收入率获得收入，若年利润为 r，试求：

（1）该笔投资的纯收入贴现值；

（2）最短多少年投资商可收回该笔投资？

解 （1）由已知条件得投资后 T 年内获得总收入的现值为

$$y=\int_0^T ae^{-rt}dt=\frac{a}{r}(1-e^{-rT}),$$

从而该笔投资所获得的纯收入贴现值为

$$R=y-A=\frac{a}{r}(1-e^{-rT})-A.$$

（2）收回投资即总收入现值等于投资，即

$$\frac{a}{r}(1-e^{-rT})=A,$$

解之，得

$$T=\frac{1}{r}\ln\frac{a}{a-Ar},$$

此即收回该笔投资的最短时间.

例如,若该投资商的投入为 $A = 800$ 万元,年利率为 5%,设在 10 年中的均匀收入率为 $a = 200$(万元 / 年),则得总收入的贴现值为

$$y = \frac{200}{0.05}(1 - e^{-0.05 \times 10}) \approx 1573.8(万元).$$

从而该笔投资所得纯收入约为
$$1573.8 - 800 = 773.8(万元).$$

投资回收期为

$$T = \frac{1}{0.05} \ln \frac{200}{200 - 800 \times 0.05} \approx 4.46(年).$$

由此可见,该投资商大约四年半即可收回其全部投资,10 年后其纯利约为 773.8 万元.

三、消费者剩余和生产者剩余

消费者愿意购买并且有支付能力购买的商品数量 Q,与商品的价格 P 有关. P 与 Q 之间的函数关系称为需求函数,记为

$$P = D(Q).$$

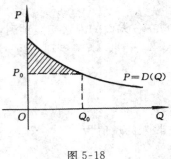

图 5-18

则消费者购买 Q_0 件商品需支付的总金额为

$$\int_0^{Q_0} D(Q)\mathrm{d}Q.$$

若该商品的市场价格为 P_0 时,相应的需求量为 Q_0:$P_0 = D(Q_0)$,则原计划用高于市场价格 P_0 的价格购买商品的消费者会由于商品定价为 P_0 而得到好处,这个好处称为消费者剩余,记为 $R_D(Q_0)$,则

$$R_D(Q_0) = \int_0^{Q_0} D(Q)\mathrm{d}Q - P_0 Q_0,$$

它等于图 5-18 中阴影部分的面积.

例 4　在某种商品完全垄断的市场上,商品价格 P 和销售数量 Q 是由需求函数决定的. 设商品的需求函数为 $P = 274 - Q^2$,垄断生产者的边际成本为 $MC = 4 + 3Q$,求消费者剩余.

解　在垄断市场上,生产者必然选择使其利润最大化的产量和价格. 生产者的收入函数为
$$R(Q) = PQ = 274Q - Q^3.$$

设成本函数为 $C(Q)$，则 $C'(Q) = MC = 4 + 3Q$. 因利润函数为

$$L(Q) = R(Q) - C(Q).$$

由利润最大化的必要条件

$$L'(Q) = R'(Q) - C'(Q) = (274 - 3Q^2) - (4 + 3Q) = 0,$$

解得 $Q_0 = 9$，相应的商品价格为

$$P_0 = 274 - Q_0^2 = 193,$$

于是，消费者剩余为

$$R_D(9) = \int_0^9 (274 - Q^2)\mathrm{d}Q - 193 \times 9$$

$$= \left[274Q - \frac{1}{3}Q^3 \right]_0^9 - 1\,737$$

$$= 486.$$

类似地，设生产商可提供的产品数量为 Q，价格为 P，则 P 与 Q 间的函数关系称为生产函数，记为

$$P = S(Q).$$

生产商生产数量为 Q_0 的产品的收入为

$$\int_0^{Q_0} S(Q)\mathrm{d}Q,$$

于是，预期用低于市场价格 P_0 提供产品的生产商会由于市场价格定为 P_0 而得到好处，这个好处称为生产者剩余，记为 $R_S(Q_0)$，如图 5-19 中的阴影部分，于是

$$R_S(Q) = P_0 Q_0 - \int_0^{Q_0} S(Q)\mathrm{d}Q.$$

若某商品市场是完全竞争的，需求函数与供给函数分别为 $P = D(Q)$ 和 $P = S(Q)$，均衡价格和均衡量分别是 $\overline{P}$ 和 $\overline{Q}$，则消费者剩余为

$$R_D(\overline{Q}) = \int_0^{\overline{Q}} D(Q)\mathrm{d}Q - \overline{P}\,\overline{Q}.$$

生产者剩余为
$$R_S(\overline{Q}) = \overline{P}\,\overline{Q} - \int_0^{\overline{Q}} S(Q)\mathrm{d}Q.$$

如图 5-20 所示.

例 5 设在完全竞争的条件下某商品的需求函数为 $P = D(Q) = 113 - Q^2$，供给函数为 $P = S(Q) = (Q+1)^2$，求消费者剩余和生产者剩余.

解 解方程 $113 - Q^2 = (Q+1)^2$，得到均衡量 $\overline{Q} = 7$，均衡价格 $\overline{P} = 64$. 于是，消费者剩余为

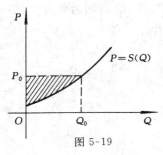

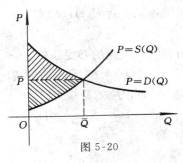

图 5-19 图 5-20

$$R_D(7) = \int_0^7 (113 - Q^2)\,\mathrm{d}Q - 64 \times 7$$

$$= \left[113Q - \frac{1}{3}Q^3\right]_0^7 - 448$$

$$\approx 228.67.$$

生产者剩余为

$$R_S(7) = 64 \times 7 - \int_0^7 (Q+1)^2\,\mathrm{d}Q$$

$$= 448 - \frac{1}{3}(Q+1)^3 \Big|_0^7$$

$$\approx 277.33.$$

四、社会收入分配的平均程度

在经济学中,常用洛伦兹曲线作为判断某一社会收入分配的平均程度的工具,用基尼系数作为判断的指标.

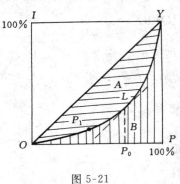

图 5-21

图 5-21 是洛伦兹曲线图,横轴 OP 为人口累积百分比,纵轴 OI 是收入累积百分比,累积从收入最少的人开始计算. 曲线 L 称为洛伦兹曲线,设其方程为 $I = L(P)$. 如果 $P_1(0.30, 0.10)$ 为洛伦兹曲线 L 上一点,即 $L(0.30) = 0.10$,就表示占总人口 30% 的贫穷人口只占有全部社会收入的 10%.

$\angle POI$ 的平分线 OY 称为绝对平均线,表示从最穷的人开始计算,占总人口 $a\%$ 的人恰好占有全社会收入的 $a\%(0 \leqslant a \leqslant 100)$,即最贫穷的人口拥有的收入在全社会总收入中占有的比例与他们所占总人口的比例相同,而折线 OPY 称为绝对不平均线,它表示除最后一个层次的人群占有全部社会收入外,其余人的收入都是零.

显然,洛伦兹曲线 L 越接近绝对平均线,社会收入分配越平均,贫富差距越小;反之,L 越接近绝对不平均线,社会收入分配越不平均,贫富差距越大.

分别用 A,B 表示洛伦兹曲线与绝对平均线及绝对不平均线所围图形的面积,则由定积分的几何意义,有

$$B = \int_0^1 L(P)\mathrm{d}P,$$

$$A = \frac{1}{2} - B.$$

定义

$$G = \frac{A}{A+B} = 2A$$

称为基尼系数.当 $A = 0$ 时,基尼系数 $G = 0$,分配绝对平均;当 $B = 0$ 时,$G = 1$,分配绝对不平均.基尼系数 G 越接近于 0(或 1),分配越平均(或越不平均),贫富差距越小(或越大).

若 $L'(P_0) = 1, L(P_0) = I_0$,则

$$\frac{\Delta I}{\Delta P} = \frac{L(P_0 + \Delta P) - L(P_0)}{\Delta P} \approx 1, \quad \text{从而} \ \Delta I_0 \approx \Delta P,$$

这表明在点 (P_0, I_0) 处,人口累积增加 1%,占全社会收入的比例也增加 1%.说明在人口累积中处于此位置的人群的收入恰好是社会平均收入,也表明大约有 $100P_0\%$ 的人收入在平均水平之下.

例 6 设洛伦兹曲线方程为 $I = L(P) = P^{\frac{5}{3}}$,求基尼系数并讨论有多少人的收入在社会平均收入之下.

解 因 $$B = \int_0^1 P^{\frac{5}{3}}\mathrm{d}P = \frac{3}{8},$$

则 $$A = \frac{1}{2} - B = \frac{1}{8},$$

基尼系数 $$G = \frac{A}{A+B} = 0.25.$$

令 $$L'(P) = \frac{5}{3}P^{\frac{2}{3}} = 1,$$

得 $$P \approx 0.465,$$

这表明大约 46.5% 的人的收入在平均水平之下.

1. 已知某产品总产量的变化率是时间 t(年) 的函数:$f(t) = 2t + 10 \geqslant 0$. 求该产品第一个五年和第二个五年的总产量各为多少.

2. 已知某产品生产 Q 个单位时, 其边际收益为

$$R_M(Q) = 200 - \frac{Q}{100} \quad (Q \geqslant 0),$$

求:(1) 生产了 50 个单位产品时的总收益 R_T.

(2) 现设已生产了 100 个单位的该产品, 若再生产 100 个单位, 总收益将增加多少?

3. 设某商店售出 x 台相机的边际利润为

$$L'(x) = 12.5 - \frac{x}{80} (百元 / 台) \quad (x \geqslant 0),$$

且已知 $L(0) = 0$, 求:

(1) 售出 40 台时的总利润 L;

(2) 售出 60 台时, 前 30 台和后 30 台的平均利润.

4. 某厂生产某产品 Q(百台) 的边际成本为 $C_M(Q) = 2$(万元 / 百台), 固定成本为零, 边际收入为 $R_M(Q) = 7 - 2Q$, 求:

(1) 生产量为多少时, 利润最大?

(2) 若超出最大利润时的产量 50 台, 总利润减少了多少?

5. 某项目最初投资 100 万元, 在 10 年内每年可收益 25 万元, 投资年利率为 5%, 试求这 10 年该投资的纯收入贴现值.

第六节 反常积分

一、无穷限反常积分

定积分是研究有界函数 $f(x)$ 在有限区间 $[a, b]$ 上的积分. 但是, 在自然科学和工程技术中, 有时需要研究函数在无穷区间上的积分.

例 1 在地球表面垂直发射火箭, 要使火箭脱离地球引力无限远离地球, 初速度 v_0 至少应该为多大?

解 本例就是要求第二宇宙速度 v_0. 如图 5-22 所示, 设地球半径为 R, 火箭质量为 m, 地面上的重力加速度为 g, 则由万有引力定律, 火箭距地心 x 处$(x \geqslant R)$ 所受到的引力为

$$F = \frac{mgR^2}{x^2},$$

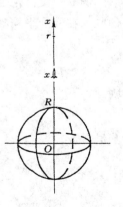

图 5-22

于是，火箭从地面上升到距地心 r 处$(r > R)$ 需作的功为

$$W_r = \int_R^r \frac{mgR^2}{x^2} \mathrm{d}x = mgR^2 \left(\frac{1}{R} - \frac{1}{r} \right).$$

当 $r \to +\infty$ 时，W_r 的极限 mgR 就是火箭无限远离地球需作的功，我们很自然地会把它写成以 $+\infty$ 为上限的积分的形式：

$$W = \lim_{r \to +\infty} W_r = \int_R^{+\infty} \frac{mgR^2}{x^2} \mathrm{d}x$$

$$= \lim_{r \to +\infty} \int_R^r \frac{mgR^2}{x^2} \mathrm{d}x = mgR.$$

设火箭的初速度为 v_0，则由能量守恒定律，应有

$$\frac{1}{2} mv_0^2 = mgR,$$

将 $g = 9.81 (\mathrm{m/s^2})$，$R = 6.371 \times 10^6 (\mathrm{m})$ 代入上式，得到

$$N_0 = \sqrt{2gR} \approx 11.2 (\mathrm{m/s}).$$

这就是第二宇宙速度.

定义1 设函数 $f(x)$ 在区间 $[a, +\infty)$ 有定义，并且在任何区间 $[a, A]$ $(A > a)$ 上可积，如果极限

$$\lim_{A \to +\infty} \int_a^A f(x) \mathrm{d}x$$

存在，就把这个极限称为 $f(x)$ 在无穷区间 $[a, +\infty)$ 上的反常积分，记作 $\int_a^{+\infty} f(x) \mathrm{d}x$，即

$$\int_a^{+\infty} f(x) \mathrm{d}x = \lim_{A \to +\infty} \int_a^A f(x) \mathrm{d}x.$$

此时称反常积分 $\int_a^{+\infty} f(x) \mathrm{d}x$ 收敛. 如果上述极限不存在，就称反常积分 $\int_a^{+\infty} f(x) \mathrm{d}x$ 发散，这时，$\int_a^{+\infty} f(x) \mathrm{d}x$ 仅仅是一个记号，不表示任何数值.

类似地，若 $f(x)$ 在 $(-\infty, b]$ 上有定义，记

$$\int_{-\infty}^b f(x) \mathrm{d}x = \lim_{B \to -\infty} \int_B^b f(x) \mathrm{d}x,$$

且当右端极限存在时，称无穷限 $\int_{-\infty}^b f(x) \mathrm{d}x$ 收敛.

又若 $f(x)$ 在 $(-\infty, +\infty)$ 上有定义,记

$$\int_{-\infty}^{+\infty} f(x)\mathrm{d}x = \int_{-\infty}^{c} f(x)\mathrm{d}x + \int_{c}^{+\infty} f(x)\mathrm{d}x, \quad c \in (-\infty, +\infty).$$

且当上式右端两个无穷限积分都收敛时,称反常积分 $\int_{-\infty}^{+\infty} f(x)\mathrm{d}x$ 收敛.

根据定义,我们可以用变限积分的极限是否存在判定无穷限反常积分的收敛与发散,并且求出收敛积分的值.

例 2 讨论下列广义积分的收敛性,并计算收敛积分的值:

(1) $\int_{2}^{+\infty} \dfrac{1}{x}\mathrm{d}x$; (2) $\int_{0}^{+\infty} \cos x\mathrm{d}x$; (3) $\int_{0}^{+\infty} \mathrm{e}^{-t}\mathrm{d}t$.

解 (1) 因 $\lim\limits_{A\to+\infty}\int_{2}^{A} \dfrac{1}{x}\mathrm{d}x = \lim\limits_{A\to+\infty}(\ln A - \ln 2) = +\infty$,故积分发散.

(2) 因 $\lim\limits_{A\to+\infty}\int_{0}^{A} \cos x\mathrm{d}x = \lim\limits_{A\to+\infty}(\sin A - 0)$,这个极限不存在,故积分发散.

(3) 因 $\lim\limits_{A\to+\infty}\int_{0}^{A} \mathrm{e}^{-t}\mathrm{d}t = \lim\limits_{A\to+\infty}(1 - \mathrm{e}^{-A}) = 1$,故积分收敛,且

$$\int_{0}^{+\infty} \mathrm{e}^{-t}\mathrm{d}t = 1.$$

例 3 讨论积分 $\int_{1}^{+\infty} \dfrac{1}{x^p}\mathrm{d}x$ 的收敛性.

解 因当 $A > 1$ 时,

$$\int_{1}^{A} \frac{1}{x^p}\mathrm{d}x = \begin{cases} \ln A, & \text{当 } p = 1, \\[2mm] \dfrac{1}{1-p}(A^{1-p} - 1), & \text{当 } p \neq 1. \end{cases}$$

所以

$$\lim_{A\to+\infty}\int_{1}^{A} \frac{1}{x^p}\mathrm{d}x = \begin{cases} \dfrac{1}{p-1}, & \text{当 } p > 1, \\[2mm] +\infty, & \text{当 } p \leqslant 1. \end{cases}$$

从而积分 $\int_{1}^{+\infty} \dfrac{1}{x^p}\mathrm{d}x$ 当 $p > 1$ 时收敛于 $\dfrac{1}{p-1}$,当 $p \leqslant 1$ 时发散.

例 3 的几何意义如图 5-23 所示:由曲线 $y = \dfrac{1}{x^p}$ 与 x 轴及直线 $x = a$ 所围无

界图形,当 $p > 1$ 时具有有限面积 $\dfrac{1}{p-1}$,当 $p \leqslant 1$ 时其面积为 $+\infty$.下面的例 4

同样表明曲线 $y = \dfrac{1}{1 + x^2}$ 与 x 轴之间的无

界图形具有有限面积 π.

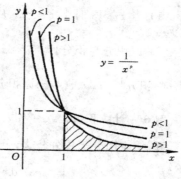

图 5-23

根据无穷限反常积分的定义,对于非负
函数,有下述收敛性的判别法.

比较判别法 1　设在区间 $[a, +\infty)$ 上
$0 \leqslant f(x) \leqslant g(x)$,

(1) 若积分 $\displaystyle\int_a^{+\infty} g(x)\mathrm{d}x$ 收敛,则积分

$\displaystyle\int_a^{+\infty} f(x)\mathrm{d}x$ 也收敛;

(2) 若积分 $\displaystyle\int_a^{+\infty} f(x)\mathrm{d}x$ 发散,则积分 $\displaystyle\int_a^{+\infty} g(x)\mathrm{d}x$ 也发散.

结合例 3 的结果,可得

比较判别法 2　设在 $[a, +\infty)$ 上 $f(x) \geqslant 0$,

(1) 若 $0 \leqslant f(x) \leqslant \dfrac{1}{x^p}$ 且 $p > 1$,积分 $\displaystyle\int_a^{+\infty} f(x)\mathrm{d}x$ 收敛;

(2) 若 $f(x) \geqslant \dfrac{1}{x^p}$ 且 $p \leqslant 1$,积分 $\displaystyle\int_a^{+\infty} f(x)\mathrm{d}x$ 发散.

对于收敛的无穷限积分,若 $F(x)$ 是 $f(x)$ 的一个原函数,则成立广义牛顿-
莱布尼兹公式

$$\int_a^{+\infty} f(x)\mathrm{d}x = F(x)\,\Big|_a^{+\infty},$$

并且定积分的换无积分法与分部积分法,都可以推广到收敛的无穷限积分.

例 4　计算反常积分 $\displaystyle\int_{-\infty}^{+\infty} \dfrac{1}{1 + x^2}\mathrm{d}x$.

解　因　　　　$\displaystyle\int_0^{+\infty} \dfrac{1}{1 + x^2}\mathrm{d}x = \arctan x\,\Big|_0^{+\infty} = \dfrac{\pi}{2}$,

$$\int_{-\infty}^0 \dfrac{1}{1 + x^2}\mathrm{d}x = \arctan x\,\Big|_{-\infty}^0 = \dfrac{\pi}{2},$$

所以积分　　　　$\displaystyle\int_{-\infty}^{+\infty} \dfrac{1}{1 + x^2}\mathrm{d}x = \dfrac{\pi}{2} + \dfrac{\pi}{2} = \pi$.

例 5　判定下列反常积分的收敛性.

(1) $\displaystyle\int_3^{+\infty} \dfrac{1}{\ln x}\mathrm{d}x$;　　　　(2) $\displaystyle\int_0^{+\infty} \mathrm{e}^{-x^2}\mathrm{d}x$.

解　这两个积分被积函数的原函数都不能用初等函数表示,因此不能直接
依照定义制定积分的收敛性,可以应用比较判别法.

(1) 当 $x > 3$ 时 $\ln x < x$，从而 $\dfrac{1}{\ln x} > \dfrac{1}{x}$，故原积分发散．

(2) 原积分与积分 $\displaystyle\int_1^{+\infty} e^{-x^2} dx$ 同敛散，当 $x > 1$ 时 $-x^2 < -x$，所以 $e^{-x^2} <$

e^{-x}．由积分 $\displaystyle\int_1^{+\infty} e dx$ 收敛知原积分收敛．

例 6 计算积分 $\displaystyle\int_0^{+\infty} x e^{-x} dx$．

解 应用分部积分公式，

$$\int_0^{+\infty} x e^{-x} dx = -\left. x e^{-x} \right|_0^{+\infty} + \int_0^{+} e^{-x} dx,$$

但 $-\left. x e^{-x} \right|_0^{+\infty} = -\lim\limits_{x \to +\infty} \dfrac{x}{e^x} = 0$，又 $\displaystyle\int_0^{+\infty} e^{-x} dx = \left. e^{-x} \right|_{+\infty}^0 = 1$，

故 原积分 $= 0 + 1 = 1$．

二、无界函数反常积分

我们先看下面的例子．

例 7 求曲线 $y = \dfrac{1}{\sqrt{x}}$ 与 x 轴、y 轴及直线 $x = 1$ 所围图形面积（图 5-24）．

解 函数 $y = \dfrac{1}{\sqrt{x}}$ 在 $(0,1]$ 内连续但是无界，当 $x \to 0^+$ 时 $y = \dfrac{1}{\sqrt{x}} \to +\infty$．

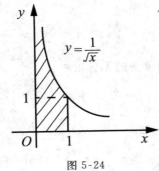

图 5-24

从几何上看，这个图形是向上无限伸展的无界图形．

如果我们任取一个很小的正数 $\varepsilon(0 < \varepsilon < 1)$，

那么 $y = \dfrac{1}{\sqrt{x}}$ 在 $[\varepsilon, 1]$ 上可积，并且图形在直线

$x = \varepsilon$ 右侧那部分的面积可以表示为

$$S(\varepsilon) = \int_\varepsilon^1 \frac{1}{\sqrt{x}} dx = 2(1 - \sqrt{\varepsilon}).$$

于是所求图形的面积 S 就是当 $\varepsilon \to 0^+$ 时

$S(\varepsilon)$ 的极限：

$$S = \lim_{\varepsilon \to 0^+} S(\varepsilon) = \lim_{\varepsilon \to 0^+} 2(1 - \sqrt{\varepsilon}) = 2.$$

如果我们把 $S = \lim\limits_{\varepsilon \to 0^+} \displaystyle\int_\varepsilon^1 \dfrac{1}{\sqrt{x}} dx$ 形式地写成

$$S = \int_0^1 \frac{1}{\sqrt{x}} dx.$$

这就是无界函数反常积分．

定义 2 设 $f(x)$ 在 $(1,b]$ 上有定义且 $\lim\limits_{x \to a^+} f(x) = \infty$. 如果对于任何正数 $\varepsilon <$ $b - h$ $f(x)$ 在 $[\varepsilon, b]$ 上可积,且极限 $\lim\limits_{\varepsilon \to 0^+} \int_{a+\varepsilon}^{b} f(x)\mathrm{d}x$ 存在,就称无界函数反常积分 $\int_a^b f(x)\mathrm{d}x$ 收敛,并定义这个极限为无界函数反常积分的值,a 称为 $f(x)$ 的瑕区,积分 $\int_a^b f(x)\mathrm{d}x$ 又称为瑕积分,即

$$\int_a^b f(x)\mathrm{d}x = \lim_{\varepsilon \to 0^+} \int_{a+\varepsilon}^{h} f(x)\mathrm{d}x.$$

如果上式右端极限不存在,就称无界函数积分是发散的.

类似可定义以 b 为瑕点的积分

$$\int_a^b f(x)\mathrm{d}x = \lim_{\varepsilon \to 0^+} \int_a^{b-\varepsilon} f(x)\mathrm{d}x.$$

必须注意瑕积分 $\int_a^b f(x)\mathrm{d}x$ 在形式上与定积分一样,但它不是定积分,因为 $f(x)$ 在 (a,b) 内无界,它以 a 或 b 为瑕点.

与无穷限反常积分相仿,定积分的牛顿-莱布尼兹公式、换元积分法和分部积分法,也都可以推广到瑕积分.

例 8 求积分 $\int_0^1 \dfrac{1}{\sqrt{1-x}}\mathrm{d}x$.

解 当 $x \to 1^-$ 时,$\dfrac{1}{\sqrt{1-x}} \to +\infty$,故 $x = 1$ 是瑕点,取 $\varepsilon > 0$ ($\varepsilon < 1$),则

$$\int_0^1 \frac{1}{\sqrt{1-x}}\mathrm{d}x = \lim_{\varepsilon \to 0^+} \int_0^{1-\varepsilon} \frac{1}{\sqrt{1-x}}\mathrm{d}x = \lim_{\varepsilon \to 0^+} \left[-2\sqrt{1-x} \right]_0^{1-\varepsilon}$$
$$= 2 \lim_{\varepsilon \to 0^+} (1 - \sqrt{\varepsilon}) = 2.$$

例 9 求积分 $\int_0^1 \ln x \mathrm{d}x$.

解 当 $x \to 0^+$ 时 $\ln x \to -\infty$,故 $x = 0$ 为瑕点,应用分部积分法

$$\int_0^1 \ln x \mathrm{d}x = \lim_{\varepsilon \to 0^+} \int_\varepsilon^1 \ln x \mathrm{d}x = \lim_{\varepsilon \to 0^+} \left[x\ln x \Big|_\varepsilon^1 - \int_\varepsilon^1 x \cdot \frac{1}{x}\mathrm{d}x \right]$$
$$= -\lim_{\varepsilon \to 0^+} \varepsilon \cdot \ln \varepsilon - \lim_{\varepsilon \to 0^+} (1 - \varepsilon) = -1.$$

习 题 5-6

1. 判定下列无穷限广义积分的收敛性. 如果收敛,计算出积分的值.

(1) $\displaystyle\int_1^{+\infty} \frac{1}{\sqrt{x}}\mathrm{d}x$;

(2) $\displaystyle\int_2^{+\infty} \frac{1}{x\sqrt[3]{x}}\mathrm{d}x$;

(3) $\displaystyle\int_0^{+\infty} e^{-at}\,dt\ (a>0)$;

(4) $\displaystyle\int_{-\infty}^0 \sin x\,dx$;

(5) $\displaystyle\int_2^{+\infty} \frac{1}{x(\ln x)^p}\,dx$;

(6) $\displaystyle\int_{-\infty}^{+\infty} \frac{1}{x^2+2x+2}\,dx$.

2. 计算下列积分.

(1) $\displaystyle\int_{\frac{1}{2}}^1 \frac{1}{\sqrt{2x-1}}\,dx$;

(2) $\displaystyle\int_0^1 \frac{x}{\sqrt{1-x^2}}\,dx$

3. 设 $\displaystyle\int_0^{+\infty} \frac{1}{\sqrt{2\pi}}e^{-\frac{x^2}{2}}\,dx=\frac{1}{2}$，证明：

$$\int_\sigma^{+\infty} \frac{1}{\sqrt{2\pi\varepsilon}}e^{-\frac{(x-\sigma)^2}{2\varepsilon^2}}\,dx=\frac{1}{2}.$$

第五章总练习题

1. 填空题

(1) 设 $f(x)=\displaystyle\int_0^{1-\cos x}\sin t^2\,dt$，$g(x)=\dfrac{x^5}{5}+\dfrac{x^6}{6}$，则当 $x\to 0$ 时，$f(x)$ 是 $g(x)$ 的_____阶穷小.

(2) 设 $f(x)$ 在 $(-\infty,+\infty)$ 上有一阶导数，且 $F(x)=\displaystyle\int_0^{\frac{1}{x}}xf(t)\,dt\ (x\neq 0)$，则 $F''(x)=$

_____.

(3) 若 $\displaystyle\int_0^x \ln t\,dt=x\ln(\theta x)$，则 $\theta=$ _____.

(4) $\displaystyle\int_0^x |t|\,dt=$ _____.

2. 求下列极限.

(1) $\displaystyle\lim_{x\to 0}\frac{x^2-\displaystyle\int_0^{x^2}\cos t^2\,dt}{\sin^{10}x}$;

(2) $\displaystyle\lim_{x\to\infty}\frac{e^{-x^2}}{x}\int_0^x t^2 e^{t^2}\,dt$;

(3) $\displaystyle\lim_{n\to\infty}\frac{1}{n}\sum_{i=1}^n \sqrt{1+\frac{i}{n}}$;

(4) $\displaystyle\lim_{n\to\infty}\ln\frac{\sqrt[n]{n!}}{n}$.

3. 求下列定积分.

(1) $\displaystyle\int_{-1}^1 \frac{1+\sin x}{1+x^2}\,dx$;

(2) $\displaystyle\int_0^3 \mathrm{sgn}(x-x^3)\,dx$;

(3) $\displaystyle\int_0^{\frac{\pi}{2}} \frac{x+\sin x}{1+\cos x}\,dx$;

(4) $\displaystyle\int_0^{\frac{\pi}{2}} \sqrt{1-\sin 2x}\,dx$.

4. 求解下列各题.

(1) 设 $F(x)=\displaystyle\int_0^x e^{-t}\cos t\,dt$，求 $F(x)$ 在 $[0,\pi]$ 上的极值.

(2) 设 $x>0$ 时，$f(x)$ 可微，若函数满足 $f(x)=1+\dfrac{1}{x}\displaystyle\int_0^x f(t)\,dt$，求 $f(x)$.

5. 若 $f(x)$ 在 $[0,1]$ 上连续,且 $f(x) < 1$,证明方程 $2x - \int_0^x f(t)\mathrm{d}t = 1$ 在 $[0,1]$ 有且仅有一个解.

6. 设函数 $f(x)$ 在 $[0,\pi]$ 上连续,且 $\int_0^\pi f(x)\mathrm{d}x = 0$,$\int_0^\pi f(x)\cos x\mathrm{d}x = 0$,证明:在 $[0,\pi]$ 内至少存在两上不同的点 ξ_1,ξ_2,使得 $f(\xi_1) = f(\xi_2) = 0$.

7. 求下列图形的面积.

(1) 求由曲线 $y = x\mathrm{e}^x$ 与直线 $y = \mathrm{e}x$ 所围图形的面积.

(2) 证明以 $\sqrt{2}$ 为半长轴、以 1 为半短轴的椭圆的周长等于正弦曲线 $y = \sin x$ 一波的长度.

(3) 求由曲线 $\rho = a\sin\theta$,$\rho = a(\cos\theta + \sin\theta)(a > 0)$ 所围成图形公共部分的面积.

8. 求由曲线 $y = x^{\frac{3}{2}}$ 与直线 $x = 4$,x 轴所围成的图形绕 y 轴旋转而成的旋转体的体积.

考研试题选讲(四、五)

以下是 2009—2013 年全国硕士研究生入学统一考试数学(三)试卷中有关积分学及其应用的试题及解析

1.(2009 年第(3)题)

使不等式 $\int_1^x \dfrac{\sin t}{t}\mathrm{d}t > \ln x$ 成立的 x 的范围是(   ).

(A) $(0,1)$;   (B) $\left(1,\dfrac{\pi}{2}\right)$;   (C) $\left(\dfrac{\pi}{2},\pi\right)$;   (D) $(\pi,+\infty)$.

分析　令 $F(x) = \int_1^x \dfrac{\sin t}{t} - \ln x$,则 $F(1) = 0$.本题就是讨论使 $F(x) > F(1) = 0$ 的 x 的范围.因

$$F'(x) = \frac{\sin x}{x} - \frac{1}{x} = \frac{\sin x - 1}{x}\begin{cases} < 0, & 当 x > 0 且 x \neq 2k\pi + \dfrac{\pi}{2}, \\ = 0, & 当 x = 2k\pi + \dfrac{\pi}{2}, \end{cases} \quad k = 0,1,2,\cdots.$$

这表明在 $(0,+\infty)$ 内,$F(x)$ 严格递减,从而在 $(0,1)$ 内,

$F(x) > F(1) = 0$,即 $\int_1^x \dfrac{\sin t}{t}\mathrm{d}t > \ln x$.

故选(A).

2.(2009 年第(4)题)

设函数 $y = f(x)$ 在区间 $[-1,3]$ 上的图形为右图,

则函数 $F(x) = \int_0^x f(t)\mathrm{d}t$ 的图形为(   ).

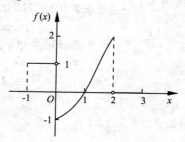

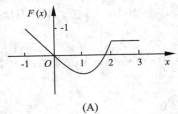

(A)

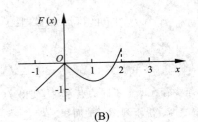

(B)

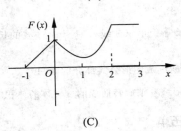

(C)

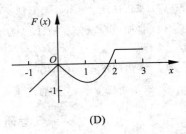

(D)

分析　$F(x)$ 是 $f(x)$ 在 $[-1,3]$ 上的原函数,故 $F(x)$ 在 $[-1,3]$ 上可导,从而必连续.本题应当根据 $f(x)$ 函数值的特点分析 $F(x)$ 函数值应当具备的特性.排除不符合 $F(x)$ 性质的函数图像.

因 $F(x)$ 是连续函数,(B)应排除.

当 $x \in [-1,0)$ 时,$f(x) \equiv 1$,故当 $x \in [-1,0)$ 时,有

$$F(x) = \int_0^x \mathrm{d}x = x,$$

这表明(A),(C)也应排除,故应选(D).

3.（2009 年第(16)题）

计算不定积分 $\displaystyle\int \ln\left(1 + \sqrt{\dfrac{1+x}{x}}\right)\mathrm{d}x.$

分析　根据不定积分的特点应当运用分部积分法,又因为被积函数中含有线性根式 $\sqrt{\dfrac{1+x}{x}}$,还应结合第二换元积分法.

解　令 $u(x) = \ln\left(1 + \sqrt{\dfrac{1+x}{x}}\right)$,$\mathrm{d}v = \mathrm{d}x$,则 $v(x) = x$,

$$\mathrm{d}u = \frac{1}{1 + \sqrt{\dfrac{1+x}{x}}}\mathrm{d}\left(1 + \sqrt{\dfrac{1+x}{x}}\right) = \frac{1}{1 + \sqrt{\dfrac{1+x}{x}}}\mathrm{d}\sqrt{\dfrac{1+x}{x}}.$$

由分部积分法,有

$$I = \int \ln\left(1 + \sqrt{\dfrac{1+x}{x}}\right)\mathrm{d}x = x \cdot \ln\left(1 + \sqrt{\dfrac{1+x}{x}}\right) - \int \frac{x}{1 + \sqrt{\dfrac{1+x}{x}}}\mathrm{d}\sqrt{\dfrac{1+x}{x}}.$$

设

$$J = \int \frac{x}{1 + \sqrt{\dfrac{1+x}{x}}}\mathrm{d}\sqrt{\dfrac{1+x}{x}},$$

令

$$\sqrt{\frac{1+x}{x}} = t, \quad 解得\ x = \frac{1}{t^2-1},$$

于是

$$J = \int \frac{1}{(t^2-1)(t+1)}dt = \int \frac{1}{(t-1)(t+1)^2}dt.$$

用待完系数法分解部分公式,可得

$$\frac{1}{(t-1)(t+1)^2} = \frac{1}{4}\left(\frac{1}{t-1} - \frac{1}{t+1}\right) - \frac{1}{2}\frac{1}{(t+1)^2},$$

从而

$$J = \frac{1}{4}\int\left(\frac{1}{t-1} - \frac{1}{t+1}\right)dt - \frac{1}{2}\int\frac{1}{(t+1)^2}dt$$

$$= \frac{1}{4}\ln\frac{t-1}{t+1} + \frac{1}{2}\frac{1}{t+1} + C.$$

将 t 的表达式代入上式,得

$$J = \frac{1}{4}\ln\frac{\sqrt{\dfrac{1+x}{x}} - 1}{\sqrt{\dfrac{1+x}{x}} + 1} + \frac{1}{2}\frac{1}{\sqrt{\dfrac{1+x}{x}} + 1} + C$$

$$= \frac{1}{4}\ln\frac{\sqrt{1+x} - \sqrt{x}}{\sqrt{1+x} + \sqrt{x}} + \frac{1}{2}\frac{\sqrt{x}}{\sqrt{1+x} + \sqrt{x}} + C,$$

从而

$$I = \int\ln\left(1 + \sqrt{\frac{1+x}{x}}\right)dx = x \cdot \ln\left(1 + \sqrt{\frac{1+x}{x}}\right) - \frac{1}{4}\ln\frac{\sqrt{1+x} - \sqrt{x}}{\sqrt{1+x} + \sqrt{x}}$$

$$- \frac{1}{2}\frac{\sqrt{x}}{\sqrt{1+x} + \sqrt{x}} + C.$$

4.（2010 年第（9）题）

设可导函数 $y = y(x)$ 由方程 $\int_0^{x+y} \mathrm{e}^{-t^2}\,dt = \int_0^x x\sin^2 t\,dt$ 确定,则 $\left.\dfrac{\mathrm{d}y}{\mathrm{d}x}\right|_{x=0} = $ _____.

分析 将方程改写为 $\int_0^{x+y} \mathrm{e}^{-t^2}\,dt = x\int_0^x \sin^2 t\,dt$. 两端同对 x 求导,得到

$$\mathrm{e}^{-(x+y)^2}(1+y') = \int_0^x \sin^2 t\,dt + x \cdot \sin x^2,$$

则

$$y' = \mathrm{e}^{(x+y)^2}\left(\int_0^x \sin^2 t\,dt + x\sin x^2\right) - 1.$$

将 $x = 0$ 代入原方程得 $\int_0^y \mathrm{e}^{-t^2}\,dt = 0$, 故 $y(0) = 0$, 于是

$$\left.\frac{\mathrm{d}y}{\mathrm{d}x}\right|_{x=0} = -1.$$

5.（2010 年第（10）题）

设位于曲线 $y = \dfrac{1}{\sqrt{x(1+\ln^2 x)}}$ $(\mathrm{e} \leqslant x < +\infty)$ 下方,x 轴上方的无界区域为 G,则 G 绕 x 轴旋转一周所得空间区域的体积为 _____.

分析 所求旋转体的体积

$$\nabla = \pi\int_e^{+\infty} y^2(x)\,dx = \pi\int_e^{+\infty}\frac{1}{x(1+\ln^2 x)}\,dx$$

$$= \pi\int_e^{+\infty}\frac{1}{1+\ln^2 x}\,d(\ln x) = \pi\cdot\arctan\ln x\Big|_e^{+\infty} = \frac{\pi^2}{4}.$$

6. (2010 年第(18)题)

（Ⅰ）比较 $\int_0^1 |\ln t|\,[\ln(1+t)]^n\,dt$ 与 $\int_0^1 t^n\,|\ln t|\,dt$ $(n=1,2,\cdots)$ 的大小，说明理由；

（Ⅱ）设 $u_n = \int_0^1 |\ln +|\cdot[\ln(1+t)]^n\,dt$ $(n=1,2,\cdots)$，求极限 $\lim\limits_{n\to\infty}u_n$.

分析 （Ⅰ）本例实质就是比较被积函数的大小，亦即当 $t\in[0,1]$ 时，$[\ln(1+t)]^n$ 与 t^n（实质就是 $\ln(1+t)$ 与 t）的大小.

（Ⅱ）应用（Ⅰ）的结果对 u_n 估值，并应用夹逼原理.

解 （Ⅰ）会 $f(t)=t-\ln(1+t)$，则 $f(0)=0$，当 $t>0$ 时，

$$f'(t) = 1-\frac{1}{1+t} = \frac{t}{1+t} > 0.$$

这表明在 $(0,1]$ 上 $f(t)$ 严格递增，从而 $f(t)>f(0)=0$，即 $t>\ln(1+t)>0$，所以 $|\ln t|\,[\ln(1+t)]^n < t^n\,|\ln(t)|$.

故 $\int_0^1 |\ln t|\,[\ln(1+t)]^n\,dt < \int_0^1 t^n\,|\ln t|\,dt.$

（Ⅱ）当 $t\in(0,1)$ 时 $\ln t<0$，由（Ⅰ）

$$0\leqslant u_n < \int_0^1(-\ln t)\cdot\frac{1}{n+1}\,dt^{n+1} = -\frac{t^{n+1}}{n+1}\ln t\Big|_0^1 + \int_0^1\frac{t^n}{n+1}\,dt = \frac{1}{(n+1)^2}.$$

故有 $\lim\limits_{n\to\infty}u_n = 0.$

7. (2011 年第(4)题)

设 $I=\int_0^{\frac{\pi}{4}}\ln\sin x\,dx$，$J=\int_0^{\frac{\pi}{4}}\ln\cot x\,dx$，$K=\int_0^{\frac{\pi}{4}}\ln\cos x\,dx$. 则 I,J,K 的大小关系为（ ）.

(A) $I<J<K$；   (B) $I<K<J$；

(C) $J<I<K$；   (D) $K<J<I$.

分析 这是三个收敛的无界函数反常积分. 因 $\ln u$ 单调递增，故只需比较 $\sin x,\cos x$，$\cot x$ 在 $x\in\left[0,\frac{\pi}{4}\right]$ 内的大小，由 $\sin x<\cos x<\dfrac{\cos x}{\sin x}=\cot x$，得 $I<J<K$.

故选（B）.

8. (2011 年第(17)题)

求不定积分 $\displaystyle\int\frac{\arcsin\sqrt{x}+\ln x}{\sqrt{x}}\,dx$.

分析 被积函数是两个函数之和，可以分别计算其积分，因为会有无理式 $\sqrt{x}$，可以先换它令 $\sqrt{x}=t$，再用分部积分法计算.

解 令 $\sqrt{x}=t$，则 $x=t^2$，$dx=2t\,dt$. 于是

$$I_1 = \int \frac{\arcsin\sqrt{x}}{\sqrt{x}} \mathrm{d}x = 2\int \arcsin t\, \mathrm{d}t = 2\left(t \cdot \arcsin t - \int \frac{t\,\mathrm{d}t}{\sqrt{1-t^2}}\right)$$

$$= 2(t\arcsin t + \sqrt{1-t^2}) + C_1 = 2(\sqrt{x}\arcsin\sqrt{x} + \sqrt{1-x}) + C_1,$$

$$I_2 = \int \frac{\ln s}{\sqrt{x}} \mathrm{d}x = 4\int \ln t\, \mathrm{d}t = 4\left(t \cdot \ln t - \int t \cdot \frac{1}{t}\mathrm{d}t\right)$$

$$= 4(t \cdot \ln t - t) + C_2 = 2\sqrt{x}\ln x - 4\sqrt{x} + C_2.$$

则 $I = I_1 + I_2 = 2\sqrt{x}(\arcsin\sqrt{x} + 2\ln x - 2) + 2\sqrt{1-x} + C.$

9.（2011 年第（12）题）

曲线 $y = \sqrt{x^2 - 1}$，直线 $x = 2$ 及 x 轴所围的平面图形绕 x 轴旋转所成的旋转体的体积为_____.

分析　所围平面图形如右图,则旋转体体积

$$\nabla = \pi \int_1^2 y^2(x)\mathrm{d}x = \pi \int_1^2 (x^2 - 1)\mathrm{d}x$$

$$= \frac{4}{3}\pi.$$

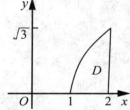

10.（2012 年第（12）题）

由曲线 $y = \dfrac{4}{x}$ 和直线 $y = x$ 及 $y = 4x$ 在第一象限中围成的平面图形的面积为_____.

分析　如图,设曲线的交点分别为 $A(1,4)$ 与 $B(1,1)$,则 $D = D_1 + D_2$.
其中 D_1 是两个直角三角形面积之差.
其面积

$$\triangle D_1 = \frac{1}{2} \times 1 \times 4 - \frac{1}{2} \times 1 \times 1 = \frac{3}{2}.$$

又,D_2 的面积

$$\triangle D_2 = \int_1^2 \left(\frac{4}{x} - x\right)\mathrm{d}x$$

$$= \left[4\ln x - \frac{1}{2}x^2\right]_1^2 = 4\ln 2 - \frac{3}{2}.$$

所求面积 $\triangle D = \triangle D_1 + \triangle D_2 = 4\ln 2.$

11.（2013 年第（11）题）

$$\int_1^{+\infty} \frac{\ln x}{(1+x)^2} \mathrm{d}x = \underline{\qquad}.$$

分析　注意到 $\lim\limits_{x \to +\infty} \frac{\ln x}{1+x} = \lim\limits_{x \to +\infty} \frac{1}{x} = 0$,用分部积分法得

$$\int_1^{+\infty} \frac{\ln x}{(1+x)^2}\mathrm{d}x = -\int_1^{+\infty} \ln x\, \mathrm{d}\frac{1}{1+x}$$

$$= -\frac{\ln x}{1+x}\Big|_1^{+\infty} + \int_1^{+\infty} \frac{1}{x(1+x)}\mathrm{d}x = \int_1^{+\infty}\left(\frac{1}{x} - \frac{1}{1+x}\right)\mathrm{d}x$$

$$= \ln\frac{x}{1+x}\Big|_1^{+\infty} = -\ln\frac{1}{2} = \ln 2.$$

12.（2013 年第（16）题）

设 D 是由曲线 $y = x^{\frac{1}{2}}$,直线 $x = a(a > 0)$ 及 x 轴所围成的平面图形,V_x,V_y 分别是 D 绕 x 轴,y 轴旋转一周所得旋转体的体积,若 $V_y = 10V_x$,求 a 的值.

解 由旋转体体积公式可知

$$V_x = \pi \int_0^a (\sqrt[3]{x})^2 \mathrm{d}x = \frac{3}{5}\pi x^{\frac{5}{3}} \Big|_0^a = \frac{3}{5}\pi a^{\frac{5}{3}},$$

$$V_y = 2\pi \int_0^1 |x| \cdot \sqrt[3]{x}\mathrm{d}x = 2\pi \cdot \frac{3}{7} x^{\frac{7}{3}} \Big|_0^a = \frac{6}{7}\pi a^{\frac{7}{3}},$$

比较得 $a = 7\sqrt{7}.$

习题答案

习 题 1-1

(A)

1. (1) $[1,+\infty)$;　　(2) $(-\infty,0)\bigcup(0,3]$;　(3) $[1,4]$;　(4) $(-\infty,0)\bigcup(0,+\infty)$.

3. (1) 非奇非偶;　(2) 偶.

4. (1) 单调减少;(2) $a>1$ 时,单调增加;$0<a<1$ 时,单调减少.

5. (1) 是,周期为 2;(2) 是,周期为 π.

6. (1) $y=\sqrt{x^3-1}$ $(x>1)$; (2) $y=\dfrac{1}{3}\arcsin\dfrac{x}{2}$.

7. $f[f(x)]=x^4$,　$f[g(x)]=2^{2x}$,　$g[f(x)]=2^{x^2}$,　$g[g(x)]=2^{2^x}$.

10. (1) $P(x)=\begin{cases}90, & 0<x\leqslant100, \\ 90-0.05(x-100), & 100<x<400, \\ 75, & x\geqslant400;\end{cases}$

(2) $P(x)=\begin{cases}30x, & 0<x\leqslant100, \\ 35x-0.05x^2, & 100<x<400, \\ 15x, & x\geqslant400;\end{cases}$

(3) 15 000 元.

(B)

1. (1) 非奇非偶;(2) 奇.

2. (1) 不是;(2) 是,周期为 1.

3. (1) $y=\dfrac{1-x}{1+x}$; (2) $y=e^{x-1}-2$.

4. (1) $[-2,0)\bigcup(0,2]$; (2) $(1,10000]$; (3) $(-a,4-a)$.

5. $f[g(x)]=\begin{cases}1, & x<0, \\ 0, & x=0, \\ -1, & x>0;\end{cases}$　$g[f(x)]=\begin{cases}2, & |x|<1, \\ 1, & |x|=1, \\ \dfrac{1}{2}, & |x|>1.\end{cases}$　图形略.

6. (1) $f(x)=x^2+2x-6$; (2) $f(x)=\dfrac{1+\sqrt{1+x^2}}{x}$; (3) $f(x+1)=x^2+2x-1$.

习 题 1-2

(A)

1. (1) $x_n=\dfrac{n+1}{n^2}$; (2) $x_n=(-1)^{n+1}\dfrac{1}{2n}$.

注:凡无答案题,均为省略,下同.

2. $N = \left[\dfrac{3}{\varepsilon}\right] - 3$；当 $\varepsilon_1 = 0.1$ 时取 $N_1 = 27$，当 $\varepsilon_2 = 0.01$ 时取 $N_2 = 97$，当 $\varepsilon_3 = 0.01$ 时取 $N_3 = 997$．

3. （1）收敛于 0；（2）收敛于 0；（3）收敛于 2；（4）收敛于 0；（5）发散．

习　题　1-3

（A）

2. （1）$\lim\limits_{x \to 0^-} f(x) = a$，$\lim\limits_{x \to 0^+} f(x) = 1$；（2）$a = 1$ 时存在极限 $\lim\limits_{x \to 0} f(x) = 1$．

4. $\lim\limits_{x \to 0^-} f(x) = -1$，　$\lim\limits_{x \to 0^+} f(x) = 0$，　$\lim\limits_{x \to 0} f(x)$ 不存在．

$\lim\limits_{x \to 1^-} f(x) = \lim\limits_{x \to 1^+} f(x) = 1$，　$\lim\limits_{x \to 1} f(x)$ 存在且等于 1．

（B）

2. $\lim\limits_{x \to 0^-} f(x) = \lim\limits_{x \to 0^+} f(x) = 1$，　$\lim\limits_{x \to 0} f(x) = 1$；$\lim\limits_{x \to 0^-} g(x) = -1$，　$\lim\limits_{x \to 0^+} g(x) = 1$，

$\lim\limits_{x \to 0} g(x)$ 不存在．

习　题　1-4

（A）

1. （1）错；（2）错；（3）错．　2. （1）2；（2）1．

4. $x \to 0$ 时，$x^2 - x^3$ 是比 $3x - 2x^2$ 高阶的无穷小．

5. （1）$\beta = o(\alpha)$　$(x \to 0)$；（2）$\alpha = o(\beta)$　$(x \to 0)$．

6. （1）$\dfrac{3}{2}$；　（2）2；　（3）$\dfrac{1}{8}$；　（4）$\dfrac{5}{3}$．

（B）

1. （1）不一定；（2）不一定；（3）是；（4）是．

3. （1）$f(x) = 1 + \alpha$，其中 $\alpha = \dfrac{1}{x^2 - 1} \to 0\ (x \to \infty)$；

（2）$f(x) = \dfrac{2}{3} + \alpha$，其中 $\alpha = \dfrac{-5}{3(3x + 1)} \to 0\ (x \to \infty)$．

4. 无界，但不是无穷大．

5. （1）$0\ (m < n)$，$1\ (m = n)$，$\infty\ (m > n)$；　（2）-3．

习　题　1-5

（A）

1. （1）-5；　（2）0；　（3）$\dfrac{2}{3}$；　（4）∞；　（5）$2x$；　（6）2．

（B）

1. （1）$\dfrac{1}{5}$；　（2）$\dfrac{1}{2}$；　（3）2；　（4）$-\dfrac{1}{2}$；　（5）1．

2. (1) $3n^2$；　(2) $\dfrac{1}{2}$；　(3) 1.

习　题　1-6

(A)

1. (1) $\dfrac{2}{3}$；　(2) ω；　(3) 1；　(4) $\dfrac{1}{2\pi}$.　2. (1) e^3；　(2) e^5.

(B)

1. (1) $\sqrt{2}$；　(2) x；　(3) e^{-2}；　(4) e^{-k}.

习　题　1-7

(A)

1. (1) $f(x)$ 在 $(-\infty,-1)$ 与 $(-1,+\infty)$ 内连续，$x=-1$ 为跳跃间断点；

(2) $f(x)$ 在 $[0,2]$ 上连续.

2. (1) $a=-1$；　(2) $a=1$.

3. (1) $x=1$ 为第一类间断点中的可去间断点，若令 $f(1)=-2$，则 $f(x)$ 在 $x=1$ 处连续；$x=2$ 为第二类间断点中的无穷间断点.

(2) $x=0$ 为第一类间断点中的可去间断点，若令 $f(0)=\dfrac{1}{2}$，则 $f(x)$ 在 $x=0$ 处连续.

(3) $x=0$ 为第二类间断点中的振荡间断点.

(4) $x=0$ 为第一类间断点中的跳跃间断点，$x=1$ 是第二类间断点中的无穷间断点.

(B)

2. $f(x)=\begin{cases} x, & |x|<1, \\ 0, & |x|=1, \\ -x, & |x|>1. \end{cases}$　$x=1$ 和 $x=-1$ 为第一类间断点（跳跃）.

习　题　1-8

(A)

1. (1) $\lim\limits_{x\to 0}f(x)=\dfrac{1}{2}$，$\lim\limits_{x\to 2}f(x)=\infty$；

(2) 0；　(3) 2；　(4) 1；　(5) $\sqrt{e}$；　(6) e^3；　(7) $\dfrac{1}{2}$；　(8) $\dfrac{4}{3}$；　(9) $\dfrac{1}{2\sqrt{x}}$.

(B)

1. (1) 1；　(2) $e^{-\frac{3}{2}}$；　(3) e^2.

习　题　1-9

(B)

2. 提示：设 $\alpha=\min\{x_1,x_2,\cdots,x_n\}$，$\beta=\max\{x_1,x_2,\cdots,x_n\}$，$m\leqslant f(x_i)\leqslant M,i=1,2,$

…，n，再应用介值定理．

3. 提示：分 $f(a) \cdot f(b) = 0$ 及 $f(a) \cdot f(b) < 0$ 两种情形．

第一章总练习题

1. (1) C； (2) B； (3) B； (4) A； (5) C； (6) A； (7) C； (8) D.

2. (1) $(0,1)$； (2) $x(x-1)$； (3) 3； (4) 6； (5) $\dfrac{1}{6}$； (6) e^{x+1}； (7) $-\dfrac{\pi}{2}$；

   (8) 1.

3. (1) $\dfrac{1}{3}$； (2) $\dfrac{3}{2}$； (3) $\dfrac{2}{3}$； (4) 1； (5) $-\dfrac{1}{4}$； (6) 4； (7) $\dfrac{1}{4}$； (8) $x+1$；

   (9) $\dfrac{1}{2}$； (10) $e^{-\frac{4}{3}}$； (11) e； (12) e^3； (13) $\sqrt[3]{abc}$； (14) 1.

4. $a = b = 1$.

5. (1) 不连续；(2) 连续．

6. $x = 1$ 是第二类间断点，$x = 0$ 是第一类间断点．

习　题　2-1

(A)

1. 6.   2. (1) a； (2) $\dfrac{1}{2\sqrt{x}}$.

3. $f'(x) = \begin{cases} 3x^2, & x < 0, \\ 2x, & x \geqslant 0. \end{cases}$ 4. 切线方程为 $y = \dfrac{x}{e}$，法线方程为 $y - 1 = -e(x - e)$.

(B)

1. (1) $-f'(a)$； (2) $2f'(a)$.

2. 提示：$\lim\limits_{x \to 0} f(x) = \lim\limits_{x \to 0} x \sin\dfrac{1}{x} = f(0)$，而 $\lim\limits_{x \to 0} \dfrac{f(x) - f(0)}{x - 0} = \lim\limits_{x \to 0} \dfrac{x\sin\dfrac{1}{x} - 0}{x} =$

$\lim\limits_{x \to 0} \sin\dfrac{1}{x}$ 极限不存在．

习　题　2-2

(A)

1. (1) $-\cos x$，$e^{-\cos x} \cdot \sin x$；   (2) $-\dfrac{3}{x^2 + 3x}$；   (3) $\cos^3(2x)$，$-6\cos^2(2x) \cdot \sin 2x$；

   (4) $-\dfrac{x}{(1 + x^2)^{3/2}}$；   (5) $2f(\tan x)$.

2. (1) $10(x^2 - 2x - 1)^4 \cdot (x - 1)$；   (2) $e^{-x}[3\sec^2(3x) - \tan 3x]$；

   (3) $\dfrac{\ln x}{x\sqrt{1 + \ln^2 x}}$；   (4) $2^x \cos(2^x) \cdot \ln 2$；

(5) $-\dfrac{1}{x^2}e^{\tan\frac{1}{x}}\sec^2\left(\dfrac{1}{x}\right)$; (6) $\sin2x\cdot\sin(x^2)+2x\sin2x\cos(x^2)$;

(7) $\dfrac{1+2\sqrt{x}}{4\sqrt{x}\cdot\sqrt{x+\sqrt{x}}}$; (8) $\dfrac{2^x\ln2}{1+2^x}$;

(9) $\arcsin\dfrac{x}{2}$; (10) $n\cdot\sin^{n-1}x\cdot\cos x\cdot\cos nx-n\cdot\sin^n x\cdot\sin nx$;

(11) $\dfrac{6(\ln x^2)^2}{x}$; (12) $\dfrac{e^x}{\sqrt{1+e^{2x}}}$.

3. (1) $2\sin x+4x\cos x-x^2\sin x$; (2) $4xe^{-x^2}\cdot(3-2x^2)$; (3) $\dfrac{-2(x^2+1)}{(x^2-1)^2}$.

(B)

1. (1) $\dfrac{1}{x\ln x}$; (2) $\dfrac{7}{8}x^{-\frac{1}{8}}$;

(3) $\dfrac{x\cdot\cos x-\sin x}{x^2}+\dfrac{\sin x-x\cdot\cos x}{(\sin x)^2}$; (4) $\dfrac{1}{4}\sec^2\left(\dfrac{x}{2}\right)\cdot\sqrt{\cot\dfrac{x}{2}}$;

(5) $\dfrac{1}{\sqrt{1-x^2}+1-x^2}$; (6) $\cos(\sin(\sin x))\cdot\cos(\sin x)\cdot\cos x$.

2. (1) $e^x(x^3+30x^2+270x+720)$; (2) $n(n-1)x^{n-2}\cdot f'(x^n)+(nx^{n-1})^2\cdot f''(x^n)$.

3. (1) $f'(x)=3x^2$, $f'(x+1)=3(x+1)^2$, $f'(x-1)=3(x-1)^2$;

(2) $f'(x)=3(x-1)^2$, $f'(x+1)=3x^2$, $f'(x-1)=3(x-2)^2$;

(3) $f'(x)=3(x+1)^2$, $f'(x+1)=3(x+2)^2$, $f'(x-1)=3x^2$.

4. $-k\cdot m_0\cdot e^{-kt}$.

习　题　2-3

(A)

1. (1) $\dfrac{2a}{3(1-y^2)}$; (2) $\dfrac{2^x\cdot\ln2\cdot(1-2^y)}{2^{x+y}\cdot\ln2-2}$;

(3) $\dfrac{1+\sqrt{x-y}}{1-4\sqrt{x-y}}$; (4) $\dfrac{1}{x\cdot\cos(xy)}-\dfrac{y}{x}$.

2. (1) $x\sqrt{\dfrac{1-x}{1+x}}\left(\dfrac{1}{x}-\dfrac{1}{1-x^2}\right)$; (2) $(\sin x)^{\cos x}\cdot\left(\dfrac{\cos^2 x}{\sin x}-\sin x\cdot\ln(\sin x)\right)$.

3. (1) $-\dfrac{2}{3}$; (2) 1. 4. (1) $-2\cdot\dfrac{t}{t+1}$; (2) $\dfrac{4}{9}e^{3t}$.

(B)

1. (1) $-(1+\cos x)^{\frac{1}{x}}\cdot\dfrac{x\tan\dfrac{x}{2}+\ln(1+\cos x)}{x^2}$; (2) $x^{x^x}\cdot x^x\cdot\left[\ln^2 x+\ln x+\dfrac{1}{x}\right]$;

(3) $(x-a_1)^{a_1}\cdot(x-a_2)^{a_2}\cdots(x-a_n)^{a_n}\cdot\left(\dfrac{a_1}{x-a_1}+\dfrac{a_2}{x-a_2}+\cdots+\dfrac{a_n}{x-a_n}\right)$.

2. (1) 2;   (2) $y'' = \dfrac{2}{e^t \cdot (\cos t - \sin t)^3}$;   (3) $\dfrac{1}{f''(t)}$.

习 题 2-4

(A)

1. 当 $\Delta x = 0.1$ 时, $dy = 0.2$; 当 $\Delta x = 0.01$ 时, $dy = 0.02$.

2. (1) $\dfrac{2}{3}x^{\frac{3}{2}}$;   (2) $-\dfrac{1}{2}e^{-2x}$;   (3) $-\dfrac{1}{2x}$;   (4) $\dfrac{1}{2}\sin 2x$.

3. (1) $dy = \left(-\dfrac{2}{x^3} + \dfrac{1}{x}\right)dx$;   (2) $dy = (2x\cos^2 x - x^2\sin 2x) \cdot dx$;

   (3) $dy = \dfrac{-x}{|x| \cdot \sqrt{1-x^2}}dx$;   (4) $dy = e^{-x}[\sin(3-x) - \cos(3-x)]dx$.

4. (1) 0.60062;   (2) 3.0667;   (3) 2.7455;   (4) 1.0067.

5. 提示:球壳体积为内、外两个球体体积之差 ΔV,其近似值为 $\Delta V \approx 0.13(cm^3)$.

(B)

1. (1) $dy = \dfrac{4x^3 y}{2y^2 + 1}dx$;   (2) $dy = \dfrac{e^{x+y} - y}{x - e^{x+y}}dx$.

3. 绝对误差 $\leqslant 138.54(cm^3)$,相对误差 $\leqslant 0.357‰$.

第二章总练习题

1. $\dfrac{1}{e}$, 提示:切线方程为 $y - 1 = n(x-1)$,故 $\xi_n = \dfrac{n-1}{n}$.

2. -10.   3. D.   4. A.

5. $\dfrac{dy}{dx} = nx^{n-1} + n^x \ln n$.   6. $\dfrac{d^2 y}{dx^2} = -2\cos 2x \cdot \ln x - \dfrac{2\sin 2x}{x} - \dfrac{\cos^2 x}{x^2}$.

7. $dy = \dfrac{x+y}{x-y}dx$.   8. $\dfrac{d^2 y}{dx^2} = \dfrac{f''}{(1-f')^3}$.

9. $f(x)$ 在 $x = 0$ 处连续, $f(x)$ 在 $x = 0$ 处不可导.

10. 当 $\alpha > 0, \beta = -1$ 时, $f(x)$ 在 $x = 0$ 处连续;当 $\alpha > 0, \beta \neq -1$ 时, $f(x)$ 在 $x = 0$ 处间断;当 $\alpha \leqslant 0, \beta$ 为任意实数时, $f(x)$ 在 $x = 0$ 处间断;当 $\alpha > 1$ 时, $f(x)$ 在 $x = 0$ 处可导.

习 题 3-1

(A)

1. (1) 有;   (2) 没有.

3. $f'(x) = 0$ 只有三个实根,它们分别在区间 $(2,3)$, $(3,4)$, $(4,5)$ 内.

习 题 3-2

(A)

1. 不对. $\lim\limits_{x \to 1} \dfrac{x^3 + 1}{x^2 + x}$ 不是不定式.

2. (1) 2； (2) $-\dfrac{1}{6}$； (3) 0； (4) 0； (5) $2a$； (6) 1； (7) $\dfrac{1}{2}$； (8) 1.

3. 极限为 1.

(B)

2. (1) 0； (2) 1.

习 题 3-3

(A)

2. (1) $\dfrac{1}{\sqrt{1+x}} = 1 - \dfrac{1}{2} + \dfrac{1 \cdot 3}{2! 2^2}x^2 + \cdots + (-1)^n \dfrac{(2n-1)!!}{n! 2^n}x^n + o(x^n)$；

    (2) $\sin^2 x = \dfrac{1 - \cos 2x}{2} = x^2 - \dfrac{1}{3}x^4 + \cdots + (-1)^{n-1} \dfrac{4^n}{2 \cdot (2n)!}x^{2n} + o(x^{2n+1})$；

    (3) $f(x) = xe^{-x} = x - x^2 + \dfrac{x^3}{2!} - \dfrac{x^4}{3!} + \cdots + (-1)^{n-1} \cdot \dfrac{x^n}{(n-1)!} + o(x^n)$.

3. $f(x) = 10 + 11 \cdot (x-1) + 7 \cdot (x-1)^2 + (x-1)^3$.

4. (1) $-\dfrac{1}{6}$； (2) $\dfrac{1}{2}$.

(B)

1. $f(x) = \arctan x = x - \dfrac{1}{3}x^3 + \dfrac{1}{5}x^5 + o(x^5)$.

2. (1) $f(x) = \ln(2+x) = \ln 3 + \dfrac{1}{3} \cdot (x-1) - \dfrac{1}{18}(x-1)^2 + \dfrac{1}{81}(x-1)^3 + o((x-1)^3)$；

    (2) $f(x) = \tan x = x + \dfrac{1 + 2\sin^2(\theta x)}{3\cos^4(\theta x)} \cdot x^3$,　$0 < \theta < 1$.

3. (1) $\dfrac{1}{2}$； (2) $\dfrac{1}{3}$.

4. (1) 由于 $\sin x = x - \dfrac{x^3}{3!} + o(x^3)$，因此，$x - \sin x = \dfrac{x^3}{6} + o(x^3)$，故 $x \to 0$ 时，$x - \sin x$

关于 x 是 3 阶的． (2) 4 阶的； (3) 4 阶的．

习 题 3-4

(A)

1. (1) 在 $(-\infty, 0]$ 上单调减少，在 $[0, +\infty)$ 上单调增加；

    (2) 在 $(-\infty, 1]$ 上单调增加，在 $[1, +\infty)$ 上单调减少.

2. (1) 极小值 $f(3) = 27$；

    (2) 极大值 $f(3) = 108$，极小值 $f(5) = 0$；

    (3) 极大值 $f(-1) = 2$，极小值 $f(1) = -2$；

    (4) 极大值 $f(-1) = 10$，极小值 $f(3) = -22$.

4. (1) 最大值 $f(\pm 2) = 13$，最小值 $f(\pm 1) = 4$；

    (2) 最大值 $f(2) = 3$，最小值 $f(0) = f(1) = 1$；

(3) 最小值 $f(\mathrm{e}^{-2}) = -\dfrac{2}{\mathrm{e}}$.

5. 设船速为 $x(\mathrm{km/h})$,则每航行 1km 的耗费为 $y = \dfrac{1}{x}(kx^3 + 96)$,求得船速为 20(km/h) 时,每航行 1km 所消耗的费用最小,为 7.20 元.

2. (1) 在 $(-\infty, 0)$ 内严格减少,在 $(0, +\infty)$ 内严格增加;

(2) 在 $(-\infty, 0] \bigcup [3, +\infty)$ 上单调增加,在 $[0, 3]$ 上单调减少.

4. $a = 1$. 5. 取 $x = \dfrac{a_1 + a_2 + \cdots + a_n}{n}$.

6. 令 $f(x) = x^4 + (1-x)^4 - \dfrac{1}{8}$,其最小值 $f\left(\dfrac{1}{2}\right) = 0$,因此,$f(x) \geqslant 0$,得证.

习　题　3-5

(A)

1. (1) $y = x^4$ 在 $(-\infty, +\infty)$ 内是凹的,没有拐点;

(2) $y = \arctan x$ 在 $(-\infty, 0]$ 上是凹的,在 $[0, +\infty)$ 上是凸的,$(0,0)$ 点为曲线的拐点;

(3) $y = 3x^4 - 4x^3 + 1$ 在 $(-\infty, 0]$, $\left[\dfrac{2}{3}, +\infty\right)$ 上是凹的,在 $\left[0, \dfrac{2}{3}\right]$ 上是凸的,$(0,$

$1)$ 及 $\left(\dfrac{2}{3}, \dfrac{11}{27}\right)$ 为曲线的拐点;

(4) $y = \sqrt[3]{x}$ 在 $(-\infty, 0)$ 内是凹的,在 $(0, +\infty)$ 内是凸的,拐点为 $(0,0)$.

2. (1) 直线 $x = -1$, $x = 1$ 是曲线的垂直渐近线,直线 $y = 1$ 是曲线的水平渐近线;

(2) 直线 $x = 0$ 是曲线的垂直渐近线,直线 $y = x$ 是曲线的斜渐近线.

(B)

1. 直线 $x = -\dfrac{1}{\mathrm{e}}$ 是曲线的垂直渐近线,直线 $y = x + \dfrac{1}{\mathrm{e}}$ 是曲线的斜渐近线.

2. $a = -\dfrac{3}{2}$, $\quad b = \dfrac{9}{2}$.

习　题　3-6

1. (1) 总成本 $C(10) = 1371$,平均成本 $\dfrac{C(10)}{10} = 137.1$;

(2) 平均变化率 $\dfrac{\Delta C}{\Delta x} = \dfrac{C(50) - C(10)}{40} = \dfrac{2375 - 1371}{40} = 25.1$;

(3) 边际成本 $C'(50) = 17.5$ 即生产第 51 个单位产品所花费的成本为 17.5 个单位.

2. $C'(x) = 15 \cdot \left(\dfrac{10}{x}\right)^{1/2}$,可见,边际成本随产量 x 的增大而减少,即产量越高,平均成本越低;$R'(x) = \dfrac{3}{20} \cdot \dfrac{4000 - x}{(10x)^{1/2}}$,可见,在 $x = 4000(\mathrm{L})$ 时,收入达到最大,$R(4000) = 16000(元)$;$L'(x) = \dfrac{3}{20} \cdot \dfrac{3000 - x}{(10x)^{1/2}}$,可见,在 $x = 3000(\mathrm{L})$ 时,利润达到最大,$L(3000) = $

6 392(元). 亦即在 $x < 3000$(L) 时,再多生产 1 升产品的收入高于成本,因此,可以带来利润,到了 $x = 3001$(L) 时,总利润开始下降.

3. 边际利润 $L'(x) = 160 - 8x$,所以,$L'(10) = 80$,$L'(20) = 0$,$L'(25) = -40$,其经济意义如下:

$L'(10) = 80$ 表示当每天产量在 10t 的基础上再增加 1t 时,总利润将增加 80 元;

$L'(20) = 0$ 表示当每天产量在 20t 的基础上再增加 1t 时,总利润没有增加;

$L'(25) = -40$ 表示当每天产量在 25t 的基础上再增加 1t 时,总利润将减少 40 元.

4. $R(x) = p \cdot x = \frac{1}{3}(1200 - x) \cdot x = 400x - \frac{1}{3}x^2$,所以,$R'(x) = 400 - \frac{2}{3}x$,从而 $R'(450) = 100$,$R'(600) = 0$,$R'(750) = -100$,其经济意义如下:当家具的销售量为 450 件时,$R'(450) > 0$,说明总收入函数 $R(x)$ 在 $x = 450$ 附近是单调增加的,即销售量增加可使总收入增加,而且再多销售一件家具,总收入将增加 100 元;$R'(600) = 0$ 表明再增加销售量,总收入将不会增加,即总收入函数达到了最大值;$R'(750) < 0$ 说明总收入函数 $R(x)$ 在 750 附近单调减少,而且再多销售一件家具,总收入将减少 100 元.

5. (1) $C'(x) = 450 + 0.04x$;

(2) $L(x) = R(x) - C(x) = 490x - (2000 + 450x + 0.02x^2) = 40x - 0.02x^2 - 2000$,
$L'(x) = 40 - 0.04x$;

(3) $L'(x) = 0$ 时,即 $x = 1000$(t).

6. (1) 由于 $\eta(6) = \frac{1}{3} < 1$,所以,价格上涨 1%,收入将增加,收入 R 增加的百分比,即 R 对 P 的弹性,因此

$$\frac{ER}{EP}\bigg|_{P=6} = \frac{6}{R(6)} \cdot R'(6) = \frac{6}{54} \times 6 = \frac{2}{3} \approx 0.67,$$

所以,当 $p = 6$ 时,价格上涨 1%,收入约增加 0.67%;

(2) 因为 $R'(P) = 12 - p$,令 $R'(p) = 0$,$p = 12$,又,$R''(12) = -1 < 0$,所以,$p = 12$ 时,收入取得最大值,为 $R(12) = 72$.

7. 平均成本函数为 $\overline{C}(x) = \frac{C(x)}{x} = \frac{54}{x} + 18 + 6x$,$\overline{C}'(x) = -\frac{54}{x^2} + 6$,令 $\overline{C}'(x) = 0$,有 $x = 3$.又,$\overline{C}''(3) > 0$,所以,$x = 3$ 是平均成本 $\overline{C}(x)$ 的极小值点,也是平均成本最小的产量水平.注意到此时 $C'(3) = \overline{C}(3)$,可以证明,使边际成本等于平均成本时的产量就是使平均成本达到最大时的产量.

8. 最优订货批量 $x = 100$(台).

9. $\frac{EQ}{Ep} = \frac{p}{Q(p)} \cdot Q'(p) = \frac{p}{15e^{-p/3}} \cdot (-5e^{-\frac{p}{3}}) = -\frac{p}{3}$,所以 $\frac{EQ}{Ep}\bigg|_{p=9} = -3$,即需求弹性 $\eta(9) = 3 > 1$,它表明这种商品当价格 $p = 9000$ 元时,需求对价格是高弹性,即此时价格的变化对需求量有较大影响.也就是说,当价格上涨 1% 时,商品的需求量将减少 3%;反之,当价格下降 1% 时,商品的需求量将增加 3%.

10. 由需求弹性 $\frac{Eq}{Ep} = \frac{p}{q(p)} \cdot q'(p)$ 及 $R = p \cdot q$ 推导知:$\frac{\Delta q}{q} \approx \frac{Eq}{Ep} \cdot \frac{\Delta p}{p}$,

$\frac{\Delta R}{R} \approx [1 - \eta(p)] \cdot \frac{\Delta p}{p}$,分别将 $\eta = 1.5, 3.5$ 代入,即得:在下一年度内将价格降低 10% 后,

该公司这种电器的销售量将会增加 $15\% \sim 35\%$，总收入将会增加 $5\% \sim 25\%$.

第三章总练习题

1. B.　2. C.　3. B.　4. B.　5. B.　6. C.　7. $\lim\limits_{n\to\infty} x_n = \dfrac{1}{2}$.

8. 提示：$f(a) - f(0) = f'(Qa) \cdot a < ka < 0$，$0 < Q < 1$，取 $a > -\dfrac{f(0)}{k} > 0$，则有

$$f(a) < ka + f(0) < f(0) - k \cdot \frac{f(0)}{k} = 0,$$

且 $f(x)$ 在 $[0,a]$ 上连续且单调减少，又，$f(0) > 0$，$f(a) > 0$，则由介值定理知 $f(x) = 0$ 在 $(0,a)$ 内有唯一实根．又，$f(x)$ 在 $(0,+\infty)$ 内单调减少，故 $f(x) = 0$ 在 $(0,+\infty)$ 内有且仅有一个实根．

9. $C = \dfrac{1}{2}$.

10. 提示：取 $F(x) = f(x)$，$G(x) = x$ 和 $\mathrm{e}^x + [a,b]$ 上分别用柯西中值定理，有

$$f(b) - f(a) = f'(\xi) \cdot (b-a) = \frac{f'(\eta)}{\mathrm{e}^\eta} \cdot (\mathrm{e}^b - \mathrm{e}^a),$$

整理即得证．

11. 提示：一方面，由柯西中值定理，存在 $\eta \in (a,b)$，使 $\dfrac{f(b) - f(a)}{b^2 - a^2} = \dfrac{f'(\eta)}{2\eta}$，即

$$\frac{f(b) - f(a)}{b - a} = \frac{f'(\eta)}{2\eta}(a+b);$$

另一方面，由拉格朗日中值定理，存在 $\xi \in (a,b)$，使 $\dfrac{f(b) - f(a)}{b-a} = f'(\xi)$.

综上所述，存在 $\xi, \eta \in (a,b)$，使 $f'(\xi) = \dfrac{a+b}{2\eta} f'(\eta)$.

12. 提示：由柯西中值定理，存在 $\xi \in (a,x)$，使

$$\left| \frac{f(x) - f(a)}{g(x) - g(a)} \right| = \left| \frac{f'(\xi)}{g'(\xi)} \right| = \frac{|f'(\xi)|}{g'(\xi)} < 1,$$

因此

$$|f(x) - f(a)| < |g(x) - g(a)| = g(x) - g(a).$$

13. 提示：令 $f(x) = \ln(1+x) - x\mathrm{e}^{-x}$.

14. 提示：方程两边对 x 求导，得

$$\frac{\mathrm{d}y}{\mathrm{d}x} = \frac{1}{2} + \frac{x}{2y},$$

并令其为 0，有

$$\begin{cases} y = -x, \\ x^3 - 3xy^2 + 2y^3 = 32. \end{cases}$$

解出驻点为 $x = -2$，且 $\dfrac{\mathrm{d}^2 y}{\mathrm{d}x^2}\Big|_{x=-2} = \dfrac{1}{4} > 0$，故 $y = f(x)$ 有极小值 $f(-2) = 2$，无极大值．

15. 最小值 $f(2) = 0$，无最大值．

16. 单增区间 $(0,1)$，单减区间 $(-\infty,0)\bigcup(1,+\infty)$，极小值 $f(0)=-1$，曲线拐点 $\left(-\dfrac{1}{2},\dfrac{8}{9}\right)$，水平渐近线 $y=0$，铅直渐近线 $x=1$.

17. (1) 当 $q=\dfrac{d-b}{2(e+a)}$ 时，利润最大，$\bar{L}_{\max}=\dfrac{(d-b)^2}{4(e+a)}-C$；

(2) $\dfrac{d-eq}{eq}$；   (3) $\dfrac{d}{2e}$.

18. 因为 $\lim\limits_{x\to0^+}f(x)=-\dfrac{1}{\pi}$，因此定义 $f(0)=-\dfrac{1}{\pi}$，使 $f(x)$ 在 $\left[0,\dfrac{1}{2}\right]$ 上连续.

习　题　4-1

(A)

2. (1) $-2x+C$；   (2) $-\dfrac{2}{\sqrt{x}}+C$；   (3) $\dfrac{4}{11}x^{\frac{11}{4}}+C$；   (4) $\dfrac{e^x}{2^x(1-\ln2)}+C$；

(5) $\tan x+C$；   (6) $\sec x+C$；   (7) $-\csc x+C$；   (8) $-\cot x+C$.

3. (1) $\dfrac{1}{3}x^3-2x^2+4x+C$；   (2) $\dfrac{1}{3}x^3+\dfrac{2^x}{\ln2}+C$；   (3) $\dfrac{1}{12}x^4-\ln|x|-\dfrac{1}{2}x^{-2}+C$；

(4) $\dfrac{2}{3}x^{\frac{3}{2}}+\dfrac{6}{5}x^{\frac{5}{6}}+2x^{\frac{1}{2}}+C$；   (5) $\arctan x-\dfrac{1}{x}+C$；   (6) e^x-x+C.

4. $s(t)=t^3+t^2$.

5. $P(t)=25t^2+200t$.

(B)

1. (1) $e^x-\sqrt{x}+C$；   (2) $\sin x-\cos x+C$；   (3) $\tan x-\sec x+C$；

(4) $-\cot x-x+C$；   (5) $\dfrac{1}{2}\tan x+C$；   (6) $\arcsin x+C$.

2. $y=x^2+\dfrac{1}{x}+1$.   3. $D(P)=1000\cdot\left(\dfrac{1}{3}\right)^P$.   4. $C=Q^2+20Q+100$.

习　题　4-2

(A)

1. (1) $-\dfrac{1}{4}$；   (2) 2；   (3) $\dfrac{1}{2}$；   (4) $\dfrac{1}{4}$；   (5) $\dfrac{1}{2}$；   (6) -2；

(7) $-\dfrac{1}{2}$；   (8) $-\dfrac{1}{2}$.

2. (1) $\dfrac{1}{2}F(2x)+C$；   (2) $\dfrac{1}{2}F(x^2)+C$；   (3) $\dfrac{1}{2}F(2\ln x)+C$；

(4) $F(\tan x)+C$.

3. (1) $\dfrac{1}{4}(x-2)^4+C$；   (2) $-e^{1-x}+C$；   (3) $\dfrac{1}{3}(x^2-1)^{\frac{3}{2}}+C$；   (4) $-\dfrac{1}{2}\sin\dfrac{2}{x}+C$；

(5) $-\dfrac{1}{\ln x}+C$；   (6) $\dfrac{1}{4}\arctan x^4+C$；   (7) $-e^{\frac{1}{x}}+C$；   (8) $\dfrac{a^{\sin x}}{\ln a}+C$；

(9) $\ln\left|\dfrac{x-3}{x-2}\right|+C$;

(10) $\dfrac{1}{2}x^2-3x+9\ln|x+3|+C$;

(11) $\ln(x^2+x+1)-\dfrac{2}{\sqrt{3}}\arctan\dfrac{2x+1}{\sqrt{3}}+C$;

(12) $-\dfrac{1}{4}\cos^4x+C$.

(B)

1. (1) $\dfrac{1}{2}$;   (2) -2;   (3) -1;   (4) $\dfrac{1}{2}$.

2. (1) $-F(\mathrm{e}^{-x}+1)+C$;   (2) $2F(\sqrt{x}+a)+C$.

3. (1) $\arctan(x+1)+C$;   (2) $-\sqrt{1-x^2}+\arcsin x+C$;

(3) $\dfrac{1}{4}\left(\dfrac{3}{2}x-\sin2x+\dfrac{1}{8}\sin4x\right)+C$;   (4) $\dfrac{1}{6}\cos^6x-\dfrac{1}{4}\cos^4x+C$;

(5) $\dfrac{1}{9}\tan^9x+C$;   (6) $\ln|\csc2x-\cot2x|+C$;

(7) $6\left(\dfrac{1}{3}\sqrt{x}-\dfrac{1}{2}\sqrt[3]{x}+\sqrt[6]{x}+\ln|\sqrt[6]{x}+1|\right)+C$;   (8) $\arcsin\dfrac{x}{2}+x+C$.

习 题 4-3

(A)

1. (1) $2\left(x\sin\dfrac{x}{2}+2\cos\dfrac{x}{2}\right)+C$;   (2) $-(x^2+2x+2)\mathrm{e}^{-x}+C$;

(3) $-x\cos(x+2)+\sin(x+2)+C$;   (4) $x^2\sin x+2x\cos x-2\sin x+C$;

(5) $\dfrac{1}{3}x^3\ln x-\dfrac{1}{9}x^3+C$;   (6) $x\ln(x^2+1)-2(x-\arctan x)+C$;

(7) $\dfrac{1}{2}\left[(x^2+1)\arctan x-x\right]+C$;   (8) $x\arccos x-\sqrt{1-x^2}+C$.

(B)

1. (1) $2(\sqrt{x}-1)\mathrm{e}^{\sqrt{x}}+C$;   (2) $x\ln(x+\sqrt{x^2+1})-\sqrt{x^2+1}+C$;

(3) $\dfrac{1}{2}\mathrm{e}^{-x}(\sin x-\cos x)+C$;   (4) $-x\cot x+\ln|\sin x|+C$.

2. $xf(x)-F(x)+C$.

第四章总练习题

1. (1) $F(x)+C$;   (2) $F(t)+C$;   (3) $\tan x-\cot x+C$;

(4) $\mathrm{e}^{-x^2}(-2x^2-1)+C$;   (5) $F(u)+C$;   (6) $x\ln x+C$.

2. (1) $\dfrac{1}{2}\ln(1+\cos^2x)-\dfrac{1}{2}\cos^2x+C$;   (2) $2\sqrt{\mathrm{e}^x-1}+C$ (3) $\dfrac{1}{2}\mathrm{e}^{x^2}(x^2-1)+C$;

(4) $-\cot x\ln\sin x-\cot x-x+C$;   (5) $\arcsin\dfrac{x-1}{2}+C$;

(6) $\dfrac{1}{2}\ln^2(x+\sqrt{1+x^2})+C$;   (7) $\dfrac{1}{8}\left[\ln\left|\dfrac{1-\cos x}{1+\cos x}\right|+\dfrac{2}{1+\cos x}\right]+C$;

(8) $\dfrac{x}{x-\ln x}+C$;　　(9) $-\dfrac{1}{x}\text{arccot}x-\dfrac{1}{2}(\text{arccot}x)^{2}+\dfrac{1}{2}\ln\dfrac{x^{2}}{1+\ln x^{2}}+C$;

(10) $\dfrac{\text{arctane}^{x}}{e^{2x}}-\text{arctane}^{x}-\dfrac{1}{e^{x}}+C$.

3. $\dfrac{\sin^{2}x}{\sqrt{x-\dfrac{1}{4}\sin 4x+1}}+C$.

习　题　5-1

(A)

1. (1) 4；　　　(2) $\dfrac{\pi}{4}$；　　　(3) 0；　　　(4) 1.

2. (1) $I_{1}\geqslant I_{2}$；　(2) $I_{1}\leqslant I_{2}$；　(3) $I_{1}\leqslant I_{2}$；　(4) $I_{1}\geqslant I_{2}$.

(B)

1. (1) $\dfrac{8}{3}$；　　(2) $e-1$.　　2. $\dfrac{1}{3}$.

3. (1) $1\leqslant I\leqslant 3$；　　(2) $\dfrac{2}{5}\leqslant I\leqslant 2$；　　(3) $\dfrac{3}{8}\pi\leqslant I\leqslant\dfrac{\pi}{2}$；　　(4) $e^{-1}\leqslant I\leqslant 1$.

习　题　5-2

(A)

1. 结果相同.

2. (1) $\dfrac{8}{3}$；　　　(2) $2\ln 2$；　　　(3) $-\dfrac{8}{3}$；　　　(4) $\dfrac{1}{e}-\dfrac{1}{e^{2}}-\dfrac{1}{2}$；

(5) $\dfrac{50}{3}$；　　　(6) $1+\dfrac{\pi^{2}}{8}$；　　　(7) 2；　　　(8) $\dfrac{\pi}{3}$；

(9) $\dfrac{\pi}{2}$；　　　(10) $2\left(1-\dfrac{\pi}{4}\right)$.

3. (1) $\ln(1+x^{2})$；　　　　(2) $e^{x}\ln(1+e^{x})$.

4. (1) 0；　　　　　　(2) -2.

(B)

1. (1) $\ln(e+2)-\ln 3$；　　　　(2) $1-\dfrac{\pi}{4}$；

(3) $\dfrac{1}{2}(\ln 2)^{2}$；　　　　(4) $\dfrac{\pi}{4}-\dfrac{1}{2}\ln 2$.

3. (1) $-\cos x(\sin x+e^{\sin x})$；　　　(2) $-(2\sin x\cos x+\sin xe^{\cos x}+\cos xe^{\sin x})$.

习　题　5-3

(A)

1. (1) $\dfrac{3}{4}$；　　　　(2) 1；　　　　(3) 0；　　　　(4) $\dfrac{1}{4}$；

(5) $\dfrac{\pi}{4}$; (6) $\dfrac{1}{3}(e-1)$; (7) $\dfrac{1}{2}$; (8) $\dfrac{1}{2}\ln 5+\arctan 2$;

(9) $\dfrac{11}{3}-2(\ln 3-\ln 2)$; (10) $\dfrac{1}{6}$.

2. (1) $1-\dfrac{2}{e}$; (2) $\dfrac{\pi^2}{16}-\dfrac{1}{4}$; (3) $e-2$; (4) 1;

(5) $\dfrac{1}{2}(1+e^{\frac{\pi}{2}})$; (6) $\dfrac{\sqrt{2}}{8}\pi-\dfrac{\sqrt{2}}{2}+1$; (7) $2-\dfrac{2}{e}$; (8) $\dfrac{\pi^2}{4}-2$.

3. (1) 0; (2) $\dfrac{\pi^3}{96}$.

(B)

1. (1) $\dfrac{\pi}{12}-\dfrac{\sqrt{3}}{8}$; (2) $\ln(1+\sqrt{2})$; (3) $\dfrac{\pi}{16}a^4$; (4) $\dfrac{\sqrt{2}}{2}$;

(5) $\sqrt{3}-\dfrac{\pi}{3}$; (6) $\dfrac{\pi}{2}$.

2. (1) $\dfrac{(9-4\sqrt{3})\pi}{36}+\dfrac{1}{2}\ln\dfrac{3}{2}$; (2) $\dfrac{1}{64}$; (3) $\dfrac{\pi}{4}$;

(4) $4\sin 2+2(\cos 2-1)$; (5) $\dfrac{\pi}{2}\arctan\pi-\dfrac{1}{4}\ln(\pi^2+1)$;

(6) $\dfrac{\pi}{8}\ln 2$.

3. (1) 0; (2) $2+\dfrac{\pi}{2}$.

习 题 5-4

(A)

1. (1) $2\pi+\dfrac{4}{3}$ 及 $6\pi-\dfrac{4}{3}$; (2) $\dfrac{3}{2}-\ln 2$; (3) $e+\dfrac{1}{e}-2$; (4) $b-a$.

2. $\dfrac{27}{4}$. 3. $3\pi a^2$. 4. $a\pi$. 5. $\dfrac{128}{7}\pi$; $\dfrac{64}{5}\pi$.

6. $\dfrac{3}{10}\pi$. 7. $\dfrac{32}{105}\pi a^3$. 8. $\dfrac{704\,000}{3}\text{m}^3$.

(B)

1. $C=\dfrac{3\sqrt{4}}{2}$. 2. $\dfrac{3}{8}\pi a^2$. 3. $\dfrac{8}{5}$. 4. $\dfrac{1}{6}\pi h[2(ab+AB)+aB+Ab]$.

5. $64\sqrt{3}$.

习 题 5-5

1. $75,125$.

2. (1) $9\,987.5$; (2) $19\,850$.

3. (1) 490 万元; (2) 11.31 万元, 11.94 万元.

4. (1) 2.5 百台, 6.25 万元； (2) 减少 0.25 万元.

5. 196.75 万元.

习 题 5-6

1. (1) 发散； (2) 收敛, $\dfrac{1}{\sqrt[3]{3}}$； (3) 收敛, $\dfrac{1}{a}$；

(4) 发散； (5) 收敛, $\dfrac{1}{p-1} \cdot \dfrac{1}{(\ln 2)^{p-1}}$； (6) 收敛, π.

2. (1) 1； (2) $\dfrac{1}{4}$.

第五章总练习题

1. (1) 高阶； (2) $\dfrac{1}{x^3} f'\left(\dfrac{1}{x}\right)$； (3) $\dfrac{1}{e}$； (4) $\dfrac{1}{2} x \mid x \mid$.

2. (1) $\dfrac{1}{10}$； (2) $\dfrac{1}{2}$； (3) $\dfrac{2(2\sqrt{2}-1)}{3}$； (4) -1.

3. (1) $\dfrac{\pi}{2}$； (2) -1； (3) $\dfrac{\pi}{2}$； (4) $2(\sqrt{2}-1)$.

4. (1) 极大值为 $F\left(\dfrac{\pi}{2}\right) = \dfrac{1}{2}\left(1 + e^{-\frac{\pi}{2}}\right)$, 无极小值； (2) -1； (3) $\ln \mid x \mid + C$.

7. (1) $\dfrac{e}{2} - 1$； (3) $\dfrac{\pi-1}{4} a^2$. 8. $\dfrac{512}{7} \pi$.